확률과정 입문

김종호 · 이기성 공저

자유아카데미

머 리 말

확률의 개념이 처음으로 도입된 것은 17세기 중엽 프랑스에서부터이고 18세기 초에 라플라스(Laplace)에 의하여 고전확률론이 완성되었다. 그리고 확률론이 수학의 한 분야로써 인식된 것은 1930년대에 들어서서 콜모고로프(Kolmogorov)에 의하여 확률의 공리계가 설정되면서부터이다. 그 후 확률론의 이론적 연구는 급진전되어 오늘날에 이르렀다.

한편 확률론의 응용도 눈부시게 활발하다. 과거에는 확률하면 도박에 관계되는 것으로만 생각하였으나 오늘날에는 이학, 공학, 천문학, 사회학, 경제학, 심리학 등 거의 모든 학문분야에 응용된다고 해도 과언이 아니다. 여러 가지 현상을 지배하는 법칙이 결정론적인 인과관계로 표현될지라도 현상을 깊이 파헤쳐 보면 우연변동이 관여하는 것을 모든 곳에서 볼 수 있다. 따라서 확률론을 쓰지 않고는 현상에 대한 정확한 기술을 할 수 없게 되었다.

이와 같은 확률론은 수학의 한 분야로 되어 있고, 이 확률론의 한 분야로써 확률과정이 있으며, 확률과정의 일부로써 마르코프과정이 있다.

이 책의 내용은 확률과 확률과정에 관한 것으로 특히 마르코프과정 중 마르코프체인에 관한 내용을 중점적으로 다루고 있다.

현대 모든 과학기술분야는 시간 파라미터에 종속되는 확률현상으로, 이러한 확률현상을 취급하는 확률론이 확률과정이다. 마르코프체인은 확률과정 중에서 가장 기본적이고 초보적인 과정으로, 많은 응용력을 가지고 있다.

이 책은 확률과정을 인식하려는 초심자나 학부에서 확률론 또는 확률과정론을 이수하는 학생들을 위하여 확률론과 확률과정을 개괄해 보고, 마르코프체인을 쉽게 이해하도록 구성하고 있다. 이 책의 1장에서는 확률 전반에 관한 내용을 소개하였고, 2장은 확률과정에 대한 전반적인 인식 그리고 3장 이후부터는 다양한 예제를 통하여 마르코프체인을 이해할 수 있도록 전개하였다. 이 책에서 취급한 마르코프체인은 상태공간이 유한이고 이산형으로 국한시켰으므로 행렬에 대한 기본적인 계산과 확률론의 초보적인 지식만 있으면 충분히 이해할 수 있다. 하지만 상태가 무한이고 연속형이면 수학적 준비가 더욱 필요하다.

이 책은 1987년 〈마르코프체인 : 김종호〉을 좀 더 체계적으로 정리, 보완한 것으로, 2010년 책명을 〈확률과정입문〉으로 수정하여 출판하게 되었다.

책을 내면서 부족한 점과 잘못된 점이 있을 것으로 생각하는 바, 독자 여러분의 지도를 바란다.

끝으로 이 책이 나오기까지 많은 도움을 주신 김용기 박사님께 감사를 전하며, 출판을 도와주신 자유아카데미의 여러분들께 진심으로 감사드린다.

2010년 3월

저자

차 례

1장 확률과 확률분포

2장 확률과정

3장 마르코프체인

4장 상태가 2개인 마르코프체인

5장 마르코프체인의 분류

6장 에르고드적 체인

7장 일반적인 마르코프체인

1장

확률과 확률분포

1.1 확률의 인식

주사위를 던질 때 어느 눈이 나타나는가, 내일 비가 내릴 것인가, 타석에 들어선 타자가 1구에 안타를 칠 수 있을까 등은 그 일이 실제로 일어나기 전까지는 누구도 확실히 알 수가 없다. 이와 같은 현상을 우연현상(random phenomena)이라 한다. 자연현상이나 사회현상 중에는 우연현상으로 볼 수 있는 것들이 매우 많다. 우연현상의 결과로서 일어나는 여러 가지 일을 사상(event) 또는 사건이라 한다. 주사위를 던질 때 6의 눈이 나온다던가, 가동 중인 기계가 고장이 난다든가, 또는 동전을 던질 때 앞면이 나타난다고 하는 것 등은 하나의 사상이다. 그런데 주사위를 던질 때 홀수의 눈이 나타난다고 하는 사상은 1이나 3이나 5의 어느 눈이 나와도 되기 때문에 이것은 몇 개의 기본적인 사상의 집합이 된다. 그 이상 분할되지 않는 기본적인 사상을 근원사상(elementary event)이라 하고, 몇 개의 근원사상의 집합으로 된 사상을 복합사상(composite event)이라 한다. 우연현상의 결과로서 나타나는 여러 가지 사상이 일어나리라, 기대되는 정도를 수치화한 것이 확률(probability)이다. 불확실한 현상조건하에서 의사결정을 할 때에 무엇보다 필요한 것은 제일 먼저 확률이다. 따라서 확률은 장기계획수립에 있어서나 의사결정에 있어 기초가 된다.

확률은 17세기 중엽에 불란서에서 트럼프 놀이와 같은 실내 놀이(게임)로부터 발생하였다. 파스칼(Pascal)과 페르매트(Fermat) 사이에 교환된 편지에 확률계산이 처음으로 제시되었다. 이 문제의 기초는 동등하고 확실하다(equally likely)라는 개념이다. 주사위를 던질 때 짝수의 눈이 나오는 확률을 보통 $\frac{3}{6}=\frac{1}{2}$ 이라고 생각한다. 이와 같은 확률의 계산은 다음과 같은 비로 정의한다.

$$\frac{\text{문제로 하는 사상이 일어나는 경우의 수}(r)}{\text{모든 가능한 경우의 수}(n)}$$

이 계산은 경우의 수를 세어서 확률을 구하고 있기 때문에 조합론적 확률이라 부른다. 조합론적 확률이 항상 사용될 수 있는 것은 아니다. 그 전제조건으로서 모든 가능한 경우의 어느 것이나 같은 정도로 확실하게 일어난다고 하는 것이 보증되어야 한다. 주사위를 예로 들면 그것이 정확한 정육면체로 되어 있고, 균질의 물질로 되어 있어야 한다.

이것을 등확률 조건이라 한다. 따라서 등확률의 조건이 만족되지 않을 때는 조합론적 확률은 쓸 수 없다. 이와 같이 확률을 정의하면 실제로 등확률의 조건이 만족되지 않는 경우가 많기 때문에 조합론적 확률은 쓸 수 없는 것이 아닌가라고 하는 의문이 생긴다. 그러나 인위적으로 등확률의 장(필드)을 만들어서 조합론적 확률을 정의하게 된다. 그 대표적인 예는 모집단으로부터 표본을 추출할 때 모집단의 어느 요소나 균등한 기회로 뽑혀지게 추출하는 방법으로서 임의추출법(random sampling)이 있다. 트럼프의 카드를 잘 섞어서 임의로 1장을 추출하는 경우도 등확률의 장이 만들어지는 경우이다.

조합론적 확률은 그 정의로부터 알 수 있듯이 모든 가능한 경우의 개수가 유한이어야 한다. 그것이 연속무한으로 되어 있을 때의 확률은 기하학적 확률이라 부르는 것으로 등확률의 개념을 무한의 경우로 확장해야 한다. 예를 들면 〈그림 1.1〉과 같이 선분 AB상에서 임의로 하나의 점을 뽑을 때 그 점이 AB내의 선분 CD에 들어 갈 확률을 CD의 길이와 AB의 길이의 비로 정의하는 것이 기하학적 확률이다.

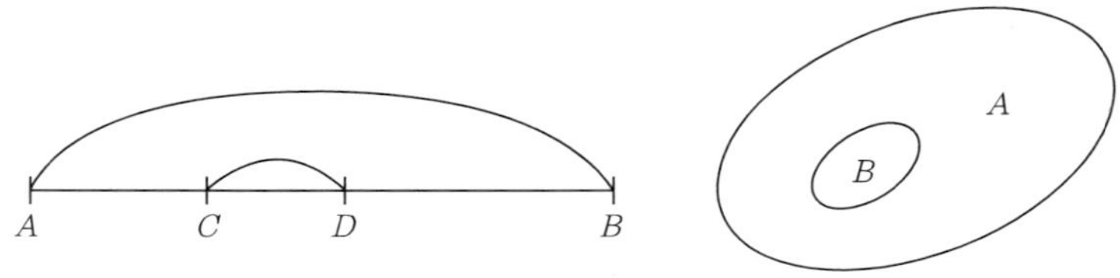

〈그림 1.1〉 기하학적 확률

평면상의 영역에서도 동일하게 영역 A 내에서 임의로 뽑은 점이 그 내부의 영역 B에 들어갈 확률을 B의 면적과 A의 면적의 비로 구하면 된다. 이 기하학적 확률을 이용하여 정적분의 값을 몬테-칼로법(Monte-Carlo method)에 의하여 실험적으로 구할 수 있다. 그런데 등확률의 조건도 불명확한 것이 많다. 다음 예제와 같은 유명한 문제가 그러한 것이다.

예제 1.1

버트런드의 역설(Bertrand's paradox) 주어진 원의 내부에 현을 임의로 그린다. 그 현의 길이가 이 원에 내접하는 정삼각형의 한 변의 길이보다 클 확률을 구하라.

| 풀이 | 구하는 확률을 p 라 하자.

〈그림 1.2〉 버트런드의 역설

(1) 원의 반지름을 R 이라 하자. 현의 위치는 원의 중심으로부터 현에 이르는 거리 x 로서 일의적으로 정해진다. 현이 내접정삼각형의 한 변보다 길기 위해서는 $x \leq R/2$ 이 만족되어야 한다. x 에 대해서 일어날 수 있는 가능한 경우는 $0 \leq x \leq R$ 이고 이 어느 경우도 같은 정도로 기대된다고 생각하면 구하는 확률은 다음과 같다.

$$p = \frac{R - R/2}{R} = \frac{1}{2}$$

(2) 원과 현의 하나의 교점을 A 라 하자. 점 A 에서 접선과 현이 이루는 각을 φ 라 하면 모든 가능한 경우는 $0 \leq \varphi \leq \pi$ 로 표시된다. 이 어느 경우도 같은 정도로 확실하다고 보면 요구하는 사상이 성립하는데 적합한 경우는 $\frac{\pi}{3} \leq \varphi \leq \frac{2\pi}{3}$ 이므로 구하는 확률은 다음과 같다.

$$p = \frac{\frac{2\pi}{3} - \frac{\pi}{3}}{\pi} = \frac{1}{3}$$

[예제 1.1]에서 2가지 해답이 나왔는데 어느 해답이 정확한 것인가? 이에 대해서 2개의 해답은 모두 옳다고 해야 한다. 같은 정도로 확실하다는 것의 초점이 어떠한 변량을 생각하는가에 따라 해답이 다를 뿐이다. 원주 상의 한 점 A 를 임의로 정하여 A 로부터 임의의 현을 그리면 (2)의 해답이 타당하다.

한편 원의 직경에 동일한 폭의 평행선이 그려진 평면상에 이 원을 떨어뜨릴 때 평행선으로부터 원이 잘려지는 선분에 의해서 현이 정해진다고 생각하면 제 (1)의 해답 쪽이 옳다. 기본사상에 어떻게 확률을 정하는가에 따라 문제의 해답이 정해진다. 실제로 합당한 확률을 정할 필요가 있다. 이것은 꼭 공리론적 정의에서 확률은 지정한 것이라고 하는 입장과 일치한다.

등확률 조건이 만족되지 않을 때는 조합론적 확률은 사용하지 않는다고 하였다. 또한 등확률의 장을 인위적으로 만들 수 없는 경우 확률을 어떻게 구하는 것이 좋은가? 이러한 경우에는 상대도수(relative frequency)라고 하는 개념이 필요하다. 일반적으로 주사위를 던진다든가, 동전을 던지는 경우 또는 기계가 정상으로 가동하고 있는가 등을 관찰하는 것을 시행(trial)이라 부른다. 시행이란 실험, 관측, 조사 등을 포함해서 넓은 의미로 쓰고 있다. 지금 주사위를 10번 던지는 시행에서 6의 눈이 2번 나타났다고 하면 이 경우 6의 눈이 나올 상대도수는 $\frac{2}{10}$ 라고 한다. 일반적으로 상대도수는

$$\frac{\text{시행중 문제로 하는 사상이 일어난 횟수}}{\text{시행횟수}}$$

와 같은 비로 정의한다. 그러나 이 상대도수를 그대로 확률이라 하지는 않는다. 상대도수는 시행횟수에 따라 변하기 때문이다. 주사위를 20회 던질 때 6의 눈이 3회 나왔다고 하면 그 상대도수는 $\frac{3}{20}$ 이고, 이것은 $\frac{2}{10}$ 와 다른 값이다. 시행횟수가 적으면 상대도수의 값은 변화가 크게 나타난다. 그러나 시행횟수가 많으면 〈그림 1.3〉과 같이 상대도수는 안정된 값 (p)에 가까이 간다.

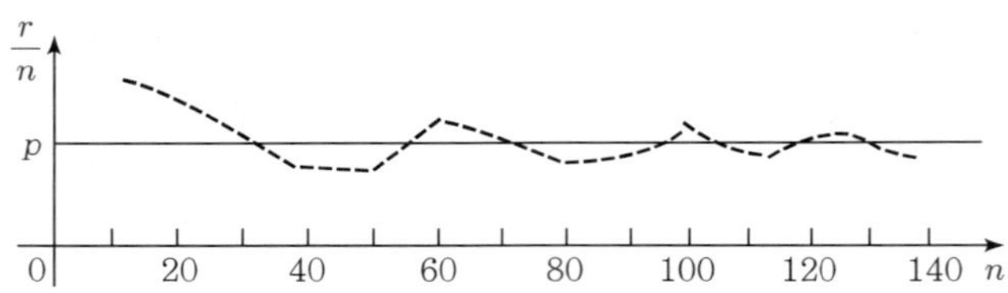

〈그림 1.3〉 상대도수의 변동

이론적으로는 시행횟수를 무한히 하였을 때 상대도수의 극한을 확률이라고 생각하게 되지만 현실적으로 우리들이 같은 시행을 일생동안 계속한다 해도 유한회뿐인 것이다. 그러나 실제로는 그런대로 시행횟수를 많이 하면 대개 상대도수는 일정값에 접근하게 된다. 이 때 상도수의 안정된 값을 그 사상의 확률로 보면 된다. 즉 상대도수의 극한으로 확률을 정의하는 것이다. 상대도수에 의한 확률의 정의는 폰 미제스(Von Mises)가 제안하였다.

상대도수에 의한 확률은 조합론적 확률을 포함하며 보다 널리 확장될 수 있다. 정확히 정육면체로 된 주사위에서는 1의 눈이 나오는 상대도수는 $\frac{1}{6}$ 에 가깝다. 그러나 등확률이라는 조건이 주어져 있을 때는 특별히 상대도수를 조사하지 않고도 바로 조합론적 확률로 구하면 된다.

이상과 같이 정의하면 어떠한 사상에 대해서도 그 확률을 구할 수 있다. 그런데 이상에서의 정의는 개개의 사상에 관한 확률을 구하는 방법이고, 일반적으로 확률을 정확히 정의한 것으로는 볼 수 없다. 확률계산에는 확률이 갖는 여러 가지 성질을 알아야 할 필요가 있는데 그와 같은 성질을 알기 위해서는 확률을 엄밀히 수학적으로 정의할 필요가 있다.

1.2 표본공간

어떤 시행의 결과는 우연에 의해 나타나지만 이 시행을 여러 번 실시하여 관찰하게 되면 어떠한 규칙성이 나타나는 것을 알 수 있다. 이 성질은 우연현상을 규명하는데 유용하다. 이것을 수학적으로 설명하여 보기로 하자.

정의 1.1 어떤 시행에서 나타날 수 있는 가능한 모든 결과의 집합을 그 시행에 대한 표본공간(sample space)이라 한다.

표본공간을 Ω 로 나타내고, Ω 내의 각각의 원소(element)를 w 로 표시하자. 이 w 를 Ω 의 표본점(sample point)이라 하고 기호로 $w \in \Omega$ 과 같이 나타낸다.

예제 1.2

다음의 각 시행에서 표본공간을 정의하라.
(1) 1개의 주사위를 던지는 시행에서 나타나는 눈(주사위의 각 면에 찍혀진 점)
(2) 100원 짜리 동전 10개를 동시에 던지는 시행에서 앞면이 나타나는 개수

| 풀이 | (1) $\Omega = \{1, 2, 3, 4, 5, 6\}$
(2) $\Omega = \{0, 1, 2, 3, 4, 5, 6, 7, 8, 9, 10\}$

앞에서 사상을 우연현상의 결과로서 일어나는 사건이라는 애매한 표현으로 정의하였으나, 사상에 대하여 확률을 정의하고 이용하려면 먼저 사상을 정확히 정의하는 것이 순서이다.

표본공간 Ω 의 부분집합을 원소로 하는 집합을 집합족(family of sets)이라 한다. 어떤 집합족 $\mathscr{F}$ 가 다음 조건

① $A, B \in \mathscr{F}$ 이면 $A \bigcup B \in \mathscr{F}$

② $A \in \mathscr{F}$ 이면 $A^c \in \mathscr{F}$

를 만족할 때 $\mathscr{F}$ 는 $\bigcup$ 및 c 에 관하여 닫혀져 있다(closed)라고 한다.

물론 $\mathscr{F}$ 는 $\bigcap$ 에 관하여도 닫혀져 있음을 ①, ②에 의하여 곧 알 수 있다.

정의 1.2 표본공간 Ω 의 부분집합의 집합족 $\mathscr{F}$ 가 다음 조건을 만족한다고 하자. 즉

> ① $\Omega \in \mathscr{F}$
> ② $A \in \mathscr{F}$ 일 때 $A^c \in \mathscr{F}$
> ③ $A_i (i = 1, 2, \cdots)$ 가 모두 $\mathscr{F}$ 에 속할 때 $\bigcup_i A_i \in \mathscr{F}$
>
> 이 때 집합족 $\mathscr{F}$ 를 완전가법족(completely additive family)이라 한다.

Ω 의 부분집합 전체로 된 집합족이 이상의 3가지 조건을 만족하는 것은 명백하나, 부분집합 전체로 되는 집합족에는 매우 크고 복잡한 것이 많다. 우리가 확률론을 구성하는 데 필요한 것은 ①, ②, ③을 만족하는 집합족 중에서 가장 작은 것을 취하면 된다.

예제 1.3

Ω 를 수직선이라 하고, 다음과 같은 집합을 포함하는 최소의 완전가법족 $\mathscr{F}$ 를 구하라.

(1) 0만으로 된 집합 $\{0\}$

(2) 구간 $\{x \mid 0 < x < 2\}$ 및 $\{x \mid 1 \le x \le 3\}$

| 풀이 | (1) 집합 $\{0\}$ 의 여집합은 $\{x \mid x \ne 0\}$ 으로서 이것을 A 로 표시하면 $\Omega^c = \varnothing$ 이므로 $\mathscr{F}$ 는 4개의 집합으로 되는 집합족이다. 즉

$$\mathscr{F} = \{\varnothing, A, \{0\}, \Omega\}$$

(2) 먼저 $A = \{x \mid 0 < x < 2\}$, $B = \{x \mid 1 \le x \le 3\}$ 으로 두면

$$A^c = \{x \mid x \le 0 \quad \text{or} \quad 2 \le x\},\ B^c = \{x \mid x < 1 \quad \text{or} \quad 3 < x\}$$
$$A \cup B = \{x \mid 0 < x \le 3\},\ A^c \cup B^c = \{x \mid x < 1 \quad \text{or} \quad 2 \le x\}$$
$$(A \cup B)^c = A^c \cap B^c = \{x \mid x \le 0 \quad \text{or} \quad 3 < x\}$$
$$(A^c \cup B^c)^c = A \cap B = \{x \mid 1 \le x < 2\}$$
$$A \cup B^c = \{x \mid x < 2 \quad \text{or} \quad 3 < x\},\ A^c \cup B = \{x \mid x \le 0 \quad \text{or} \quad 1 \le x\}$$
$$(A \cup B^c)^c = A^c \cap B = \{x \mid 2 \le x \le 3\}$$
$$(A^c \cup B)^c = A \cap B^c = \{x \mid 0 < x < 1\}$$

와 같이 되어, $\mathscr{F}$ 는 이들에 Ω 와 $\varnothing$ 을 더한 14개의 집합으로 된 집합족이 된다.

Ω 가 수직선인 경우에는 $a < x < b$, $a \le x \le b$, $a < x \le b$, $a \le x < b$ 와 같은 형태의 모든 구간을 포함하고(a, b 는 $-\infty$ 또는 $+\infty$ 인 경우도 좋다) 더욱 ①, ②, ③을 만족하는 최소의 집합족 $\boldsymbol{B}$를 생각하는 것이 보통이다.

이 때 $\boldsymbol{B}$를 보렐(Borel) 집합족이라고 하며 $\boldsymbol{B}$에 속하는 집합을 보렐 집합이라 한다. 보렐 집합족을 σ-field 라고도 한다.

정리 1.1

$A_i \in \mathscr{F}\ (i=1,2,\cdots)$ 이면 $\bigcap_{i=1}^{\infty} A_i \in \mathscr{F}$ 이다.

증명 $A_i \in \mathscr{F}$ 이므로, $A_i^c \in \mathscr{F}$ 이 된다. 따라서 ③에 의하여 $\bigcup_{i=1}^{\infty} A_i \in \mathscr{F}$ 이 성립된다. 그러므로 드모르간(De Morgan)의 법칙 및 ②에 의하여

$$\left(\bigcup_{i=1}^{\infty} A_i^c\right)^c = \bigcap_{i=1}^{\infty} A_i \in \mathscr{F}$$

이다. ✲

정리 1.2

유한개의 집합열 $A_1, A_2, \cdots, A_n \in \mathscr{F}$ 에 대하여

(1) $\bigcup_{i=1}^{n} A_i \in \mathscr{F}$ (2) $\bigcap_{i=1}^{n} A_i \in \mathscr{F}$

증명 (1) $\varnothing = \Omega^c \in \mathscr{F}$ 이므로 $\varnothing = A_{n+1} = A_{n+2} = \cdots$ 로 두면 $\bigcup_{i=1}^{n} A_i = \bigcup_{i=1}^{\infty} A_i \in \mathscr{F}$ 이다.

(2) $\Omega = A_{n+1} = A_{n+2} = \cdots$ 로 두면 $\bigcap_{i=1}^{n} A_i = \bigcap_{i=1}^{\infty} A_i \in \mathscr{F}$ 이다. ✲

정의 1.3 $\mathscr{F}$ 가 표본공간 Ω 의 보렐 집합족일 때 $\mathscr{F}$ 에 속하는 원소를 사상(event)이라 한다.

표본공간 Ω 자신도 하나의 사상으로서 이것을 전사상(certain event)이라 하고, Ω 의 표본점 하나로 된 사상을 근원사상 또는 단순사상(simple event)이라 한다. 또한 사건 A 의 집합족 $\Omega - A$ 를 A 의 여사상(complementary event)이라 하고 A^c (또는 A')로 나타낸다(〈그림 1.4〉 참조).

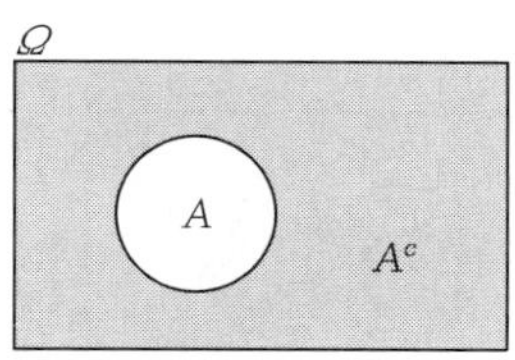

〈그림 1.4〉 여사상

특히 Ω 의 여사상을 $\Omega^c = \varnothing$ 로 표시하고 공사상(empty event)이라 한다.

예제 1.4

1개의 동전을 2번 계속해서 던질 때 앞면이 나타나는 것을 H, 뒷면이 나타나는 것을 T로 표시한다고 할 때 다음의 각 사항을 정의하라.

(1) 표본공간 (Ω)　　(2) 완전가법족 ($\mathscr{F}$)

(3) 적어도 1번 앞면이 나오는 사상 (A)　　(4) 많아야 1번 앞면이 나오는 사상 (B)

| 풀이 | (1) $\Omega = \{HH, HT, TH, TT\}$

(2) $\mathscr{F} = \{\Omega$의 모든 부분집합$\}$

$$= \begin{Bmatrix} \varnothing, \{HH\}, \{HT\}, \{TH\}, \{TT\}, \\ \{HH, HT\}, \{HH, TH\}, \{HH, TT\}, \{HT, TH\}, \{HT, TT\}, \{TH, TT\}, \\ \{HH, HT, TH\}, \{HH, HT, TT\}, \{HH, TH, TT\}, \{HT, TH, TT\}, \\ \{HH, HT, TH, TT\} \end{Bmatrix}$$

(3) $A = \{HH, HT, TH\}$

(4) $B = \{HT, TH, TT\}$

표본공간 Ω 내의 임의의 2개의 사상 A, B에 대해서 사상 A와 B의 적어도 한쪽이 일어난다고 하는 사상을 A와 B의 합사상이라 하고

$$A \bigcup B = \{w \mid w \in A \ \text{ or } \ w \in B\}$$

와 같이 표시한다. 그리고 2개의 사상 A와 B의 양쪽이 일어난다고 하는 사상을 A와 B의 곱사상이라 하고

$$A \bigcap B = \{w \mid w \in A \quad \text{and} \quad w \in B\}$$

와 같이 표시한다. 특히 2개의 사상 A와 B가 동시에 일어나지 않을 때, 즉 $A \bigcap B = \varnothing$이면 A와 B는 배반사상(exclusive event)이라 한다.

$A \bigcup B$와 $A \bigcap B$를 벤 다이어그램으로 나타내면 〈그림 1.5〉와 같다.

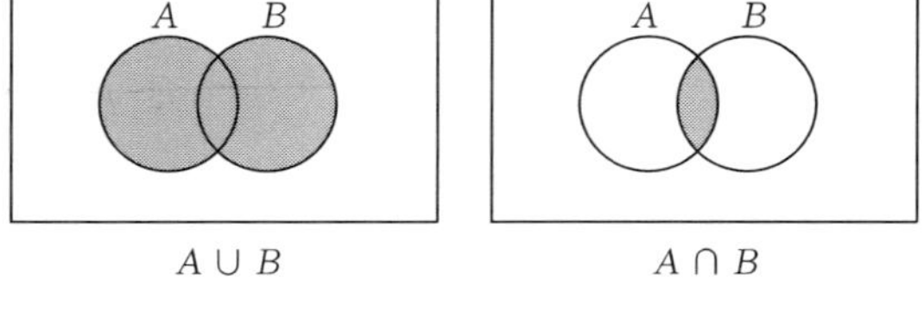

〈그림 1.5〉 벤 다이어그램

예제 1.5

1개의 주사위를 1회 던지는 시행에서 나타나는 눈의 수를 n이라 할 때 $\Omega=\{n\}=\{1,2,3,4,5,6\}$이다. $A=\{n$이 짝수$\}$, $B=\{n\geq 3\}$이라 할 때 $A\bigcup B$, $A\bigcap B$를 구하라.

| 풀이 | $A\bigcup B=\{n$이 짝수 or $n\geq 3\}=\{2,3,4,5,6\}$

$A\bigcap B=\{n$이 짝수 and $n\geq 3\}=\{4,6\}$

---

n개의 사상 $A_1, A_2, \cdots, A_n$의 합사상은 적어도 사상 $A_1, A_2, \cdots, A_n$의 하나에 속하는 원소의 집합으로 정의하고 기호로

$$\bigcup_{i=1}^{n} A_i = A_1 \bigcup A_2 \bigcup \cdots \bigcup A_n$$

와 같이 표시한다.

사상 $A_1, A_2, \cdots, A_n$의 곱사상은 사상 $A_i(i=1,2,\cdots,n)$의 모두에 속하는 원소의 집합으로 정의하고 기호로

$$\bigcap_{i=1}^{n} A_i = A_1 \bigcap A_2 \bigcap \cdots \bigcap A_n$$

와 같이 나타낸다.

1.3 확률 및 확률공간

주사위나 동전을 던지는 간단한 문제로부터 출발하여 먼저 표본공간 Ω가 유한개의 점으로 된 경우를 생각하였고, 다음에 기하학적인 문제에 관련해서 표본공간 Ω가 수직선으로 표시되는 경우를 생각하였다. 그리고 Ω가 유한개의 원소로 된 경우에는 각 가능성에 대해서 확률을 먼저 정의하였으나, Ω가 수직선으로 되는 경우에는 적분에 의해서 확률을 정의해야 한다. 그런데 이것은 앞에서 말한 집합족 $\mathcal{F}$가 주어졌을 때 $\mathcal{F}$에 속하는 각 사상 A에 대해서 하나의 수치를 대응시키는 방법에 지나지 않는다.

확률이란 $\mathcal{F}$의 각 원소에 대해서 정의된 하나의 함수이나, 어떠한 함수라도 되는 것은 아니고 확률에 대한 성질을 만족해야 한다. 확률이란 어떠한 성질을 갖는 함수로 정의되는가를 알아보자.

정의 1.4 표본공간 Ω 상에 집합족 $\mathcal{F}$ 에 대해서 사상 A 의 확률(probability) $P(A)$ 는 다음의 3개 조건

① 모든 $A \in \mathcal{F}$ 에 대해서 $0 \leq P(A) \leq 1$

② $P(\Omega) = 1$

③ $A \cap B = \varnothing$ 이면 $P(A \cup B) = P(A) + P(B)$ (유한가법성)

을 만족하는 폐구간 $[0, 1]$ 상에의 집합함수(set function)이다. 조건 ③을 확장하여 다음의 완전가법성을 얻을 수 있다.

$$A_i \cap A_j = \varnothing \ (i \neq j) \text{ 이면 } P\left(\bigcup_{i=1}^{\infty} A_i\right) = \sum_{i=1}^{\infty} P(A_i)$$

이와 같이 확률은 이상의 3가지 조건을 만족하는 집합함수 P 이다. 이것은 수학적으로는 보렐 집합족상에서 정의된 측도(measure)에 해당된다. 특히 전체의 측도가 1인 측도가 확률인 것이다. 이 3개의 확률의 성질 ①, ②, ③을 확률의 공리라 하는데 이것은 콜모고로프(Kolmogorov)가 제안한 것이다.

이상의 공리론적 확률의 정의는 확률이라고 하는 것을 개념적으로 규정하는 것이고 구체적인 사상의 확률은 이 공리계로서 주는 것은 아니다. 이것은 이미 말한 바와 같이 등확률로서의 조합에 의한 확률이나, 빈도의 안정된 값에 의해서 구해지는 것이다.

완전가법성의 공리대신 연속성의 공리를 설정해도 좋다. 연속성의 공리란 사상의 계열

$$A_1 \supset A_2 \supset A_3 \supset \cdots \supset A_n \supset \cdots$$

에 대해서 $\bigcap_n A_n = \varnothing$ 이면

$$\lim_{n \to \infty} P(A_n) = 0$$

이 되는 공리를 말한다.

정의 1.5 표본공간 Ω 와 그 부분집합의 완전가법족 $\mathcal{F}$ 와 $\mathcal{F}$ 상에서 정의된 확률 P 를 한데 묶은

$$(\Omega, \mathcal{F}, P)$$

을 확률공간(probability space)이라 한다.

확률공간은 확률의 이론적 전개의 기초가 된다.

예제 1.6

표본공간 $\Omega = \{1, 2, 3, \cdots\}$ 의 모든 부분집합의 족을 $\mathcal{F}$ 라 하고 Ω 의 임의의 n 에 확률 $P(n) = \dfrac{1}{2^n}$ 을 대응시키면 $(\Omega, \mathcal{F}, P)$ 는 확률공간을 이룬다.

주 측도에 대한 정의를 살펴보자. 측도란 길이, 면적, 체적, 질량 등과 같은 물건의 양을 측정하는 척도를 추상화한 것이다. 예를 들면 어떤 원형 A 의 면적을 $m(A)$ 라 하면 $m(A)$ 는

$$R_1 : m(A) \geq 0$$

$$R_2 : A \cap B = \varnothing \text{ 이면 } m(A \cup B) = m(A) + m(B)$$

라고 하는 성질을 갖는다. 길이, 체적, 질량 등에 대해서도 동일하다.

여기서 이것을 추상화하여 위의 성질을 갖는 측도 m 을 리만(Riemann)식 측도라 부른다. 보통 초등 미분적분은 이 리만식 측도로 이루어져 있다. 그러나 20세기 초기에 프랑스의 수학자 르베그(Lebesgue)는 길이, 면적, 체적 등에 대해서 위의 2번째의 조건 R_2 를 일반화하였다. 결국

$$L_1 : m(A) \geq 0$$

$$L_2 : A_i \cap A_j = \varnothing \ (i \neq j) \text{ 이면 } m\left(\bigcup_{i=1}^{\infty} A_i\right) = \sum_{i=1}^{\infty} m(A_i)$$

와 같이 하였다. 유한합과 무한합의 차는 별것 아닌 것같이 보이나, 실은 이 미묘한 차가 그 후 이론전개에 큰 영향을 준 것이다. 이 차를 인식한 것이 르베그의 위대성이고, 이로 인해서 이것을 르베그식 측도라 부르게 되었다.

1.4 확률변수와 확률분포

표본공간 Ω 와 그 부분집합으로 된 완전가법족 $\mathcal{F}$ 가 주어졌을 때 근원사상 $w \in \Omega$ 의 함수로서 $X(w)$ 를 생각하자. 이 $X(w)$ 를 실수치함수라 하자.

정의 1.6 임의의 실수 x 에 대해서 $X(w) \leq x$ 를 만족하는 w 의 집합

$$\{w ; X(w) \leq x\}$$

이 완전가법족 $\mathcal{F}$ 에 속할 때 $X(w)$ 를 Ω 상에서의 확률변수(random variable)라 한다.

근원사상 w 는 추상적인 사건이나, 확률변수는 이것을 수량화한 것이다. 확률변수는 수학적으로 가측함수(measurable function)인 것이다.

예제 1.7

공산품의 모임인 로트(lot)로부터 하나의 제품을 추출하여 양품인가, 불량품인가를 구분한다고 할 때 완전가법족과 확률변수를 생각하여 보라.

| 풀이 | 양품인 것을 w_1, 불량품인 것을 w_2 라 하면 표본공간은

$$\Omega = \{w_1, w_2\}$$

이다. 최소의 완전가법족 $\mathscr{F}$ 는 다음과 같다.

$$\mathscr{F} = \{\varnothing, \{w_1\}, \{w_2\}, \{w_1, w_2\}\}$$

이 때 확률변수로서

$$X(w_1) = 0,\ X(w_2) = 1$$

을 생각하면

$$\{w; X(w) \le x\} = \begin{cases} \varnothing, & x < 0 \\ \{w_1\}, & 0 \le x < 1 \\ \{w_1, w_2\}, & x \ge 1 \end{cases}$$

로 되고, $\{w; X(w) \le x\}$ 는 모두 $\mathscr{F}$ 에 속한다. 따라서 $X(w)$ 는 확실히 확률변수이다.

---

n 개의 제품을 검사한다고 하자. 제 i 번째 제품에 대해서 앞에서와 같이 정의한 확률변수를 $X_i(w)$ 라 하면

$$X_1 + X_2 + \cdots + X_n$$

은 n 개의 제품 중 불량갯수를 나타낸다.

확률변수는 정확히 w 의 함수이나, 특별히 필요하지 않는 한 $X(w)$ 대신에 간단히 X 로 표시하는 경우가 많다.

확률변수 X 가 주어졌을 때 $\{w; X(w) \le x\}$ 는 $\mathscr{F}$ 에 속하므로 그 확률을 생각할 수 있다.

정의 1.7 임의의 실수 x 에 대해서

$$F(x) = P(X \leq x) = P(\{w; X(w) \leq x\})$$

를 확률변수 X 의 분포함수(distribution function)라 한다.

분포함수의 성질로는 다음과 같은 것이 있다.

(1) $F(-\infty) = \lim_{x \to -\infty} F(x) = P(X \leq -\infty) = 0$

(2) $F(+\infty) = \lim_{x \to +\infty} F(x) = P(X \leq +\infty) = 1$

(3) $a < b$ 일 때 $F(a) \leq F(b)$ (광의의 단조증가성)

(4) 좌측연속이다.

확률변수가 취하는 값이 이산적일 때 그 확률변수를 이산확률변수(discrete random variable)라 하고, 취하는 값이 연속적일 때 연속확률변수(continuous random variable)라 한다. 이산확률변수 X가 취하는 값이 $a_1, a_2, \cdots$ 일 때

$$P(X = a_i) = p_i \quad (i = 1, 2, \cdots)$$

로 두면 그 분포함수는

$$F(x) = \sum_{a_i \leq x} p_i$$

와 같다. 이와 같은 분포를 이산분포(discrete distribution)라 한다. 이것은 〈그림 1.6〉과 같이 표현되며 이와 같은 분포함수를 계단함수(step function)라 한다.

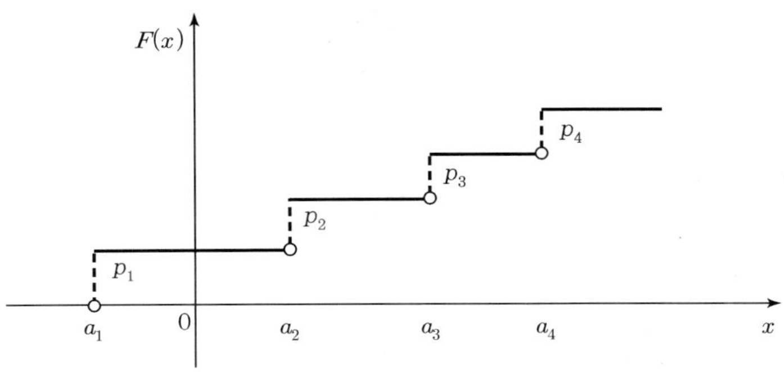

〈그림 1.6〉 이산분포

분포함수 $F(x)$가 연속이고 미분가능일 때 그 도함수

$$f(x) = F'(x)$$

를 확률밀도함수(probability density function ; pdf)라 한다. 이 때

$$F(x) = \int_{-\infty}^{x} f(t)dt$$

이다. 분포함수의 단조증가성으로부터 $f(x) \geq 0$이고 또한 $F(+\infty) = 1$로부터

$$\int_{-\infty}^{\infty} f(x)dx = 1$$

이다. 분포함수 pdf의 관계를 그림으로 표현하면 〈그림 1.7〉과 같다.

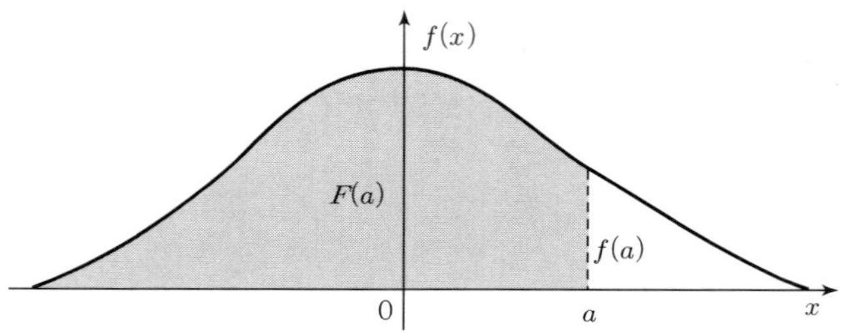

〈그림 1.7〉 분포함수와 pdf와의 관계

분포함수가 연속일지라도 반드시 미분가능은 아니다. pdf를 갖는 분포를 연속분포(continuous distribution)라 부른다.

정리 1.3

X를 확률변수, k를 임의의 정수라 할 때 kX는 확률변수이다.

증명 ① $k=0$: $\{kX \leq x\} = \begin{cases} \varnothing \in \mathcal{F}, & x < 0 \\ \Omega \in \mathcal{F}, & x \geq 0 \end{cases}$

② $k > 0$: $\{kX \leq x\} = \left\{X \leq \dfrac{x}{k}\right\} \in \mathcal{F}$

③ $k < 0$: $\{kX \leq x\} = \left\{X \geq \dfrac{x}{k}\right\} = \left\{X < \dfrac{x}{k}\right\}^c \in \mathcal{F}$ ✲

정리 1.4

X가 확률변수이면 X^2도 확률변수이다.

증명 ① $x < 0$: $\{X^2 \leq x\} = \varnothing \in \mathscr{F}$

② $x \geq 0$: $\{X^2 \leq x\} = \{-\sqrt{x} \leq X \leq \sqrt{x}\}$

$$= \{X \leq \sqrt{x}\} \cap \{X \geq -\sqrt{x}\} \in \mathscr{F}$$

✲

정리 1.5

X와 Y가 확률변수이면 $X+Y$도 확률변수이다.

증명 r을 모든 유리수의 집합 내에서 움직이는 임의의 수라 하자. 그리고 집합 S를

$$S = \bigcup_r \left[\{X<r\} \cap \{Y<t-r\}\right]$$

와 같이 정의하면, 모든 유리수의 집합은 $S \in \mathscr{F}$ 이다.

다음으로 $S = \{X+Y<t\}$가 됨을 증명하면 충분하다. S의 정의로부터 $S \subset \{X+Y<t\}$이 성립하는 것은 분명하므로 $S \supset \{X+Y<t\}$를 증명하면 된다.

$$w = \{X+Y<t\} \text{ 이면 } X(w)+Y(w)<t$$

부등식 $X(w)<r_0<t-Y(w)$를 만족하는 임의의 유리수를 r_0로 나타내면

$$X(w)<r_0,\ \ Y(w)<t-r_0$$

이므로

$$w \in \{X<r_0\} \cap \{Y<t-t_0\} \subset S$$

이 된다. ✲

정리 1.6

X와 Y가 확률변수이면 XY도 확률변수이다.

증명 [정리 1.3]~[정리 1.5]에 따라서 다음이 성립한다.

① $X-Y$는 확률변수이다.

② $(X+Y)^2$, $(X-Y)^2$도 확률변수이다.

③ $XY = \{(X+Y)^2 - (X-Y)^2\}/4$도 확률변수이다. ✲

정리 1.7

X와 Y가 확률변수이고 $\{Y=0\} \neq \varnothing$ 이면 $\dfrac{X}{Y}$도 확률변수이다.

증명

$$\left\{\frac{X}{Y} \le t\right\} = \left[\left\{\frac{X}{Y} \le t\right\} \cap \{Y<0\}\right] \cup \left[\left\{\frac{X}{Y} \le t\right\} \cap \{Y>0\}\right]$$
$$= \left[\{X \ge tY\} \cap \{Y<0\}\right] \cup \left[\{X \le tY\} \cap \{Y>0\}\right]$$
$$= \left[\{X - tY \ge 0\} \cap \{Y<0\}\right] \cup \left[\{X - tY \le 0\} \cap \{Y>0\}\right] \in \mathcal{F}$$

✲

예제 1.8

3개의 동전을 동시에 던진다. 이 경우 앞면이 나오는 개수를 X로 나타내면 X의 확률분포는 어떻게 될까?

| 풀이 | 앞면을 H, 뒷면을 T라 할 때 표본공간은 다음과 같다.

$$\Omega = \{HHH, HHT, HTH, HTT, THH, THT, TTH, TTT\}$$

그리고

$$X(HHH) = 3,\ X(HHT) = 2, \cdots, X(TTT) = 0$$

이므로

$x < 0$ 일 때 $\{X \le x\} = \varnothing$

$0 \le x < 1$ 일 때 $\{X \le x\} = \{TTT\}$

$1 \le x < 2$ 일 때 $\{X \le x\} = \{TTT, HTT, THT, TTH\}$

$2 \le x < 3$ 일 때 $\{X \le x\} = \{HHT, HTH, HTT, THH, THT, TTH, TTT\}$

$x \ge 3$ 일 때 $\{X \le x\} = \Omega$

이다. 따라서 X의 분포함수는 다음과 같다.

$$F(x) = \begin{cases} 0, & x < 0 \\ \dfrac{1}{8}, & 0 \le x < 1 \\ \dfrac{1}{2}, & 1 \le x < 2 \\ \dfrac{7}{8}, & 2 \le x < 3 \\ 1, & 3 \le x \end{cases}$$

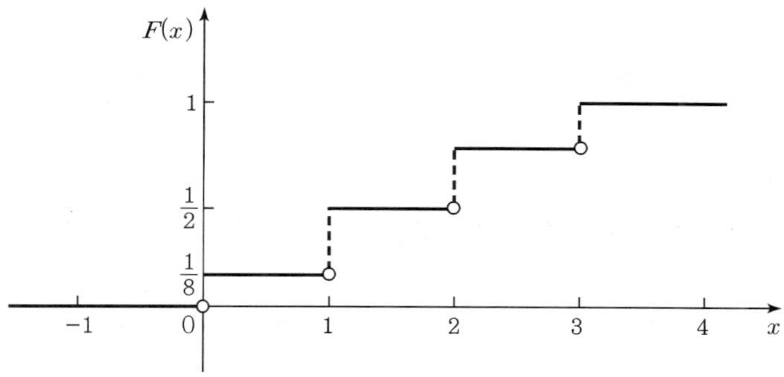

다음에 2개의 확률변수 X와 Y가 있을 때

$$F(x,y) = P(X \leq x, Y \leq y)$$
$$= P\left(\left\{w; (X(w) \leq x) \bigcap (Y(w) \leq y)\right\}\right)$$

를 X와 Y의 결합분포(joint distribution) 또는 동시분포라 한다. 이것은 2차원분포이다. 이 때

$$f(x,y) = \frac{\partial^2}{\partial x \partial y} F(x,y)$$

가 존재하면 $f(x,y)$를 결합(동시)확률밀도함수(joint probability density function)라 한다. 확률변수 X의 분포함수를 $F(x)$라 할 때

$$F(x,+\infty) = P(X \leq x, Y < \infty) = P(X \leq x) = F(x)$$

와 같이 된다. 이 $F(x,+\infty)$을 X의 주변분포(marginal distribution)라 한다. 결국 X의 분포는 X와 Y의 결합분포의 X의 주변분포로서 얻어진다. 동일하게 Y의 분포 $G(y)$도 Y의 주변분포

$$G(y) = F(+\infty, y)$$

로 정의된다. 결합확률밀도에 대해서도 동일하게

$$f(x) = \int_{-\infty}^{\infty} f(x,y)dy$$

로 둘 때

$$F(x,+\infty)=\int_{-\infty}^{x}\int_{-\infty}^{\infty} f(x,y)dxdy=\int_{-\infty}^{x} f(x)dx$$

와 같이 된다.

일반적으로 k 개의 확률변수 $X_1, X_2, \cdots, X_k$ 의 결합분포는

$$\begin{aligned} F(x_1, x_2, \cdots, x_k) &= P(X_1 \leq x_1, X_2 \leq x_2, \cdots, X_k \leq x_k) \\ &= P\left(\left\{w ; \bigcap_{i=1}^{k} (X_i(w) \leq x_i)\right\}\right) \end{aligned}$$

와 같이 주어진다. 그 일반적 성질로서

$$\begin{aligned} &F(+\infty, +\infty, \cdots, +\infty) = 1, \\ &F(-\infty, x_2, \cdots, x_k) = F(x_1, -\infty, x_3, \cdots, x_k) = \cdots \\ &\qquad\qquad = F(x_1, \cdots, x_{k-1}, -\infty) = 0 \end{aligned}$$

($F(x_1, x_2, \cdots, x_k)$ 는 모든 x_i 에 대해서 비감소)

이 성립한다. 결합확률밀도함수는

$$\frac{\partial^k F(x_1, x_2, \cdots, x_k)}{\partial x_1 \partial x_2 \cdots \partial x_k} = f(x_1, x_2, \cdots, x_k)$$

로서 주어지고

$$F(x_1, x_2, \cdots, x_k) = \int_{-\infty}^{x_1}\int_{-\infty}^{x_2} \cdots \int_{-\infty}^{x_k} f(t_1, t_2, \cdots, t_k) dt_1 dt_2 \cdots dt_k$$

와 같이 된다. 이산적일 때는 1변수일 때와 같이

$$F(x_1, x_2, \cdots, x_k) = \sum_{x_{i1} \leq x_{i2}, \cdots, x_{i(k-1)} \leq x_{ik}} p_{i_1, i_2, \cdots, i_k}$$

와 같이 표시된다.

주 스틸체스 적분(Stieltjes integral)에 대하여 간단히 설명하여 보자.

이산적인 경우와 연속적인 경우 및 이들의 혼합형 등 다른 일반적인 경우를 포함하여 통일적으로 표시하는데 편리한 스틸체스 적분을 알아보자. 폐구간 $[a, b]$ 의 하나의 분할

$$\Delta : a = x_0 < x_1 < x_2 < \cdots < x_{n-1} < x_n = b$$

에 대해서 2개의 함수 $\varphi(x)$ 와 $F(x)$ 가 주어졌을 때

$$x_{i-1} \le z_i \le x_i \quad (i = 1, 2, \cdots, n)$$

을 만족하는 z_i 를 취하여

$$d_\Delta = \max_{1 \le i \le n}(x_i - x_{i-1})$$

로 두면

$$\lim_{n \to \infty, d_\Delta \to 0} \sum_{i=1}^{n} \varphi(z_i) \left[F(x_i) - F(x_{i-1}) \right]$$

이 분할 Δ 와 z_i 의 정하는 방법에 무관하게 존재할 때 이 극한을 $\varphi(x)$ 의 $F(x)$ 에 관한 스틸체스 적분이라 부르고,

$$\int_a^b \varphi(x) dF(x)$$

로 표시한다. 특히

$$F(x) = x$$

일 때가 보통의 리만 적분이다. 구간 $[a, b]$ 에서 $\varphi(x)$ 가 연속이고, $F(x)$ 가 유계비감소일 때는 $\varphi(x)$ 의 $F(x)$ 에 관한 스틸체스 적분이 존재한다. 이것은

$$M_i = \max_{x_{i-1} < x < x_i} \varphi(x), \ \ m_i = \min_{x_{i-1} < x < x_i} \varphi(x)$$

$$S_\Delta = \sum_{i=1}^{n} M_i [F(x_i) - F(x_{i-1})]$$

$$s_\Delta = \sum_{i=1}^{n} m_i [F(x_i) - F(x_{i-1})]$$

로 두면 $F(x)$ 가 비감소이므로

$$s_\Delta \le S_\Delta$$

이고

$$s_\Delta \le \sum_{i=1}^{n} \varphi(z_i) [F(x_i) - F(x_{i-1})] \le S_\Delta$$

로 된다. 그리고

$$s = sup\ s_{\Delta},\ S = inf\ S_{\Delta}$$

로 둘 때 $\varphi(x)$ 가 폐구간에서 연속이므로 일양연속이 되어, 보통의 적분에 관한 다르부(Darboux)의 정리의 증명과 동일하게 하여

$$s = S = \lim_{n \to \infty,\ d_{\Delta} \to 0} \sum_{i=1}^{n} \varphi(z_i)[F(x_i) - F(x_{i-1})]$$

이 증명된다.

특히 $F(x)$ 가 미분가능으로서

$$F'(x) = f(x)$$

일 때

$$\int_a^b \varphi(x)\,dF(x),\quad \int_a^b \varphi(x) f(x)\,dx$$

가 존재하면

$$\int_a^b \varphi(x)\,dF(x) = \int_a^b \varphi(x) f(x)\,dx$$

로 된다. 또한 $F(x)$ 가 계단함수일 때는

$$I_c(x) = \begin{cases} 1, & x > c \\ 0, & x \le c \end{cases}$$

로 두면

$$F(x) = a_1 I_{c1}(x) + a_2 I_{c2}(x) + \cdots + a_n I_{cn}(x)$$

로 표시되고 이때

$$\int_a^b \varphi(x)\,dF(x) = a_1\varphi(c_1) + a_2\varphi(c_2) + \cdots + a_n\varphi(c_n)$$

로 된다. 확률변수 X 의 분포함수 $F(x)$ 는 비감소이고 유계이므로 특히

$$\varphi(x) \equiv 1$$

로 한 스틸체스 적분에 의하여

$$F(x) = \int_{-\infty}^{x} dF(t)$$

로 표시된다. 이것은 이산적인 경우의

$$F(x) = \sum_{a_i \le x} p_i$$

및 미분가능인 경우의

$$F(x) = \int_{-\infty}^{x} f(t)dt$$

를 같이 포함한 표현법인 것이다. 또한 $F(x)$가 연속이거나, 미분가능인 경우를 포함한 일반적인 표현이다.

다차원분포에 대해서도 동일하게 다중 스틸체스 적분에 의하여

$$F(x_1, x_2, \cdots, x_k) = \int_{-\infty}^{x_1} \int_{-\infty}^{x_2} \int_{-\infty}^{x_k} dF(x_1, x_2, \cdots, x_k)$$

로 표시된다.

1.5 조건부확률과 독립성

확률의 연산에 관한 기본적인 개념에 조건부확률과 독립성이 있다.

2개의 사상 A와 B의 곱사상을 생각할 때 이것은 A와 B의 양쪽이 일어나는 것인데 이것을 분해하여 A가 일어나고 A가 일어났다는 조건하에서 B가 일어난다고 볼 수 있다. 동일하게 B가 일어나고 B가 일어났다고 하는 조건하에서 A가 일어나는 것으로 생각할 수 있다.

정의 1.8 사상 A가 일어났다고 하는 조건하에서 사상 B가 일어난다고 하는 조건부확률(conditional probability)을 $P(B \mid A)$로 표시하면

$$P(B \mid A) = \frac{P(A \cap B)}{P(A)} \quad (P(A) > 0)$$

과 같이 정의한다.

조건이 붙지 않은 때의 사상 B의 확률을 전사상 Ω가 일어난다고 하는 조건하에서 생각하면

$$P(B \mid \Omega) = \frac{P(B \cap \Omega)}{P(\Omega)} = P(B)$$

가 되어 전사상의 조건은 말할 필요가 없는 것을 알 수 있다.

정의 1.9 2개의 사상 A와 B가

$$P(A \cap B) = P(A)P(B)$$

를 만족할 때 A와 B는 서로 독립(independent)이라 한다.

예제 1.9

트럼프 52장의 카드를 잘 섞어서 그로부터 1장의 카드를 임의로 추출할 때

$$A = \{\text{크로바의 카드가 나온다}\}$$
$$B = \{King\text{의 카드가 나온다}\}$$

로 두면

$$A \cap B = \{\text{크로바인 } King\text{의 카드가 나온다}\}$$

와 같이 된다. 두 사상 A와 B의 독립을 말하라.

| 풀이 | 등확률의 전제가 만족된다고 볼 때

$$P(A) = \frac{13}{52} = \frac{1}{4},\ P(B) = \frac{4}{52} = \frac{1}{13},\ P(A \cap B) = \frac{1}{52}$$

이므로

$$P(A \cap B) = P(A)P(B)$$

가 성립한다. 따라서 A와 B는 독립이다.

정리 1.8 전확률의 정리

표본공간 Ω가 n개의 배반사상 $A_1, A_2, \cdots, A_n$으로 되어 있다 하자. 즉

$$\Omega = A_1 + A_2 + \cdots + A_n$$

그리고 B를 임의의 사상이라 하면

$$P(B) = P(A_1)P(B \mid A_1) + P(A_2)P(B \mid A_2) + \cdots + P(A_n)P(B \mid A_n)$$

이 성립한다.

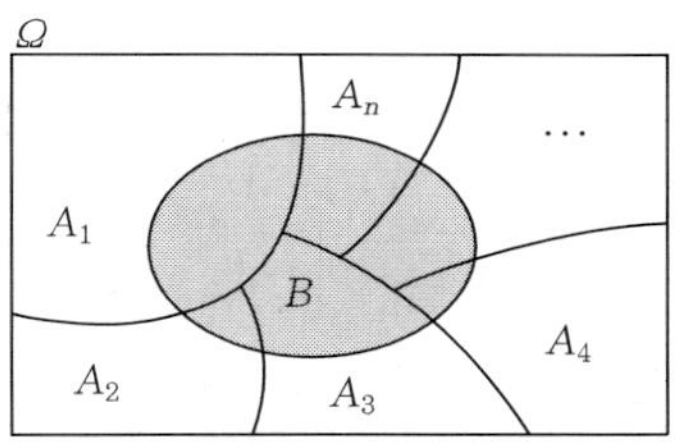

증명 B는 다음과 같이 표시된다.

$$B = (B \cap A_1) + (B \cap A_2) + \cdots + (B \cap A_n)$$

확률의 가법성에 의하여

$$P(B) = P(B \cap A_1) + P(B \cap A_2) + \cdots + P(B \cap A_n)$$

이 된다. 조건부확률에 의하여

$$P(B \cap A_i) = P(A_i)P(B \mid A_i) \quad (i = 1, 2, \cdots, n)$$

이므로 정리가 성립한다. *

이 전확률의 정리는 출생사멸과정의 기본관계식을 유도하는 경우 등에 널리 이용된다.

정리 1.9 베이즈(Bayes)의 정리

표본공간 Ω 가 n 개의 서로 배반사상인 $A_1, A_2, \cdots, A_n$ 으로 되어있다 하자. 즉

$$\Omega = A_1 + A_2 + \cdots + A_n$$

그리고 B를 임의의 사상이라 하면

$$P(A_i \mid B) = \frac{P(A_i)P(B \mid A_i)}{\sum_{i=1}^{n} P(A_i)P(B \mid A_i)}$$

이 성립한다.

증명 조건부확률

$$P(A_i \mid B) = \frac{P(A_i)P(B \mid A_i)}{P(B)} \quad (i = 1, 2, \cdots, n)$$

에서 $P(B)$ 에 전확률의 정리를 대입하면 정리의 결과를 얻을 수 있다. ✲

베이즈의 정리는 여러 가지 원인 $A_1, A_2, \cdots, A_n$ 의 결과로서 B가 일어나는 것이다. 예를 들면 원료가 나쁘다거나, 기계의 상태가 나쁘다거나, 작업원의 잘못에 의해서 불량품이 나타난다고 생각하는 것이다. 이때 각각의 원인 하에서 결과 B가 일어난다고 하는 조건부확률 $P(B \mid A_i)$ 는 과거의 자료로부터 계산될 수 있다. 지금 실제 결과 B가 일어났을 때 그것이 특정의 원인 A_i 에 기인한 확률 $P(A_i \mid B)$ 를 알고자 할 때 베이즈의 정리를 이용할 수 있다. 여기서 확률 $P(A_i \mid B)$ 를 사후확률이라 한다. 물론 베이즈의 정리에서 사후확률을 계산하려면 확률 $P(A_i)(i = 1, 2, \cdots, n)$ 을 알아야 한다. 이 때 $P(A_i)$ 를 사전확률이라 부른다.

독립에 대한 정의는 사상의 개수가 2개 이상의 경우에도 다음과 같이 확장된다.

정의 1.10 n 개의 사상 $A_1, A_2, \cdots, A_n$ 이 있을 때 임의의 $i_1, i_2, \cdots, i_n$ 에 대해서

$$i \le i_1 < i_2 < \cdots < i_k \le n \quad (k = 2, 3, \cdots, n)$$

이면

$$P(A_{i1} \cap A_{i2} \cap \cdots \cap A_{ik}) = P(A_{i1})P(A_{i2}) \cdots P(A_{ik})$$

가 성립할 때 $A_1, A_2, \cdots, A_n$ 은 서로 독립(mutually independent)이라고 한다.

여기서 서로 독립이기 위한 조건식의 개수는

$$
\begin{aligned}
{}_nC_2 + {}_nC_3 + \cdots + {}_nC_n &= (1+1)^n - {}_nC_0 - {}_nC_1 \\
&= 2^n - n - 1
\end{aligned}
$$

이다.

$A_1, A_2, \cdots, A_n$ 이 서로 독립이면 임의의 A_i 와 A_j 도 독립이다. 그러나 임의의 A_i 와 A_j 가 독립일지라도 서로 독립이라 할 수는 없다.

예를 들면

$$\Omega = \{w_1, w_2, w_3, w_4\}$$

에 대해서

$$P(w_i) = \frac{1}{4} \quad (i = 1, 2, 3, 4)$$

로 둘 때 사상 A, B, C를

$$A = \{w_1, w_2\},\ B = \{w_1, w_3\},\ C = \{w_1, w_4\}$$

라 하면

$$P(A) = P(B) = P(C) = \frac{1}{2}$$

$$P(A \cap B) = P(A \cap C) = P(B \cap C) = P(w_1) = \frac{1}{4}$$

이므로

$$P(A \cap B) = P(A)P(B),\ P(A \cap C) = P(A)P(C)$$

$$P(B \cap C) = P(B)P(C)$$

가 성립하여 A, B, C의 임의의 2개도 독립이다. 그러나

$$A \cap B \cap C = \{w_1\}$$

이므로

$$P(A \cap B \cap C) = \frac{1}{4}$$

이 되어

$$P(A \cap B \cap C) \neq P(A)P(B)P(C)$$

이다. 이 예는 번스타인(Bernstein)에 의한 것이다.

다음 몇 개의 확률변수의 독립성에 대해서는 사상의 독립성을 갖고 정의할 수 있다. 확률변수 $X_1(w), X_2(w), \cdots, X_n(w)$ 에 관해서 임의의 실수 $a_1, b_1, a_2, b_2, \cdots, a_n, b_n$ 를 생각할 때

$$\begin{aligned} &P(a_1 \leq X_1(w) < b_1,\ a_2 \leq X_2(w) < b_2, \cdots, a_n \leq X_n(w) < b_n) \\ &= P(a_1 \leq X_1(w) < b_1) P(a_2 \leq X_2(w) < b_2) \cdots P(a_n \leq X_n(w) < b_n) \end{aligned}$$

이 성립하면 $X_1, X_2, \cdots, X_n$ 은 서로 독립이라 한다. 이것은 사상

$$\{w\,;\, a_i \leq X_i(w) < b_i\} \quad (i = 1, 2, \cdots, n)$$

이 서로 독립인 것을 나타낸다. $X_1, X_2, \cdots, X_n$ 이 서로 독립일 때 그 일부분

$$X_{i1}, X_{i2}, \cdots, X_{ik} \quad (1 \leq i_1 < i_2 < \cdots < i_k \leq n,\ k = 2, 3, \cdots, n)$$

이 서로 독립인 것은 $i_1, i_2, \cdots, i_k$ 이외의 a_i 를 $-\infty$, b_i 를 $+\infty$ 로 하면 곧 알 수 있다.

확률변수 $X_1, X_2, \cdots, X_n$ 이 서로 독립일 때, X_i 의 분포함수를 $F_i(x)$ 라 하면 $X_1, X_2, \cdots, X_n$ 의 결합분포 $F(x_1, x_2, \cdots, x_n)$ 에 대해서

$$\begin{aligned} F(x_1, x_2, \cdots, x_n) &= P(X_1 \leq x_1, X_2 \leq x_2, \cdots, X_n \leq x_n) \\ &= P(X_1 \leq x_1) P(X_2 \leq x_2) \cdots P(X_n \leq x_n) \\ &= F_1(x_1) F_2(x_2) \cdots F_n(x_n) \end{aligned}$$

이 된다. 결국 독립인 확률변수의 결합분포는 각각의 분포함수의 곱으로 되고 결합확률밀도함수 $f(x_1, x_2, \cdots, x_n)$ 에 대해서는

$$f(x_1, x_2, \cdots, x_n) = \frac{\partial^n F(x_1, x_2, \cdots, x_n)}{\partial x_1 \partial x_2 \cdots \partial x_n}$$

$$= \frac{\partial^n [F_1(x_1) F_2(x_2) \cdots F_n(x_n)]}{\partial x_1 \partial x_2 \cdots \partial x_n}$$

$$= \frac{dF_1(x_1)}{dx_1} \cdot \frac{dF_2(x_2)}{dx_2} \cdot \cdots \cdot \frac{dF_n(x_n)}{dx_n}$$

$$= f_1(x_1) \cdot f_2(x_2) \cdot \cdots \cdot f_n(x_n)$$

와 같이 된다.

X와 Y가 독립인 확률변수이고 각각의 분포함수를 $F(x)$, $G(y)$ 또한 pdf를 각각 $f(x)$, $g(y)$라 할 때 X와 Y의 합

$$Z = X + Y$$

도 또한 하나의 확률변수이다. Z의 분포함수를 $H(z)$라 할 때 X와 Y의 결합확률밀도함수를 $f(x, y)$라 하면

$$\begin{aligned} H(z) &= P(Z \le z) = P(X + Y \le z) \\ &= \iint_{x+y \le z} f(x,y)dxdy = \iint_{x+y \le z} f(x)g(y)dxdy \\ &= \int_{-\infty}^{\infty} \left[\int_{-\infty}^{z-x} g(y)dy \right] f(x)dx \\ &= \int_{-\infty}^{\infty} G(z-x)\, dF(x) \end{aligned}$$

로 된다. $H(z)$의 pdf $h(z)$에 대해서는

$$h(z) = \int_{-\infty}^{\infty} g(z-x) f(x) dx$$

다. 이 때 $H(z)$의 형태를 분포함수 $F(x)$와 $G(y)$의 중첩(convolution)이라 한다.

1.6 기대값과 특성함수

확률변수 $X(w)$의 함수를 $\varphi(X)$라 할 때

$$\Phi(w) = \varphi[X(w)]$$

도 또한 확률변수가 되는 것을 생각하기로 하자. 이것은 φ가 베르(Baire)함수이면 되는데, 여기서 연속함수의 극한으로 생기는 함수를 총괄하여 베르함수라 한다.

확률변수 X의 분포함수를 $F(x)$라 하자.

정의 1.11 확률변수 X의 분포함수가 $F(x)$일 때 X의 함수 $\varphi(X)$에 대해서

$$E[\varphi(X)] = \int_{-\infty}^{\infty} \varphi(x)\,dF(x)$$

를 $\varphi(X)$의 기대값이라 한다. 여기서 $\int_{-\infty}^{\infty} |\varphi(x)|\,dF(x) < \infty$ 이다.

실제로는 X의 기대값을

$$E(X) = \int_{-\infty}^{\infty} x\,dF(x)$$

로 정의하고 $Y = \varphi(X)$의 분포함수 $G(y)$에 의해서

$$E[\varphi(X)] = \int_{-\infty}^{\infty} y\,dG(y) = \int_{-\infty}^{\infty} \varphi(x)\,dF(x)$$

와 같이 되지만 여기서는 간단하게 표현하기 위하여 [정의 1.13]과 같이 기대값을 정의하여 둔다.

많은 확률변수의 경우에도 동일하게 다차원분포를 써서

$$E[\varphi(X_1, X_2, \cdots, X_k)]$$
$$= \int_{-\infty}^{\infty}\int_{-\infty}^{\infty}\cdots\int_{-\infty}^{\infty} \varphi(x_1, x_2, \cdots, x_k)\,dF(x_1, x_2, \cdots, x_k)$$

와 같이 정의한다.

정의 1.12 확률변수 X의 기대값

$$\mu = E(X) = \int_{-\infty}^{\infty} x\,dF(x)$$

를 X의 평균(mean)이라 한다. 또한

$$\sigma^2 = E[(X-\mu)^2] = \int_{-\infty}^{\infty} (x-\mu)^2 dF(x)$$

를 X의 분산(variance)이라 한다. 분산의 제곱근 σ을 X의 표준편차(standard deviation)라 한다.

정의 1.13 확률변수 X의 k차 적률 μ_k를

$$\mu_k = E(X^k) = \int_{-\infty}^{\infty} x^k dF(x)$$

와 같이 정의한다.

분산 σ^2은 다음과 같이 나타내진다.

$$\sigma^2 = \mu_2 - \mu^2$$

정의 1.14 2개의 확률변수 X와 Y의 결합분포를 $F(x, y)$라 할 때

$$\mu_{k,l} = E(X^k Y^l) = \int_{-\infty}^{\infty} \int_{-\infty}^{\infty} x^k y^l dF(x,y)$$

를 X와 Y의 (k, l)차 적률이라 한다.

특히 $\mu_{1,0}$은 X의 평균이고, $\mu_{0,1}$은 Y의 평균이다. 또한 X, Y의 평균을 각각 μ_X, μ_Y로 표시한다.

정의 1.15 2개의 확률변수 X, Y에 대하여

$$\begin{aligned} C(X, Y) &= [E(X-\mu_X)(Y-\mu_Y)] \\ &= \int_{-\infty}^{\infty} \int_{-\infty}^{\infty} (x-\mu_X)(y-\mu_Y) dF(x,y) \end{aligned}$$

를 X와 Y의 공분산(covariance)이라 한다.

공분산은

$$C(X, Y) = \mu_{XY} - \mu_X \mu_Y$$

와 같이 표시된다.

확률변수 X와 Y의 1차 결합 $aX + bY$의 기대값에 대해서는

$$E[aX + bY] = \int_{-\infty}^{\infty}\int_{-\infty}^{\infty}(ax+by)dF(x,y)$$
$$= a\mu_X + b\mu_Y = aE(X) + bE(Y)$$

가 성립한다.

정리 1.10

$$E\left[\sum_{i=1}^{n} a_i X_i\right] = \sum_{i=1}^{n} a_i E(X_i)$$

1차 결합의 분산에 대해서는 분산을 $V(\cdot)$로 나타낼 때

$$V(aX + bY) = E[(aX + bY) - E(aX + bY)]^2$$
$$= E[a^2(X - \mu_X)^2 + b^2(Y - \mu_Y)^2 + 2ab(X - \mu_X)(Y - \mu_Y)]$$
$$= a^2 V(X) + b^2 V(Y) + 2ab\, C(X, Y)$$

와 같이 된다.

특히 확률변수 X와 Y가 독립일 때 각각의 분포함수를 $F_1(x)$, $F_2(y)$ 라 하면

$$E[\varphi(X)\psi(Y)] = \int_{-\infty}^{\infty}\int_{-\infty}^{\infty}\varphi(x)\psi(y)\,dF(x,y)$$
$$= \int_{-\infty}^{\infty}\int_{-\infty}^{\infty}\varphi(x)\psi(y)\,dF_1(x)\,dF_2(y)$$
$$= \int_{-\infty}^{\infty}\varphi(x)\,dF_1(x)\int_{-\infty}^{\infty}\psi(y)\,dF_2(y)$$
$$= E[\varphi(X)]\,E[\psi(Y)]$$

와 같다. 따라서 이 때 공분산은

$$\mu_{XY} = E(XY) = E(X)E(Y)$$

이므로

$$C(X, Y) = \mu_{XY} - \mu_X \mu_Y = 0$$

이 된다. 그러므로 X와 Y가 독립인 경우는

$$V(X+Y) = V(X) + V(Y)$$

와 같이 된다.

확률변수 X, Y의 표준편차를 각각 σ_X, σ_Y라 하자.

정의 1.16 확률변수 X와 Y의 상관계수(correlation coefficient) $\rho(X, Y)$를

$$\rho(X, Y) = \frac{C(X, Y)}{\sigma_X \sigma_Y}$$

로 정의한다.

일반적으로 임의의 실수 a에 대해서

$$E[(aX+Y)^2] = a^2 E(X^2) + 2aE(XY) + E(Y^2) \geq 0$$

이므로 판별식의 조건에 의해서

$$[E(XY)]^2 \leq E(X^2) E(Y^2)$$

이 성립한다. 이것은 기대값에 대한 슈바르츠(Schwarz) 부등식의 표현이다. 이것을 공분산에 적용하면

$$[C(X, Y)]^2 \leq \sigma_X^2 \sigma_Y^2$$

이 되므로

$$|\rho(X, Y)| \leq 1$$

을 얻게 된다. 상관계수 $\rho(X, Y)$는 확률변수 X와 Y의 관련성을 −1과 −1 사이의 수로서 수량화한 것이고, 상관계수가 양(+)의 값일 때 양의 상관, 음(−)의 값일 때 음의 상관이 있다고 한다. 또한 $\rho(X, Y) = 0$일 때 무상관이라 한다. 따라서 X와 Y가 독립이고, $\sigma_X > 0$, $\sigma_Y > 0$일 때 무상관이 된다. 그러나 X와 Y가 무상관일지라도 독립이

라고 말할 수는 없다.

예제 1.10

무상관인 확률변수가 독립이 아닌 경우의 예를 들어 보라.

| 풀이 | 확률변수 X가 +1, −1, +2, −2를 각각 확률 $\frac{1}{4}$로 취한다고 하고 $Y=X^2$를 생각하여 보자. 이때 Y는 X의 함수이고, X와 Y는 독립이 아니다. 그런데

$$\mu_X = \frac{1}{4}(1-1+2-2) = 0$$

이고 또한 X와 Y의 결합분포가

$$P(X=-1, Y=1) = P(X=-1) = \frac{1}{4}$$
$$P(X=1, Y=1) = \frac{1}{4}$$
$$P(X=-2, Y=4) = P(X=2, Y=4) = \frac{1}{4}$$

이므로

$$\mu_{XY} = E(XY) = \frac{1}{4}(1-1+8-8) = 0$$

이 되어

$$C(X, Y) = \mu_{XY} - \mu_X \mu_Y = 0$$

이다. 또한 명백히 $\sigma_X^2 > 0, \sigma_Y^2 > 0$이다. 따라서 $\rho(X, Y) = 0$이고 X와 Y는 무상관이다.

다음 조건부기대값을 정의하여 보자. 확률변수 X와 Y가 결합확률밀도함수 $f(x,y)$를 갖고, $f(x,y)$가 x 및 y에 관해서 연속이라 하자.

Y의 pdf를 $f_2(y)$라 할 때 조건부확률의 정의로부터

$$P(x_1 \le X \le x_2 \mid y \le Y \le y+h) = \frac{\int_y^{y+h}\int_{x_1}^{x_2} f(x,y)\,dx\,dy}{\int_y^{y+h} f_2(y)\,dy}$$

가 성립한다. $f_2(y)$는 $f(x,y)$의 주변밀도함수로서 연속이다. 평균값 정리에 의하여

$$\int_y^{y+h} f_2(y)\,dy = h \cdot f_2(\eta) \quad (y \le \eta \le y+h)$$

와 같은 η가 존재한다. 또한 각각의 x에 대해서

$$\int_{y}^{y+h}\int_{x_1}^{x_2} f(x,y)\,dxdy = \int_{x_1}^{x_2} h\cdot f(x,\xi(x))\,dx \quad (y\le \xi(x)\le y+h)$$

를 만족하는 $\xi(x)$가 존재한다. 여기서 $h\to 0$일 때 연속성으로부터

$$f_2(\eta)\to f_2(y),\ f(x,\xi(x))\to f(x,y)$$

가 된다. 따라서

$$f(x\mid y) = \frac{f(x,y)}{f_2(y)}$$

를 y에 관한 x의 조건부확률밀도함수(conditional probability density function)라 부르기도 한다. 이렇게 하면

$$P(x_1\le X\le x_2\mid Y=y) = \int_{x_1}^{x_2} f(x\mid y)dx$$

와 같이 표시된다. 이것을 Y에 관한 X의 조건부확률이라 한다.

정의 1.17 Y에 관한 X의 조건부기대값(conditional expectation)을

$$\mu_X(y) = E[X\mid Y=y] = \int_{-\infty}^{\infty} xf(x\mid y)dx$$

와 같이 정의한다. $\mu_X(y)$를 y의 함수로 볼 때 X의 Y에 관한 회귀함수(regression function)라 한다.

특히 $\mu_X(y)$가

$$\mu_X(y) = ay + b$$

일 때 선형함수(linear function)라 하고 a와 b를 회귀계수(regression coefficient)라 한다. X와 Y가 독립이면

$$\mu_X(y) = \mu_X$$

이다. 다변수의 경우에도 동일하게 조건부 pdf

$$f(x_1 \mid x_2, \cdots, x_n)$$

을 써서 $X_2, \cdots, X_n$ 에 관한 X_1 의 회귀함수를

$$\begin{aligned}\mu_{X_1}(x_2, \cdots, x_n) &= E[X_1 \mid X_i = x_i (i = 2, 3, \cdots, n)] \\ &= \int_{-\infty}^{\infty} x_1 f(x_1 \mid x_2, \cdots, x_n) dx_1\end{aligned}$$

과 같이 정의할 수 있다. 이것이

$$\mu_{X_1}(x_2, \cdots, x_n) = \sum_{i=2}^{n} a_i x_i + b$$

일 때가 선형회귀이다.

그런데 확률변수 X 의 평균을 μ, 분산을 σ^2 이라 할 때

$$E[(X-c)^2] = E[(X-\mu+\mu-c)^2] = \sigma^2 + (\mu-c)^2 \geq \sigma^2$$

이므로 $c = \mu$ 일 때 $E[(X-c)^2]$ 은 최소값 σ^2 이 되는 것을 알 수 있다.

확률변수 Y 의 임의의 함수 $g(Y)$ 를 생각할 때

$$\begin{aligned}E[\{X - g(Y)\}^2] &= \int_{-\infty}^{\infty} \int_{-\infty}^{\infty} (x - g(y))^2 f(x, y) dx dy \\ &= \int_{-\infty}^{\infty} f_2(y) \left[\int_{-\infty}^{\infty} (x - g(y))^2 f(x \mid y) dx \right] dy\end{aligned}$$

이므로

$$g(y) = \mu_X(y)$$

일 때

$$\int_{-\infty}^{\infty} (x - g(y))^2 f(x \mid y) dx$$

는 최소가 된다. 이것은 제곱의 기대값의 의미로서 Y 의 모든 함수 중에서 X 의 가장 좋은 추정은 Y 에 관한 X 의 회귀함수인 것을 나타내고 있다.

다음으로 확률변수 X의 평균 μ와 분산 σ^2에 관한 부등식으로서 잘 알려진 체비셰프(Chebyshev)의 부등식을 살펴보자.

정리 1.11 체비셰프의 부등식

확률변수 X의 평균이 μ이고 분산이 σ^2일 때 임의의 정수 $c > 0$을 취하면

$$P(|X-\mu| \geq c\sigma) \leq \frac{1}{c^2}$$

와 같은 부등식이 성립한다.

증명 확률변수 X의 분포를 직선상의 질량분포로 생각할 때 평균 μ는 그 중심을 표시하고, 분산 σ^2은 중심에 관해 관성능률을 표시한다. 따라서

$$\alpha = P(|X-\mu| \geq c\sigma)$$

은 중심으로부터 거리가 적어도 $c\sigma$인 부분에 위치하는 질량을 표시한다. 그런데 이 부분의 중심에 관한 관성능률은 적어도 $\alpha \cdot (c\sigma)^2$이다. 그러나 전체의 관성능률이 σ^2이므로

$$\alpha \cdot (c\sigma)^2 \leq \sigma^2$$

이다. 따라서 $\alpha \leq \frac{1}{c^2}$로서 체비셰프의 부등식이 얻어진다. *

분포함수를 특정지우는 것으로 다음과 같은 특성함수를 생각할 수 있다.

정의 1.18 확률변수 X의 특성함수(characteristic function)는 모든 실수 θ에 대하여, X의 분포함수 $F(x)$라 할 때 $i^2 = -1$에 의해서

$$\varphi(\theta) = E(e^{i\theta X}) = \int_{-\infty}^{\infty} e^{i\theta x}\, dF(x)$$

와 같이 정의한다. 여기서 $e^{i\theta} = \cos\theta + i\sin\theta$, $e^{-i\theta} = \cos\theta - i\sin\theta$이다.

특성함수는 분포함수 $F(x)$의 푸리에 변환(Fourier transformation)이다.
모든 θ에 대하여

$$|\, e^{i\theta x} \,| = 1$$

이므로

$$|\varphi(\theta)| = \left| \int_{-\infty}^{\infty} e^{i\theta x}\, dF(x) \right| \leq \int_{-\infty}^{\infty} dF(x) = 1$$

이 되어 임의의 분포함수에 대해서 특성함수는 반드시 존재한다. 또한, $\varphi(0)=1$ 이고 $\varphi(\theta)$ 는 θ 에 대해서 연속이다.

예제 1.11

① X 의 1차 함수 $aX+b$ 의 특성함수를 구하라.

② 확률변수 X 와 Y 가 독립일 때, $X+Y$ 의 특성함수를 구하라.

| 풀이 | ① $\varphi_{aX+b}(\theta) = E(e^{i\theta(aX+b)}) = e^{ib\theta}E(e^{ia\theta X}) = e^{ib\theta}\varphi_X(a\theta)$

② $\varphi_{X+Y}(\theta) = E(e^{i\theta(X+Y)}) = E(e^{i\theta X}\cdot e^{i\theta Y})$

$$= E(e^{i\theta X})E(e^{i\theta Y}) = \varphi_X(\theta)\cdot\varphi_Y(\theta)$$

정리 1.12

확률변수 X 의 k 차 적률이 존재하는 경우, 그것은

$$\varphi^{(k)}(\theta) = i^k \int_{-\infty}^{\infty} x^k e^{i\theta x}\, dF(x)$$

에 의하여

$$\mu_k = \frac{1}{i^k}\varphi^{(k)}(0)$$

와 같이 구할 수 있다.

특성함수를 테일러 급수 전개하여

$$\varphi(\theta) = 1 + \theta_{\varphi'}(0) + \frac{\theta^2}{2!}\theta_{\varphi''}(0) + \cdots$$

를 얻으면 θ^k 의 계수는

$$\frac{1}{k!}\varphi^{(k)}(0) = \frac{i^k}{k!}\mu_k$$

와 같다. 이로부터 μ_k 를 구할 수도 있다.

분포함수와 특성함수 사이에는 1대 1의 대응이 되는 것을 증명할 수 있다. 이 사실은

확률분포를 연구하는 데 특성함수를 써도 충분한 것을 나타내고, 이것이 특성함수라 부르게 된 이유인 것이다. 분포함수 $F(x)$ 의 특성함수는 다음과 같이 정의된다.

$$\varphi(\theta) = \int_{-\infty}^{\infty} e^{i\theta x}\, dF(x)$$

하지만, 역으로 주어진 특성함수 $\varphi(\theta)$ 에 대응하는 분포함수는 $F(x)$ 와 pdf $f(x)$ 가 연속이면

$$f(x) = \frac{1}{2\pi}\int_{-\infty}^{\infty} e^{-i\theta x}\varphi(\theta)d\theta$$

로서 주어진다. 이것은 푸리에의 반전공식(Fourier's inversion formula)으로 알려져 있다. 보다 일반적으로는 a 와 $b\,(a < b)$를 분포함수 $F(x)$ 의 연속점이라 할 때

$$F(b) - F(a) = \lim_{h\to 0}\frac{1}{2\pi}\int_{-\infty}^{\infty}\varphi(\theta)e^{-\frac{h^2\theta^2}{2}}\frac{e^{-i\theta b} - e^{-i\theta a}}{-i\theta}d\theta$$

로서 주어진다.

다변수에 대한 특성함수는

$$\begin{aligned}\varphi(\theta_1, \theta_2, \cdots, \theta_n) &= E(e^{i\theta_1 X_1} + e^{i\theta_2 X_2} + \cdots + e^{i\theta_n X_n}) \\ &= \int_{-\infty}^{\infty}\cdots\int_{-\infty}^{\infty} e^{i\theta_1 x_1 + i\theta_2 x_2 + \cdots + i\theta_n x_n} dF(x_1, x_2, \cdots, x_n)\end{aligned}$$

과 같이 정의된다. $X_1, X_2, \cdots, X_n$ 이 독립인 경우에는

$$\varphi(\theta_1, \theta_2, \cdots, \theta_n) = \prod_{i=1}^{n}\varphi_i(\theta_i)$$

로 된다. 여기서 $\varphi_i(\theta_i)$ 는 X_i 의 특성함수이다.

특성함수 대신 적률생성함수(moment generating function)를 쓰기도 한다. 적률생성함수는

$$M(\theta) = E(e^{\theta X}) = \int_{-\infty}^{\infty} e^{\theta x}\, dF(x)$$

로서 정의한다. 적률생성함수를 쓰면 k 차 적률은

$$\mu_k = M^{(k)}(0)$$

와 같이 얻어진다. 적률생성함수는 특성함수와 같이 반드시 존재하지 않는다. 특성함수가 분포함수의 푸리에 변환인 것에 대하여 적률생성함수에서 θ 대신에 $-\theta$로 둔 것은 라플라스(Laplace) 변환이다. 따라서 특성함수나 라플라스 변환의 여러 가지 성질이 그대로 쓰여질 수 있다.

1.7 이산분포

지금까지는 관측, 실험, 조사 등을 일반적으로 시행이라 불러왔으나, 여기서 시행이라고 하는 것을 정확히 정의하고자 한다.

1 베르누이 시행

표본공간 Ω가 배반인 몇 개의 사상으로 분해될 때, 즉

$$\Omega = A_1 + A_2 + \cdots + A_k$$

로 될 때 이와 같은 분해를 하나의 시행(trial)이라 부른다. 동전을 던진다고 하는 시행은 앞면이 나타나는 사상 H, 뒷면이 나타나는 사상 T로 분해되어

$$\Omega = H + T$$

로 되고, 주사위를 던진다고 하는 시행은 $i\,(i = 1, 2, \cdots, 6)$의 눈이 나타나는 사상을 A_i라 할 때

$$\Omega = A_1 + A_2 + \cdots + A_6$$

와 같은 분할이 된다.

지금 n회의 시행에서

$$\Omega = A_1^{(i)} + A_2^{(i)} + \cdots + A_{r_i}^{(i)} \quad (i = 1, 2, \cdots, n)$$

일 때 임의의 $j_1, j_2, \cdots, j_n$에 대해서

$$P(A_{j1}^{(1)} \cap A_{j2}^{(2)} \cap \cdots \cap A_{jn}^{(n)}) = P(A_{j1}^{(1)}) \cdot P(A_{j2}^{(2)}) \cdot \cdots \cdot P(A_{jn}^{(n)}) \quad (1 \le j_i \le r_i)$$

이 성립하면 이 n 회의 시행은 서로 독립이라고 한다.

지금 어떤 시행에서 2개의 사상으로 분해되는 것을 생각하자. 결국 어떤 특정의 사상을 문제로 하고 그것이 일어나는가 일어나지 않는가라고 하는 시행을 생각하는 것이다. 그 특정사상이 일어나면 성공(success), 일어나지 않으면 실패(failure)로 보아서 이 시행을

$$\Omega = S + F$$

로 표시하기로 하자. 이때 성공하는 확률을 p, 실패하는 확률을 $q = 1 - p$ 라 하자, 즉

$$P(S) = p, \; P(F) = q = 1 - p$$

로 두자. 이와 같은 시행에서 서로 독립인 시행의 계열을 생각할 때 이와 같은 시행열을 베르누이 시행열이라 한다. 이것을

$$\Omega = S_i + F_i \quad (i = 1, 2, \cdots, n)$$

으로 나타내자.

각각의 시행에서 성공하면 1, 실패하면 0이 되는 확률변수 $X_i(w)$ 를 생각하면

$$X_i(w) = \begin{cases} 1, & \omega \in S_i \\ 0, & \omega \in F_i \quad (i = 1, 2, \cdots, n) \end{cases}$$

과 같다. 이때 베르누이 시행열이므로 확률변수 $X_1, X_2, \cdots, X_n$ 은 서로 독립이다. 여기서

$$Y_n = X_1 + X_2 + \cdots + X_n$$

을 만들면 Y_n 은 n 회의 시행중에서 성공횟수를 나타내는 확률변수이다.

2 이항분포

Y_n 의 분포를 알아보기로 하자. 이것은 사상의 관계

$$\{Y_n = k\} = \bigcup_{i_1, i_2, \cdots, i_n, i_j \neq i_l} \{(X_{i_1} = 1) \bigcap (X_{i_2} = 1) \bigcap \cdots \bigcap (X_{i_k} = 1) \bigcap_{j \neq i_1, i_2, \cdots, i_k} (X_j = 0)\}$$

을 써서 $X_1, X_2, \cdots, X_n$ 이 서로 독립인 것과 $i_1, i_2, \cdots, i_k$ 의 k 개의 조가 다른 사상은 배반적인 것과 그리고

$$P(X_i = 1) = p, \; P(X_i = 0) = q$$

에 의해서

$$P(Y_n = k) = \sum_{i_1, \cdots, i_k} p^k q^{n-k} = \binom{n}{k} p^k q^{n-k}$$

을 얻을 수가 있다.

Y_n 의 분포함수는 가우스(Gauss) 기호 $[x]$를 써서

$$F(x) = \sum_{k=0}^{[x]-0} \binom{n}{k} p^k q^{n-k}$$

와 같이 얻을 수 있다. $[x]-0$ 으로 한 것은 분포함수를 좌연속으로 하기 때문이다. 이 분포를 이항분포(binomial distribution)라 한다. 이것을 이항분포라 부르는 것은 $(p+q)^n$ 을 이항전개하였을 때의 일반항이 $\binom{n}{k} p^k p^{n-k}$ 로 되어 있기 때문이다. 또한 이로부터

$$\sum_{k=0}^{n} \binom{n}{k} p^k q^{n-k} = (p+q)^n = 1$$

을 알 수 있다. 이러한 이항분포를 기호로 $b(n, p)$ 와 같이 나타낸다.

예제 1.12

이항분포 $b(n, p)$ 의 평균과 분산 그리고 특성함수를 구하라.

| 풀이 |

$$E(X_i) = 1 \times p + 0 \times q = p$$

이므로 평균은

$$E(Y_n) = \sum_{i=1}^{n} E(X_i) = np$$

이고 분산은

$$E(X_i^2) = 1^2 \times p + 0^2 \times q = p$$
$$V(X_i) = E(X_i^2) - [E(X_i)]^2 = p - p^2 = p(1-p) = pq$$

와 X_i 의 독립성에 의해서

$$V(Y_n) = npq$$

와 같다. 그리고 특성함수는 다음과 같다.

$$\varphi(\theta) = \sum_{k=0}^{n} \binom{n}{k} p^k p^{n-k} e^{i\theta k} = \sum_{k=0}^{n} \binom{n}{k} (pe^{i\theta})^k q^{n-k} = (pe^{i\theta} + q)^n$$

3 초기하분포

공산품의 모임인 로트(lot)의 불량률을 p 라 할 때, 이 로트로부터 임의로 1개의 제품을 추출하여 검사하고 그것이 양품이면 0, 불량품이면 1인 확률변수를 대응시킨다. 지금 제품의 검사가 비파괴검사라 하고 한번 추출한 제품을 되돌려 넣은 상태에서 다음 제품을 추출한다고 하자. 이와 같은 추출방법을 복원추출(sampling with replacement)이라 한다. 복원추출에 의해서 n 개의 제품을 검사할 때 그중 불량률의 분포는 이항분포를 한다. 여기서는 비복원추출(sampling without replacement)인 경우를 살펴보기로 한다. 비복원추출일 때는 로트 등의 제품수(로트의 크기)를 N이라 할 때 로트의 불량개수는 k 이고 양품수는 $N-k$ 이다. 따라서 n 개의 제품을 추출했을 때 그 중에 x 개의 불량품이 들어 있을 확률은 조합적 확률에 의해서

$$P(X=x)=\frac{\binom{k}{x}\binom{N-k}{n-x}}{\binom{N}{n}},\quad x=0,1,2,\cdots,\min(k,n)$$

과 같다. 이와 같이 주어지는 확률분포를 초기하분포(hyper geometric distribution)라 하고 $H(N,k,n)$ 로 표시한다. 이 분포는 가우스의 초기하급수의 형태를 하고 있어서 붙여진 이름이다.

초기하분포는 통계적 품질관리 분야에서 주로 나타난다. 예를 들어 동일 조건하에서 생산된 N개의 제품에서 n 개의 표본을 추출하여 그 안에 포함된 불량품의 개수가 미리 정해진 d 개 이하이면 합격으로 하는 검사 방식이 있다 할 때, 그 제품이 합격할 확률은

$$\sum_{x=0}^{d} H(N,k,n)$$

이 된다. 이것은 제품의 불량률 $p=\dfrac{k}{N}$ 의 함수이므로, 이것을 $R(p)$ 로 나타낼 때, 이 곡선을 OC곡선(operating characteristic curve)이라 한다.

예를 들어, $N=1000,\ k=5,\ n=20$ 일 때

$$P(X=0)=\frac{\binom{5}{0}\binom{995}{20}}{\binom{1000}{20}}\fallingdotseq 0.904$$

와 같이 (N,k,n) 이 주어질 때, $P(X=x)$ 의 값을 구할 수 있으나, 흔히 포아송분포로 근사시키거나, 이항분포로 근사시켜서 이용한다.

초기하분포가 일정한 조건 즉 $\dfrac{k}{N} \to p$ (일정)되게 $N \to \infty$ 로 하면, 이항분포로 수렴하게 된다.

예제 1.13

초기하분포의 평균과 분산을 구하라.

| 풀이 |

$$E(X) = \sum_{x=0}^{k} x \frac{\binom{k}{x}\binom{N-k}{n-x}}{\binom{N}{n}} = \sum_{x=0}^{k} \frac{x \dfrac{k!}{x!(x-k)!}\binom{N-k}{n-x}}{\binom{N}{n}}$$

$$= \sum_{x=0}^{k} \frac{x \dfrac{k(k-1)!}{x(x-1)!(x-k)!}\binom{N-k}{n-x}}{\binom{N}{n}} = \frac{k}{\binom{N}{n}} \sum_{x=1}^{k} \binom{k-1}{x-1}\binom{N-k}{x-x}$$

이다. 이 때,

$$\sum_{x=1}^{k} \binom{k-1}{x-1}\binom{N-k}{n-x}$$

는

$$(1+t)^{k-1}(1+t)^{N-k} = (1+t)^{N-1}$$

에서

$$t^{x-1}t^{n-x} = t^{n-1} \text{ 의 계수 } \binom{N-1}{n-1}$$

과 같으므로

$$E(X) = \frac{k\binom{N-1}{n-1}}{\binom{N}{n}} = \frac{nk}{N} = n\left(\frac{k}{N}\right)$$

와 같이 얻어진다.

$$E(X^2) = \sum_{x=0}^{k} x^2 \frac{\binom{k}{x}\binom{N-k}{n-x}}{\binom{N}{n}}$$

$$= \frac{1}{\binom{N}{n}} \left[\sum_{x=0}^{k} x(x-1)\binom{k}{x}\binom{N-k}{n-x} + \sum_{x=0}^{k} x\binom{k}{x}\binom{N-k}{n-x}\right]$$

$$= \frac{1}{\binom{N}{n}} \left[k(k-1) \sum_{x=2}^{k} \binom{k-2}{x-2} \binom{N-2-(k-2)}{n-2-(x-2)} + k \sum_{x=1}^{k} \binom{k-1}{x-1} \binom{N-k}{n-x} \right]$$

$$= \frac{1}{\binom{N}{n}} \left[k(k-1) \binom{N-2}{n-2} + k \binom{N-1}{n-1} \right]$$

$$= \frac{nk}{N} \left[(k-1) \frac{n-1}{N-1} + 1 \right]$$

과 같이 되며, $E(X) = \frac{nk}{N}$ 이므로

$$\begin{aligned} V(X) &= E(X^2) - [E(X)]^2 \\ &= \frac{nk}{N} \left[(k-1) \frac{n-1}{N-1} + 1 \right] - \left(\frac{nk}{N} \right)^2 \\ &= \frac{nk}{N} \left[1 + (k-1) \frac{n-1}{N-1} - \frac{nk}{N} \right] \end{aligned}$$

이 된다. 이 때,

$$\begin{aligned} 1 + (k-1) \frac{n-1}{N-1} - \frac{nk}{N} &= \frac{1}{N(N-1)} (N^2 - kN - nN + nk) \\ &= \frac{N(N-n)}{N(N-1)} - \frac{k(N-n)}{N(N-1)} \\ &= \left(1 - \frac{k}{N} \right) \frac{N-n}{N-1} \end{aligned}$$

이므로

$$V(X) = \frac{nk}{N} \left(1 - \frac{k}{N} \right) \frac{N-n}{N-1} = n \left(\frac{k}{N} \right) \left(1 - \frac{k}{N} \right) \frac{N-n}{N-1}$$

을 얻는다.

4 다항분포

베르누이 시행에서는 성공과 실패라는 2개의 사상만으로 분해되는 경우를 생각하였으나 1회의 시행에서 가능한 결과가 몇 가지 있을 때 그 시행은

$$\Omega = A_1 + A_2 + \cdots + A_r$$

로서 표시된다. 이 때 확률변수로서

$$X_i(w) = \begin{cases} 1, & \omega \in A_i \\ 0, & \omega \notin A_i \quad (i = 1, 2, \cdots, r) \end{cases}$$

을 생각한다. 그리고

$$P(A_i) = p_i \quad (i = 1, 2, \cdots, r)$$

이라 하자. 여기서

$$P(A_i) = P\left(\{X_i = 1\} \cap \left[\bigcap_{j \neq 1} \{X_j = 0\}\right]\right) = P(X_i = 1)$$

로 되어 있다. 물론 $\sum_{i=1}^{r} p_i = 1$ 이다. 그런데 이 시행을 n 회 반복하여 X_i 의 n 개의 합을 $X_i^{(n)}$ 으로 표시하면 $X_i^{(n)}$ 은 n 회의 시행에서 A_i 가 일어난 횟수를 표시한다. 이 때

$$\begin{aligned} P(X_1^{(n)} = k_{1,} X_2^{(n)} = k_2, \cdots, X_r^{(n)} = k_r) &= \sum_{k_1 + k_2 + \cdots + k_r = n} p_1^{k_1} p_2^{k_2} \cdots p_r^{k_r} \\ &= \frac{n!}{k_1!\, k_2! \cdots k_r!} p_1^{k_1} p_2^{k_2} \cdots p_r^{k_r} \end{aligned}$$

과 같이 된다. 이것은 $X_1^{(n)}, X_2^{(n)}, \cdots, X_r^{(n)}$ 의 결합분포이다. 이 분포를 다항분포 (multinomial distribution)라 한다. 다항분포는

$$(p_1 + p_2 + \cdots + p_r)^n$$

을 다항 전개했을 때의 일반항으로 되어 있다. 등확률의 주사위를 n 회 던질 때 i 눈이 $k_i (i = 1, 2, \cdots, 6)$ 회 나타날 확률은

$$p_1 = p_2 = \cdots = p_6 = \frac{1}{6}$$

로서

$$\frac{n!}{k_1! k_2! \cdots k_6!} \cdot \frac{1}{6^n}$$

과 같이 주어진다. 다항분포에서 특히 $r = 2$ 인 때가 이항분포이다.

5 포아송분포

베르누이 시행에서는 각 회의 시행에서 성공의 확률이 항상 일정값 p 이었으나, 시행횟수가 증가함에 따라 성공의 확률이 감소하여 시행횟수 n 과 성공의 확률 p 와의 곱이 항상 일정한 값 $np=\lambda$ 로 되는 경우를 생각하여 보자. 이것은 이항분포에서 평균을 일정하게 한 경우이다. 이 조건하에서 시행횟수 n 을 무한대로 하였을 때의 이항분포의 극한을 살펴보면

$$\begin{aligned}\binom{n}{k}p^k q^{n-k} &= \binom{n}{k}\left(\frac{\lambda}{n}\right)^k\left(1-\frac{\lambda}{n}\right)^{n-k}\\ &= \frac{\lambda^k}{k!}\left(1-\frac{\lambda}{n}\right)^n \frac{n(n-1)\cdots(n-k+1)}{n^k}\left(1-\frac{\lambda}{n}\right)^{-k}\\ &\to \frac{\lambda^k}{k!}e^{-\lambda} \qquad (n\to\infty)\end{aligned}$$

와 같이 된다.

$$\sum_{k=0}^{\infty} e^{-\lambda}\frac{\lambda^k}{k!} = e^{-\lambda}e^{\lambda} = 1$$

이므로

$$P(X=k) = \frac{e^{-\lambda}}{k!}\cdot\lambda^k \qquad (k=0,1,2,\cdots)$$

는 하나의 확률분포를 따르게 되는 데 이와 같은 분포를 포아송분포라 한다.

포아송분포의 특성함수는

$$\varphi(\theta) = \sum_{k=0}^{\infty}\frac{\lambda^k}{k!}e^{-\lambda}e^{i\theta k} = \sum_{k=0}^{\infty}\frac{(\lambda e^{i\theta})^k}{k!}e^{-\lambda} = e^{\lambda(e^{i\theta}-1)}$$

과 같다. 이로부터

$$\varphi'(0) = i\lambda,\ \varphi''(0) = i^2(\lambda+\lambda^2)$$

이므로 포아송분포의 평균과 분산은 동일하게 λ 임을 알 수 있다. 이 λ 는 포아송분포의 모수이다.

이와 같은 포아송분포는 희귀한 현상의 분포에 나타난다. 기대행렬의 이론에서는 고객의 도착이 임의적일 때 단위시간 내에 창구에 오는 고객의 수 또는 단위 시간 내에서

기계의 고장대수 등에 포아송분포가 쓰인다. 또한 섬유제품 등에서 단위 면적당 결점의 개수도 포아송분포를 따른다. 일반적으로 품질관리에서는 결점수의 분포로서 포아송분포를 사용한다.

실제로 이항분포에 있어서도 시행횟수 n 이 매우 크고, 1회의 성공 확률 p 가 극히 작을 때, 이항분포를 포아송분포로 근사시킬 수가 있다. 인쇄물에서 페이지당 오타의 개수 등이 이에 해당된다.

6 기하분포

베르누이 시행열에서 처음으로 성공하기까지의 시행횟수를 표시하는 확률변수를 X 라 하고 그 분포를 구해보자. k 회째에 처음으로 성공한다고 하는 것은 그보다 앞서 $(k-1)$ 회는 모두 실패이고 k 회째에 성공하는 것이므로

$$P(X=k)=q^{k-1}p \qquad (k\geq 1)$$

이다. 분포함수는

$$F(x)=\sum_{k=1}^{[x-0]} q^{k-1}p$$

와 같다. 이와 같은 분포를 기하분포(geometric distribution)라 한다. 이 분포는 기하급수(등비급수)의 형태를 하고 있기 때문에 붙여진 이름이다. 기하분포의 평균은

$$\mu=\sum_{k=0}^{\infty} k\cdot q^{k-1}p=p(1+2q+3q^2+\cdots)=p(1-q)^{-2}=\frac{1}{p}$$

이고 특성함수는 다음과 같다.

$$\varphi(\theta)=\sum_{k=1}^{\infty} q^{k-1}pe^{i\theta k}=pe^{i\theta}\sum_{k=1}^{\infty}(qe^{i\theta})^{k-1}=\frac{pe^{i\theta}}{1-qe^{i\theta}}$$

7 파스칼(Pascal) 분포와 음이항분포

기하분포를 따르는 확률변수 $X_1, X_2, \cdots, X_n$ 이 서로 독립일 때 이들의 합

$$Y_n=X_1+X_2+\cdots+X_n$$

의 분포는 어떻게 되는가 알아보자. 베르누이 시행열에서 제 i 번째의 성공 중, 제 $(i+1)$ 번째의 성공까지의 시행횟수를 나타내는 확률변수를 X_i 라고 생각하면, Y_n 은

베르누이 시행열에서 제 n 번째 성공을 얻기까지의 시행횟수를 표시하는 확률변수이다. 사상 $\{Y_n = k\}$ 는 베르누이 시행에서 k 회째에 제 n 번째의 성공을 얻고, 그때까지의 $(k-1)$ 회의 시행중에서 $(n-1)$ 회 성공, $(k-n)$ 회의 실패를 한 것이다. 따라서

$$P(Y_n = k) = \binom{k-1}{k-n} p^n q^{k-n} \qquad (k \geq n)$$

과 같이 된다. 이와 같이 얻어진 분포를 파스칼 분포(Pascal distribution)라 한다. 파스칼 분포는 기하분포의 n 중첩(convolution)으로 되어 있다.

다음

$$q = 1 + p \quad (p > 0)$$

으로 두고

$$(q-p)^{-n}$$

의 일반항을 구하면

$$\frac{n(n-1)\cdots(n+k-1)}{k!} q^{-n} \left(\frac{p}{q}\right)^k = \binom{-n}{k} (-p)^k q^{-n-k}$$
$$(k = 0, 1, 2, \cdots)$$

와 같다. 이것은 이항분포에서 n 대신 $-n$, p 대신 $-p$ 로 둔 형태이다.

여기서

$$\sum_{k=0}^{\infty} \binom{-n}{k} (-p)^k q^{-n-k} = (q-p)^{-n} = 1$$

이므로 이것도 하나의 확률분포를 따르게 되는 데 이와 같은 분포를 음이항분포라 한다.

베르누이(Bernoulli) 시행에서 성공의 확률을 $\frac{1}{q}$, 실패의 확률을 $\frac{p}{q}$ 로 둘 때 n 회 성공하는데 $(k+n)$ 회가 필요하다고 하는 사상은 $(k+n)$ 회째에서 성공하고, 그때까지 $(k+n-1)$ 회 중 $(n-1)$ 회 성공하고, k 회 실패하는 것이므로 그 확률은

$$\binom{n+k-1}{k} \left(\frac{1}{q}\right)^n \left(\frac{p}{q}\right)^k = \frac{n(n+1)\cdots(n+k-1)}{k!} q^{-n} \left(\frac{p}{q}\right)^k$$

와 같이 되어 음이항분포가 된다. 또한 파스칼분포는

$$\binom{k-1}{k-n}p^n q^{k-n} = \binom{-n}{k-n}p^n(-q)^{k-n}$$

으로 쓸 수 있으므로 이것도 일종의 음이항분포이다.

음이항분포의 특성함수는

$$\begin{aligned}\varphi(\theta) &= \sum_{k=0}^{\infty}\binom{-n}{k}(-p)^k q^{-n-k} e^{i\theta k} \\ &= \sum_{k=0}^{\infty}\binom{-n}{k}(-pe^{i\theta})^k q^{-n-k} \\ &= (q-pe^{i\theta})^{-n}\end{aligned}$$

가 된다. 이로부터

$$\varphi'(\theta) = inp, \ \varphi''(0) = i^2[np + n(n+1)p^2]$$

이 되므로 평균은 np, 분산은 npq와 같다. 결국 이항분포와 같은 것을 알 수 있다. 음이항분포에서도

$$np = \lambda$$

로 두고 $n \to \infty$로 하면 그 극한은

$$e^{-\lambda}\frac{\lambda^k}{k!}$$

로 되어 포아송분포에 근사된다.

1.8 연속분포

1 정규분포

베르누이 시행에 대응하는 확률변수의 합의 분포가 이항분포로 나타났다. 이항분포에서 평균을 일정하게 두고 시행횟수를 무한대로 한 극한이 포아송분포이었다. 이때 1회 시행의 성공 확률은 0에 가까웠다. 이번에는 이항분포에서 성공의 확률 p를 고정하고, 시행횟수 n을 무한대로 하는 것을 생각해 보자. 이 때 p는 일정하므로 당연히 성공의

횟수 k 나, 실패의 횟수 $(n-k)$ 도 함께 무한대가 된다.

그런데 이항분포

$$\binom{n}{k} p^k q^{n-k} = \frac{n!}{k!(n-k)!} p^k q^{n-k}$$

에서 n, k, $(n-k)$ 가 함께 무한대로 될 때 극한을 구하기 위해서는 $n!$ 을 구하여야 한다. $n!$ 을 구하기 위하여 스터링(Stirling)의 공식

$$n! \sim \sqrt{2\pi}\, n^{n+\frac{1}{2}} e^{-n} \qquad (n \text{ 이 충분히 클 때})$$

을 적용하면 n 이 충분히 클 때 이항분포의 식은

$$\frac{n!}{k!(n-k)!} p^k q^{n-k} \sim \sqrt{\frac{n}{2\pi k(n-k)}} \left(\frac{np}{k}\right)^k \left(\frac{np}{n-k}\right)^{n-k}$$

와 같이 된다. 여기서

$$k - np = x$$

로 두고

$$k = np + x, \quad n - k = nq - x$$

를 대입하면 위의 식은

$$\sqrt{\frac{n}{2\pi(np+x)(nq-x)}} \cdot \frac{1}{\left(1+\dfrac{x}{np}\right)^{np+x} \left(1-\dfrac{x}{nq}\right)^{nq-x}}$$

로 된다. 여기서 후반부분의 분모에 대수를 취하여

$$|\, x \,| < npq$$

에서 테일러(Taylor) 전개를 하면

$$(np+x)\log\left(1+\frac{x}{np}\right) + (nq-x)\log\left(1-\frac{x}{nq}\right)$$

$$= (np+x)\left(\frac{x}{np} - \frac{x^2}{2n^2p^2} + \frac{x^3}{3n^3p^3} - \cdots\right)$$

$$-(nq-x)\left(\frac{x}{nq}+\frac{x^2}{2n^2q^2}+\frac{x^3}{3n^3q^3}+\cdots\right)$$

$$=\frac{x^2}{2n}\left(\frac{1}{p}+\frac{1}{q}\right)-\frac{x^3}{6n^2}\left(\frac{1}{p^2}-\frac{1}{q^2}\right)+\cdots$$

와 같다. 여기서 다시

$$\frac{x^3}{n^2}\to 0$$

이 됨을 가정하면

$$\frac{x^3}{n^2}=n\left(\frac{k}{n}-p\right)^3\to 0$$

이므로

$$\frac{k}{n}-p=\frac{x}{n}\to 0$$

이 된다. 따라서

$$\frac{n!}{k!(n-k)!}p^kq^{n-k}\sim\frac{1}{\sqrt{2\pi npq}}e^{-\frac{(k-np)^2}{2npq}}$$

을 얻을 수 있다. 그런데 이항분포의 평균은 np, 분산은 npq이었다.

일반적으로 확률변수 X의 평균이 μ, 분산이 σ^2일 때 X로부터 평균을 빼고 그것을 표준편차로 나눈 것을 확률변수의 표준화(standardization)라 한다. 표준화한 확률변수를

$$Z=\frac{X-\mu}{\sigma}$$

로 두면 Z의 평균은 0이고, 분산은 1이 된다. 여기서 이항분포를 따르는 확률변수 Y_n을 표준화하여

$$Z_n=\frac{Y_n-np}{\sqrt{npq}}$$

로 두면 위에서 언급한 바에 따라

$$P(a \le Z_n < b) \to \frac{1}{\sqrt{2\pi}} \int_a^b e^{-\frac{z^2}{2}} dz \quad (n \to \infty)$$

와 같이 된다.

확률밀도함수가

$$f(z) = \frac{1}{\sqrt{2\pi}} e^{-\frac{z^2}{2}}$$

와 같이 주어지는 연속분포를 표준정규분포(standardized normal distribution)라 한다. 일반적인 정규분포의 pdf는

$$f(x) = \frac{1}{\sqrt{2\pi}\,\sigma} e^{-\frac{(x-\mu)^2}{2\sigma^2}}$$

으로 주어진다. 이것이 분포를 나타내는 것은

$$\int_{-\infty}^{\infty} e^{-\frac{x^2}{2}} dx = \left[\left(\int_{-\infty}^{\infty} e^{-\frac{x^2}{2}} dx\right)^2\right]^{\frac{1}{2}} = \left[\int_{-\infty}^{\infty}\int_{-\infty}^{\infty} e^{-\frac{1}{2}(x^2+y^2)} dxdy\right]^{\frac{1}{2}}$$

$$= \left[\int_0^{2\pi}\int_0^{\infty} e^{-\frac{r^2}{2}} rdrd\theta\right]^{\frac{1}{2}} = \sqrt{2\pi}$$

이 되는 것으로 알 수 있다.

정규분포의 특성함수는

$$\varphi(\theta) = \frac{1}{\sqrt{2\pi}\,\sigma} \int_{-\infty}^{\infty} e^{-\frac{(x-\mu)^2}{2\sigma^2}} e^{i\theta x} dx$$

$$= \frac{1}{\sqrt{2\pi}\,\sigma} \int_{-\infty}^{\infty} e^{-\frac{(x-\mu-i\theta\sigma^2)^2}{2\sigma^2}} e^{i\mu\theta - \frac{\sigma^2}{2}\theta^2} dx = e^{i\mu\theta - \frac{\sigma^2}{2}\theta^2}$$

이다. 따라서 정규분포

$$f(x) = \frac{1}{\sqrt{2\pi}\,\sigma} e^{-\frac{(x-\mu)^2}{2\sigma^2}}$$

의 평균은 μ 이고 분산은 σ^2 임을 알 수 있다. 평균이 μ 이고 분산이 σ^2 인 정규분포를 기호로 $N(\mu, \sigma^2)$ 과 같이 나타낸다. 표준정규분포는 $N(0, 1)$ 로서 나타낸다.

정규분포의 pdf의 형태는 평균 μ 을 중심으로 하여 좌우대칭이다. 그리고 중심으로부터 변곡점까지의 거리가 표준편차 σ 로 되어 있다. 이것을 그림으로 나타내면 〈그림 1.8〉과 같다.

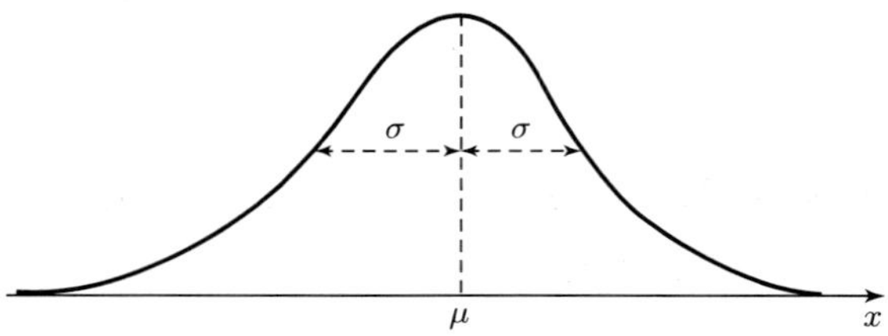

〈그림 1.8〉 정규분포

$X_1, X_2, \cdots, X_n$ 이 서로 독립인 확률변수로서 동일분포를 따르고 각각 표준화되어 있다하자. 즉

$$E(X_i) = 0, \quad V(X_i) = 1 \quad (i = 1, 2, \cdots, n)$$

이고, 이 때 그 합

$$S_n = X_1 + X_2 + \cdots + X_n$$

을 만들면 S_n 의 평균은 0이고 분산은 n 이므로 S_n 을 표준화 한 것은 $S_n / \sqrt{n}$ 이다.

이 분포가 $n \to \infty$ 일 때 정규분포에 근사되는 것을 특성함수를 써서 간단히 나타낼 수가 있다. X_i 의 특성함수를 $\varphi(\theta)$ 라 할 때 $S_n / \sqrt{n}$ 의 특성함수는 $\varphi^n\left(\frac{\theta}{\sqrt{n}}\right)$ 이다.

그런데

$$\varphi(\theta) = \int_{-\infty}^{\infty} e^{i\theta x} dF(x) = \int_{-\infty}^{\infty} \left(1 + i\theta x - \frac{\theta^2}{2}x^2 + \cdots\right) dF(x)$$

이므로 X_i 의 평균이 0, 분산이 1인 것에 의해서

$$\varphi\left(\frac{\theta}{\sqrt{n}}\right) = 1 - \frac{\theta^2}{2n} + o\left(\frac{1}{n}\right) \quad (n \to \infty)$$

이 된다. 이로부터

$$n \log\varphi\left(\frac{\theta}{\sqrt{n}}\right) \to -\frac{1}{2}\theta^2 \quad (n \to \infty)$$

이 되어

$$\varphi^n\left(\frac{\theta}{\sqrt{n}}\right) \to e^{-\frac{1}{2}\theta^2}$$

이 된다. 특성함수와 분포함수와의 1 대 1 대응에 의하여 $S_n / \sqrt{n}$ 은 $n \to \infty$ 일 때 정규분포에 근사된다. 이 결과를 중심극한정리(central limit theorem)라 부른다.

정리 1.13 중심극한정리

$$E(X_i) = 0,\ V(X_i) = \sigma_i^2$$

이고 X_i 가 서로 독립일 때는

$$s_n^2 = \sigma_1^2 + \sigma_2^2 + \cdots + \sigma_n^2$$

으로 둘 때 린드버그(Lindeberg)의 조건

$$\frac{1}{s^2}\sum_{i=1}^{n}\int_{|x| > ts_n} x^2 dF(x) \to 0 \quad (n \to \infty)$$

이 임의의 $t > 0$ 에 대해서 성립하면

$$S_n = X_1 + X_2 + \cdots + X_n$$

에 관해서 S_n / s_n 은 $n \to \infty$ 일 때 정규분포에 근사된다.

이항분포의 극한은 이것의 특별한 경우이다. 표준정규분포에 대해서는 여러 가지 형태의 정규분포표가 만들어져 있고, 널리 이용되고 있다. 정규분포표로부터 알 수 있듯이 $(\mu - 3\sigma, \mu + 3\sigma)$ 범위의 확률은 0.9974인 것으로부터 평균을 중심으로 표준편차의 3배를 넘는 것은 1,000회 중 3회의 비율인 것을 알 수 있다. 이것이 흔히 쓰여지는 3σ 관리도의 기초로 되어 있다. 관리도(control chart)는 불량품의 발생을 미연에 방지할 목적으로 생산공정의 품질관리에 쓰여진다. 재고관리에도 수요분포를 정규분포로 근사하는 것이 많고, 그 수요변동에 대한 안전여유 자금 설정에 2σ 나 3σ 의 폭이 쓰여지는 경우가 많다.

많은 사람의 키나 몸무게의 히스토그램을 통계적으로 그릴 때 그 형태는 대개 정규분포로 된다. 공산품의 무게나 길이 등 여러 가지 연속적인 특성치의 분포는 정규분포에 적합한 것이 많다. 정규분포는 오차의 분포로 이론적으로 유도한 것이다. 일반적으로 많은 요인이 조금씩 영향을 주는 변량의 분포는 정규분포로 표시된다. 정규분포는 연속분포의 대표적인 것이나, 연속량이 반드시 정규분포를 하는 것은 아니다. 학교의 학생 성적분포에서 무리하게 정규분포를 따르도록 조정하는 것은 합리적인 생각이 아니다.

다음으로 다차원 정규분포를 정의하여 보기로 하자. $X_1, X_2, \cdots, X_n$ 의 결합확률밀도가

$$f(x_1, x_2, \cdots, x_n) = \frac{\sqrt{A}}{(2\pi)^{\frac{n}{2}}} e^{-\frac{1}{2}\sum_{i,j=1}^{n} a_{ij}(x_i-\mu_i)(x_j-\mu_j)}$$

$$a_{ij} = a_{ji}$$

$$A = \begin{vmatrix} a_{11} & a_{12} & \cdots & a_{1n} \\ a_{21} & a_{22} & \cdots & a_{2n} \\ \vdots & \vdots & & \vdots \\ a_{n1} & a_{n2} & \cdots & a_{nn} \end{vmatrix} > 0$$

로 주어지는 분포를 n 차 정규분포라 한다. 행렬식 A 의 요소 a_{ij} 의 여인자를 A_{ij} 라 할 때

$$E(X_i) = \mu_i,\ V(X_i) = \frac{A_{ii}}{A},\ C(X_i, X_j) = \frac{A_{ij}}{A}$$

이다. 특히 2차원 정규분포 식에서는

$$A = \begin{vmatrix} a_{11} & a_{12} \\ a_{21} & a_{22} \end{vmatrix} = a_{11}a_{22} - a_{12}^2 > 0 \quad (a_{12} = a_{21})$$

이고 확률변수 X 와 Y 의 분산, 공분산은

$$V(X) = \frac{a_{22}}{a_{11}a_{22} - a_{12}^2},\ V(Y) = \frac{a_{11}}{a_{11}a_{22} - a_{12}^2}$$

$$C(X, Y) = \rho\sigma_X\sigma_Y = \frac{-a_{12}}{a_{11}a_{22} - a_{12}^2}$$

와 같이 된다. 이로부터

$$a_{11} = \frac{1}{(1-\rho^2)\sigma_X^2},\ a_{22} = \frac{1}{(1-\rho^2)\sigma_Y^2},\ a_{12} = \frac{-\rho}{(1-\rho^2)\sigma_X\sigma_Y}$$

를 얻고

$$f(x,y)=\frac{1}{2\pi\sqrt{1-\rho^2}\,\sigma_X\sigma_Y}e^{-\frac{1}{2(1-\rho^2)}\left[\frac{(x-\mu_X)^2}{\sigma_X^2}-\frac{2\rho(x-\mu_X)(y-\mu_Y)}{\sigma_X\sigma_Y}+\frac{(y-\mu_Y)^2}{\sigma_Y^2}\right]}$$

이 2차원 정규분포식의 확률밀도가 된다. $\rho=0$ 이면

$$f(x,y)=\frac{1}{\sqrt{2\pi}\,\sigma_X}e^{-\frac{(x-\mu_X)^2}{2\sigma_X^2}}\cdot\frac{1}{\sqrt{2\pi}\,\sigma_Y}e^{-\frac{(y-\mu_Y)^2}{2\sigma_Y^2}}$$

이 되어 X와 Y는 독립이다. 1.6절에서 독립이면 무상관이지만, 무상관이라고 해서 독립은 아니라고 하였다. 그러나 정규분포에서는 무상관이면 독립이고 독립과 무상관은 같다.

2 지수분포

베르누이 시행열에서 1회의 시행을 행하는데 Δt 시간이 걸린다고 하자. k 회의 시행에는 $k\Delta t$ 시간이 걸린다. 이것을

$$k\Delta t=t$$

로 두고 t 를 일정하게 두어 시행횟수 k 를 무한히 크게 한다. 물론 Δt 는 0에 가까이 간다. 이 때 1회의 시행에서 성공의 확률 p 를 일정하게 두는 것은 시행이 항상 이루어지니까 순간에 성공한다고 하자. 여기서 p 도 시행횟수의 증가에 대해서 감소한다고 하여

$$p=\lambda\cdot\Delta t$$

로 두자. 그런데 기하분포에서는 처음으로 성공하기까지에 k 회가 걸리는 확률이 $q^{k-1}p$ 이었다. 따라서 최초의 성공이 k 보다 이후에 있을 확률은

$$q^kp+q^{k+1}p+\cdots=q^kp(1+q+q^2+\cdots)=\frac{q^kp}{1-q}=q^k$$

와 같다. k 를 무한히 크게 했을 때 이 확률의 극한은

$$q^k=(1-p)^k=(1-\lambda\Delta t)^{\frac{1}{\Delta t}}\to e^{-\lambda t}\quad(\Delta t\to 0)$$

이다. 이것은 연속적으로 시행이 이루어졌을 때 t 시간 사이에 성공하지 않을 확률이다. 최초의 성공을 얻기까지의 시간을 나타내는 확률변수를 X 라 할 때

$$P(X \geq t) = e^{-\lambda t}$$

이 성립한다. 따라서 분포함수는

$$F(t) = 1 - e^{-\lambda t} \quad (t \geq 0)$$

으로 주어진다. 이 분포를 지수분포(exponential distribution)라 한다. 그 pdf는

$$f(t) = \lambda e^{-\lambda t} \quad (t \geq 0)$$

과 같이 된다.

이것을 그림으로 나타내면 〈그림 1.9〉와 같다.

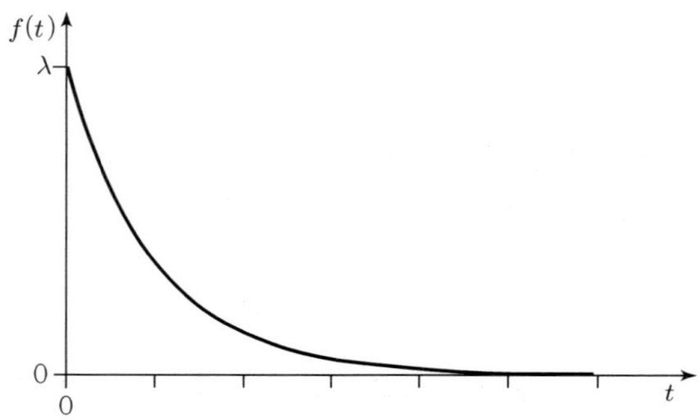

〈그림 1.9〉 지수분포

지수분포의 특성함수는

$$\varphi(\theta) = \int_0^\infty \lambda e^{-\lambda t} e^{i\theta t} dt = \frac{\lambda}{\lambda - i\theta} \quad (|\theta| < \lambda)$$

와 같으며

$$\varphi(\theta) = \left(1 - \frac{i\theta}{\lambda}\right)^{-1} = 1 + i\frac{\theta}{\lambda} + i^2\frac{\theta^2}{\lambda^2} + \cdots$$

에 의해서 지수분포의 평균과 표준편차가 함께 $\frac{1}{\lambda}$이 됨을 쉽게 알 수 있다.

기대행렬의 문제에서 고객의 도착이나 서비스 시간이 임의인 경우에는 도착간격분포, 서비스 시간분포가 지수분포로 주어진다. 또한 기기의 고장에서는 초기고장과 마모고장은 다르고, 우발고장에서 고장간격의 분포에 지수분포가 쓰여진다.

3 Γ-분포와 β-분포

정규분포는 좌우대칭이고, 분포의 양 끝이 좌우로 무한히 퍼져 있다. 그런데 문제에 따라서는 한쪽이 유한으로 잘려 있고 다른 쪽이 무한으로 퍼져 있는 경우와 양쪽 모두 유한으로 잘려 있는 경우가 있다.

수명분포 등은 한쪽만이 무한으로 되어 있는 경우이다. 이러한 형태의 분포를 감마(Γ)분포(gamma distribution)라 한다. 지수분포는 감마분포의 특별한 경우이다.

또한 일정계획에서 작업시간을 정할 때는 양쪽 모두 유한으로 잘린 분포가 필요하다. 이러한 형태의 분포를 베타(β)분포(beta distribution)라 한다. 이것을 그림으로 나타내면 〈그림 1.10〉과 같다.

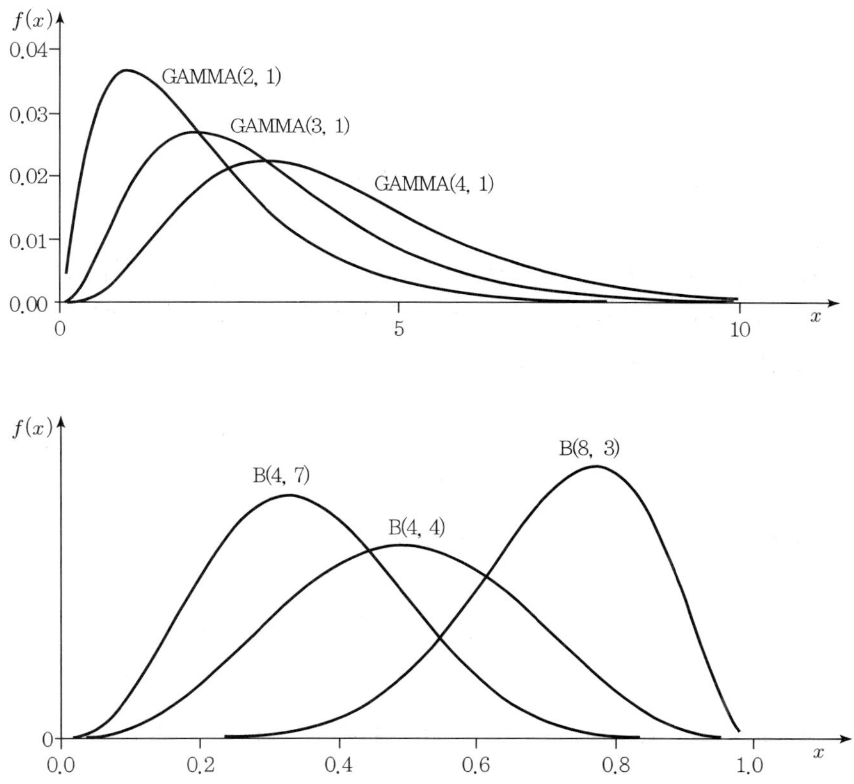

〈그림 1.10 〉 Γ-분포와 β-분포

Γ-분포의 pdf는

$$f(x) = \frac{\beta^{\gamma}}{\Gamma(\gamma)} e^{-\beta(x+\alpha)} (x+\alpha)^{\gamma-1} \quad (x \geq -\alpha)$$

와 같이 주어진다. $\Gamma(\gamma)$ 은 Γ −함수(gamma function)라 부르는 것으로

$$\Gamma(\gamma)=\int_0^{\infty} e^{-t}t^{\gamma-1}dt$$

로서 정의되는 함수이다. 특히 γ가 정수일 때

$$\Gamma(\gamma)=(\gamma-1)!$$

이 된다. Γ −분포에서 특히

$$\alpha=0,\ \beta=\frac{1}{2},\ \gamma=\frac{n}{2} \qquad (n\text{은 양의 정수})$$

로 두면

$$f(x)=\frac{1}{2^{\frac{n}{2}}\Gamma\left(\frac{n}{2}\right)}e^{-\frac{x}{2}}x^{\frac{n}{2}-1} \quad (x \geq 0)$$

과 같이 된다. 이와 같이 주어지는 분포를 자유도 n 인 카이제곱(χ^2)분포(chi-square distribution)라 한다. 이 분포는 통계적 추론에서 중심적인 역할을 하는 분포이다.

β −분포의 pdf는

$$f(x)=\frac{1}{\beta(\lambda_1,\lambda_2)}x^{\lambda_1-1}(1-x)^{\lambda_2-1} \quad (0\leq x\leq 1)$$

과 같이 주어지고 보다 일반적인 식으로는

$$f(x)=\frac{(x-\alpha)^{\lambda_1-1}(\beta-x)^{\lambda_2-1}}{(\beta-\alpha)^{\lambda_1+\lambda_2-1}\beta(\lambda_1,\lambda_2)} \quad (\alpha\leq x\leq\beta)$$

와 같다. 여기서 $\beta(\lambda_1,\lambda_2)$ 은 β −함수(beta function)로서 Γ −함수에 의해서

$$\beta(\lambda_1,\lambda_2)=\frac{\Gamma(\lambda_1)\Gamma(\lambda_2)}{\Gamma(\lambda_1+\lambda_2)}$$

와 같이 표시된다. β −분포에서 특히

$$\lambda_1=\frac{n_1}{2},\ \lambda_2=\frac{n_2}{2},\ u=\frac{n_2}{n_1}\frac{x}{1-x} \qquad (n_1,\ n_2\text{은 양의 정수})$$

로 두면

$$f(u)=\frac{\left(\frac{n_1}{n_2}\right)^{\frac{n_1}{2}}}{\beta\left(\frac{n_1}{2},\frac{n_2}{2}\right)}u^{\frac{n_1}{2}-1}\left(1+\frac{n_1}{n_2}u\right)^{-\frac{n_1+n_2}{2}}$$

와 같이 된다. 이것을 자유도(n_1, n_2)인 F-분포라 한다. F-분포는 모집단의 분포형태가 정규분포인 정규모집단에 관한 통계적 추론에 널리 쓰여진다.

피어슨(Pearson)은 여러 가지 연속분포를 통일적으로 생각하여, 1차 미분방정식

$$\frac{df}{dx}=\frac{(x+a)f}{b+cx+gx^2} \quad (a, b, c, g \text{ 는 정수})$$

를 생각하였다. 이 미분방정식의 해인 $f(x)$를 pdf로 갖는 분포의 집합을 피어슨의 분포계라고 한다. 피어슨은 정수 a, b, c, g의 관계에 따라서 이 분포계를 13개의 형태로 분류하고 있다. 예를 들면

$$c=g=0, \ b<0$$

일 때는 정규분포가 얻어진다. 또한 $g=0$일 때 Γ-분포가 얻어지고, 2차방정식

$$gx^2+cx+b=0$$

이 2개의 상이한 실근 α, β를 가질 때에는 β-분포를 얻는다. 그리고 $a=b=g=0$일 때 지수분포가 얻어진다.

4 균등분포

등확률의 개념이 연속적으로 이루어진 것으로서 균등분포(uniform distribution)가 있다. 균등분포는 유한구간에 대해서만 정의된다. 구간 $[a, b]$에서의 균등분포는 pdf가

$$f(x)=\begin{cases}\frac{1}{b-a}, & a\le x\le b\\ 0, & x<a \text{ 또는 } x>b\end{cases}$$

로서 주어진다. 분포함수는 다음과 같다.

$$F(x)=\begin{cases} 0 & , \quad x<a \\ \dfrac{x-a}{b-a} & , \quad a \le x < b \\ 1 & , \quad b \le x \end{cases}$$

5 몇 가지 연속분포

확률변수 $X_1, X_2, \cdots, X_k$ 가 각각 모수 $k\lambda$ 인 지수분포를 하고 서로 독립일 때

$$S_k = X_1 + X_2 + \cdots + X_k$$

의 특성함수는 X_i 의 특성함수의 곱으로서

$$\left(1-\frac{i\theta}{k\lambda}\right)^{-k}$$

와 같이 주어진다. 여기서 $k \to \infty$ 로 두면

$$\left(1-\frac{i\theta}{k\lambda}\right)^{-k} \to e^{\frac{i\theta}{\lambda}}$$

로 된다. 그런데 $e^{\frac{i\theta}{\lambda}}$ 은 $\dfrac{1}{\lambda}$ 에 전확률이 모아진 단위분포의 특성함수이다. 또한 S_k 의 평균은

$$\frac{1}{k\lambda} \times k = \frac{1}{\lambda}$$

이다. 따라서 S_k 의 분포는 $k=1$ 일 때 지수분포, $k \to \infty$ 일 때 단위분포가 되고 항상 평균은 $\dfrac{1}{\lambda}$ 이 된다. S_k 의 pdf는 분포의 중첩에 의하여 쉽게 계산되어 다음과 같이 얻어진다.

$$f(x) = \frac{(k\lambda)^k}{(k-1)!} x^{k-1} e^{-k\lambda x} \quad (x \ge 0)$$

이 분포를 위상(phase)이 k 인 어랑(Erlang)분포라 한다. 어랑분포는 기대행렬의 이론에서 고객의 도착이나 서비스 시간이 임의도 규칙적도 아닐 때의 중간분포의 모델로서 잘 쓰여진다.

금속의 강도나 전구의 수명시간과 같이 한계가 있는 값을 극치라 한다. 이러한 극치분포의 모델로서 와이블(Weibull)분포가 쓰여진다. 극치를 나타내는 확률변수를 X 라

할 때

$$P(X \geq x) = e^{-\lambda n x}$$

로 주어지고, pdf는

$$f(x) = \alpha\lambda x^{\alpha-1} e^{-\lambda x^{\alpha}} \quad (x \geq 0)$$

과 같다. 이것은

$$P(X^{\alpha} \geq x) = e^{-\lambda x}$$

이므로 X^{α}가 지수분포를 하는 것을 알 수 있다. 와이블분포는 신뢰성분석에 많이 이용된다.

또한 어떤 변수는 정규분포를 하지 않으나 그것을 적당히 변환하면 정규분포를 하는 것이 있다. 그 대표적인 경우로서 대수를 취한 것이 정규분포를 할 때 그것을 대수정규분포라 한다. 그 pdf는

$$f(x) = \frac{1}{\sqrt{2\pi}\,\sigma x} e^{-\frac{(\log x)^2}{2\sigma^2}}$$

로서 주어진다. 이 분포는 동물실험에서 약품투여량과 사망수의 관계를 나타내는데 쓰여진다.

평균이나 분산이 유한이 아닌 분포가 있다. 이것은 코쉬(Cauchy)분포라고 하는 것으로서 그 pdf가

$$f(x) = \frac{a}{\pi} \frac{1}{a^2 + (x-m)^2}$$

과 같다. 분포함수는

$$F(x) = \frac{1}{\pi} tan^{-1} \frac{x-m}{a} + \frac{1}{2}$$

이 된다.

예제 1.14

공정평균 불량률이 p일 때 검사개수를 n으로 하여 불량률의 3σ 관리도의 관리한계선을 구하라.

| 풀이 | 불량개수를 X라 하면 그 평균과 분산은 각각 np, npq이므로 $Z=\dfrac{X-np}{\sqrt{npq}}$는 $N(0,1)$으로 근사되어

$$P\left(-3 \le \frac{X-np}{\sqrt{npq}} \le 3\right) = P\left(p-3\sqrt{\frac{pq}{n}} \le \frac{X}{n} \le p+3\sqrt{\frac{pq}{n}}\right)$$

이 된다. 따라서 관리한계선은 $p \pm 3\sqrt{\dfrac{pq}{n}}$ 이다.

1.9 대수의 법칙

확률론에 있어서 극한정리로서는 앞에서 말한 중심극한정리와 여기서 설명하고자 하는 대수의 법칙 등이 있다. 대수의 법칙에 들어가기 전에 확률변수의 열에 관한 수렴을 살펴보기로 하자.

확률변수의 열

$$X_1(w),\, X_2(w),\, \cdots,\, X_n(w),\, \cdots$$

이 주어졌을 때 w을 고정하면 하나의 수열이 되고 그 수열의 수렴을 생각할 수 있다. 여기서 사상

$$A_{m,n,p} = \left\{ w\ ;\ |\ X_{n+k}(w) - X_n(w)\ | < \frac{1}{n} \quad (k=1,2,\cdots,p) \right\}$$

를 만들면 확률변수열이 수렴하는가를 알기 위하여 집합

$$A = \bigcap_m \bigcup_n \bigcap_p A_{m,n,p}$$

를 생각할 수 있다. $A_{m,n,p}$가 사상이므로 A도 또한 사상이다.

정의 1.19 (1) 확률변수열 $\{X_n\}$은 $A = \bigcap_m \bigcup_n \bigcap_p A_{m,n,p}$에 대해서

$$P(A) = 1$$

을 만족하면 개수렴(almost everywhere convergence ; a.e.) 또는 거의 모든 곳에서 수렴한다고 하고 그 극한이 $X(w)$ 일 때

$$\lim_{n\to\infty} X_n = X \quad (a.e.)$$

로 표시한다. 이것은 수렴하지 않을 확률이 0인 것을 나타낸다.

(2) 임의로 주어진 $\epsilon > 0$ 에 대해서

$$P(|X_n - X| > \epsilon)$$

이 $n\to\infty$ 일 때 0에 가까이 가면 $\{X_n\}$ 은 X에 확률수렴(convergence in probability)한다고 한다.

$\{X_n\}$ 이 X에 개수렴하면 임의로 주어진 $\epsilon > 0$, $\delta > 0$ 에 관해서 N이 존재하여

$$P(\bigcap_{n \ge N} \{w ; |X_n(w) - X(w)| < \epsilon\}) > 1 - \delta$$

이 된다. 따라서 개수렴한다면 확률수렴하는 것은

$$\lim_{N\to\infty} P(\bigcap_{n \ge N} \{|X_n - X| < \epsilon\}) \le \lim_{n\to\infty} P(|X_n - X| < \epsilon)$$

로부터 곧 나타난다.

(3) 확률변수열 $\{X_n\}$ 에 대해서

$$\lim_{n\to\infty} E[(X_n - X)^2] = 0$$

일 때 평균제곱수렴(convergence in the mean square)한다고 한다.

여기서 체비셰프의 부등식을 일반화한 것을 생각하여 보기로 하자.

정리 1.14 마르코프(Markov)의 부등식

확률변수 $X(w)$ 의 분포함수를 $F(x)$ 라 하고, X 의 함수 $\varphi(X)$ 에 대해서 $\varphi(x) \ge 0$, $k > 0$ 이라 할 때

$$R = [x ; \varphi(x) \ge k]$$

로 두면

$$P(w; \varphi(X(w)) \geq k) = \int_R dF(x)$$

이다. 그리고 R에 있어 $\dfrac{\varphi(x)}{k} \geq 1$ 이므로

$$P(\varphi(X) \geq k) \leq \int_R \frac{\varphi(x)}{k} dF(x) \leq \frac{1}{k}\int_{-\infty}^{\infty} \varphi(x) dF(x) \quad (\varphi(x) \geq 0, k > 0)$$

이 성립한다.

마르코프의 부등식에서 특히

$$\varphi(X) = (X-\mu)^2,\ \mu = E(X)$$
$$k = c^2\sigma^2 \quad (c > 0,\ \sigma^2 = E[(X-\mu)^2])$$

로 둔 것이 체비셰프의 부등식이다. 그리고 마르코프의 부등식에서

$$\varphi(X) = (X_n - X)^2,\ k = \epsilon^2$$

로 두면

$$P(\mid X_n - X \mid \geq \epsilon) \leq \frac{1}{\epsilon^2} E[(X_n - X)^2]$$

와 같이 된다. 이 식으로부터 $\{X_n\}$이 X에 평균제곱수렴하면, X에 확률수렴하는 것을 알 수 있다.

정의 1.20 확률변수 X_n의 분포함수를 F_n라 할 때 분포함수 $F(x)$가 존재해서 $F(x)$의 연속점에서

$$\lim_{n \to \infty} F_n(x) = F(x)$$

가 성립할 때 $\{X_n\}$은 $F(x)$를 분포로 갖는 확률변수 X의 법칙수렴(convergence in law)한다고 한다.

이항분포의 극한으로서 포아송분포나 정규분포가 얻어지는데 이들은 법칙수렴이다.

또한 중심극한정리도 법칙수렴을 의미한다.

지금 $\{X_n\}$ 이 X 에 확률수렴한다고 하자. 즉

$$P(|X_n - X| \geq \epsilon) = p_n \quad (\epsilon > 0)$$

으로 두었을 때

$$p_n \to 0 \quad (n \to \infty)$$

이다. 그리고 X_n 의 분포함수를 $F_n(x)$ 라 하고, X 의 분포함수를 $F(x)$ 라 할 때

$$\begin{aligned} F_n(x) &= P(X_n \leq x) \\ &= P(\{X_n \leq x\} \cap \{X \leq x + \epsilon\}) + P(\{X_n \leq x\} \cap \{X > x + \epsilon\}) \end{aligned}$$

이 된다. 그런데

$$\{X_n \leq x\} \cap \{X > x + \epsilon\} \subset \{|X_n - X| > \epsilon\}$$

이므로

$$F_n(x) \leq F(x + \epsilon) + p_n$$

로 된다. 동일하게

$$\begin{aligned} F(x - \epsilon) &= P(X \leq x - \epsilon) \\ &= P(\{X \leq x - \epsilon\} \cap \{X_n \geq x\}) + P(\{X \leq x - \epsilon\} \cap \{X_n < x\}) \\ &\leq p_n + F_n(x) \end{aligned}$$

이므로 이들로부터

$$F(x - \epsilon) - p_n \leq F_n(x) \leq F(x + \epsilon) + p_n$$

을 얻을 수 있다. 확률수렴하므로 $p_n \to 0$ 이고 따라서 $F(x)$의 연속점에서

$$\lim_{n \to \infty} F_n(x) = F(x)$$

가 된다. 이 사실은 확률수렴하면 법칙수렴하는 것을 나타내고 있다.

이상을 종합하면 확률변수열의 여러 가지 수렴개념의 사이에는 다음 관계가 있음을

알 수 있다.

$$\begin{array}{l} \text{개수렴(a. e.)} \searrow \\ \qquad\qquad\qquad\qquad \text{확률수렴} \rightarrow \text{법칙수렴} \\ \text{평균제곱수렴} \nearrow \end{array}$$

그런데 $X_1, X_2, \cdots$ 이 서로 독립일 때는 법칙수렴으로부터 개수렴을 이끌어낼 수가 있다. 그러므로 독립인 확률변수열에 대해서는 개수렴, 확률수렴, 법칙수렴이 모두 동등하다.

다음 대수의 법칙을 생각하여 보자. 이 법칙은 경험적으로는 오래전부터 알려져 있는 것이다. 물건의 길이나 무게를 측정할 때에 여러 번 측정하여 그것을 평균하면 참값에 얼마든지 가까이 가는 것을 생각할 수 있다. 측정에서는 임의오차가 따르고 그 오차는 +도 −도 있다. 그런데 여러 번 반복 측정한 것을 평균하면 그 오차는 한쪽에 누적되는 것이 아니고 상쇄된다.

확률변수열 $\{X_n\}$ 이 주어졌을 때

$$S_n = X_1 + X_2 + \cdots + X_n$$

이라 하고

$$E(S_n) = \sum_{i=1}^{n} E(X_i) = M_n$$

으로 두자. 이 때 $(S_n - M_n)/n$ 이 어떠한 조건하에서 $n \to \infty$ 일 때 0에 가까이 가는가를 생각하여 보자. 이 수렴이 어떻게 이루어지는가에 따라서 대수의 약법칙과 강법칙으로 나누어진다. 확률수렴을 생각한 것이 약법칙이고 개수렴을 생각한 것이 강법칙이다.

정리 1.15 약대수의 법칙(weak law of large number)

확률변수열 $\{X_1, X_2, \cdots, X_n\}$ 이 주어졌을 때

$$S_n = X_1 + X_2 + \cdots + X_n$$

라 하자. 이 때

$$E(S_n) = M_n$$

으로 두면 $(S_n - M_n)/n$ 은 체비셰프의 부등식에 의하여

$$P\left(\left|\frac{S_n - M_n}{n}\right| \geq \epsilon\right) \leq \frac{1}{\epsilon^2} \cdot \frac{V(S_n)}{n^2}$$

이 성립한다. 여기서 $V(S_n)$은 S_n의 분산이다. 만일

$$\frac{V(S_n)}{n^2} \to 0 \quad (n \to \infty)$$

이면 $(S_n - M_n)/n$은 0에 확률수렴한다.

확률변수열 $\{X_n\}$이 서로 독립이고 그 분산이 일양하게 유계하면 즉

$$V(X_i) \leq K \quad (i = 1, 2, \cdots)$$

이면

$$V(S_n) = \sum_{i=1}^{n} V(X_i) \leq nK$$

이므로

$$\lim_{n \to \infty} \frac{V(S_n)}{n^2} \leq \lim_{n \to \infty} \frac{K}{n} = 0$$

인 조건이 만족된다.

또한 $\{X_n\}$이 서로 독립이고 같은 분포를 가지며, 유한인 평균이 존재하는 경우를 생각하자. 이 때

$$E(X_i) = \mu$$

로 두면

$$Y_n = \frac{S_n - M_n}{n} = \frac{S_n}{n} - \mu$$

이고, X_i의 특성함수를 $\varphi(\theta)$로 둘 때 Y_n의 특성함수 $\varphi_n(\theta)$는

$$\varphi_n(\theta) = \left[\varphi\left(\frac{\theta}{n}\right)\right]^n e^{-i\mu\theta}$$

와 같다. 그런데

$$\varphi\left(\frac{\theta}{n}\right)= 1+\frac{i\theta\mu}{n}+o\left(\frac{1}{n}\right) \quad (n\to\infty)$$

이므로

$$\lim_{n\to\infty}\varphi_n(\theta)= \lim_{n\to\infty}e^{-i\mu\theta}\left[1+\frac{i\theta\mu}{n}+o\left(\frac{1}{n}\right)\right]^n$$
$$= e^{-i\mu\theta}\lim_{n\to\infty}\left(1+\frac{i\theta\mu}{n}\right)^n = 1$$

을 얻게 된다. 이것은 Y_n 이 0에 확률수렴하는 것을 나타낸다.

정리 1.16 콜모고로프(Kolmogorov)의 부등식

확률변수열 $X_1, X_2, \cdots, X_n$ 이 서로 독립이고 각각의 평균이 μ_i, 분산이 σ_i^2 $(i=1, 2, \cdots, n)$ 을 갖는다고 하자. 이 때

$$S_i = X_1+X_2+\cdots+X_i$$
$$M_i = E(S_i) = \mu_1+\mu_2+\cdots+\mu_i$$
$$s_i^2 = V(S_i) = \sigma_1^2+\sigma_2^2+\cdots+\sigma_i^2$$

로 두면 임의의 $k>0$ 에 대해서

$$P\left(\bigcap_{i=1}^{n}\{\,|S_i-M_i| < ks_n\}\right) > 1-\frac{1}{k^2}$$

이 성립한다. 이것이 콜모고로프의 부등식이다.

특히 $n=1$ 일 때의 부등식

$$P(\{\,|S_1-M_1| < ks_1\}) > 1-\frac{1}{k^2}$$

이 체비셰프의 부등식이다.

증명 다음과 같은 확률변수를 생각하자.

$$|S_i-M_i| < ks_n \quad (i=1,2,\cdots,\nu-1)$$
$$|S_\nu-M_\nu| \geq ks_n$$

인 때 $Y_\nu=1$ 로 두고, 그 외의 경우에 $Y_\nu=0$ 이 되는 확률변수를 생각한다. Y_ν 는 부등식

$$| S_i - M_i | < ks_n$$

이 ν 번째에서 처음으로 성립하지 않을 때만 1인 확률변수이다.

이 때

$$Y_1 + Y_2 + \cdots + Y_n$$

은 0이나 1뿐이 취하지 않는다. 그리고

$$| S_i - M_i | < ks_n \quad (i = 1, 2, \cdots, n)$$

의 하나가 성립하지 않을 때 그 때만이

$$Y_1 + Y_2 + \cdots + Y_n = 1$$

이 된다. 따라서

$$\alpha = P(Y_1 + Y_2 + \cdots + Y_n = 1)$$

라 할 때

$$\alpha \leq \frac{1}{k^2}$$

을 증명하면 된다. 그런데

$$\sum_{i=1}^{n} Y_i \leq 1$$

이므로

$$\begin{aligned}\sum_{i=1}^{n} E\left[Y_i(S_n - M_n)^2\right] &= E\left[\sum_{i=1}^{n} Y_i(S_n - M_n)^2\right] \\ &\leq E\left[(S_n - M_n)^2\right] = s_n^2\end{aligned}$$

이 된다. 여기서 $Y_i = 1$ 이 되는 경우는

$$| S_i - M_i | \geq ks_n$$

인 때이므로

$$Y_i(S_i - M_i)^2 \geq k^2 s_n^2 Y_i$$

이 되어

$$E[Y_i(S_i - M_i)^2] \geq k^2 s_n^2 Y_i$$

를 얻는다. 따라서

$$\sum_{i=1}^{n} E[Y_i(S_i - M_i)^2] \geq k^2 s_n^2 E(Y_1 + Y_2 + \cdots + Y_n)$$

이 된다. 그런데

$$E(Y_1 + Y_2 + \cdots + Y_n) = P(Y_1 + Y_2 + \cdots + Y_n = 1) = \alpha$$

이고, 또한 이미 알 수 있듯이

$$\sum_{i=1}^{n} E[Y_i(S_i - M_i)^2] \leq s_n^2$$

이다. 따라서

$$E[Y_i(S_n - M_n)^2] \geq E[Y_i(S_i - M_i)^2]$$

이 성립하면

$$k^2 s_n^2 \alpha \leq s_n^2$$

을 얻게 되고

$$\alpha \leq \frac{1}{k^2}$$

이 되어 콜모고로프의 부등식이 증명된다. 그런데

$$U_i = (S_n - M_n) - (S_i - M_i) = \sum_{\nu = i+1}^{n} (X_\nu - \mu_\nu)$$

로 두면

$$S_n - M_n = (S_i - M_i) + U_i$$

에 의하면

$$E[Y_i(S_n - M_n)^2] = E[Y_i(S_i - M_i)^2] + 2E[Y_i U_i(S_i - M_i)] + E(Y_i U_i^{\,2})$$

이 된다. 그리고 $Y_i, S_i - M_i$ 는 같이 $X_1, X_2, \cdots, X_i$만에 관계되고 한편 U_i는 $X_{i+1}, \cdots, X_n$ 에 관계되어 있으므로 U_i 와 $Y_i, S_i - M_i$ 와 독립이다. 따라서

$$E[Y_i U_i(S_i - M_i)] = E(U_i)E[Y_i(S_i - M_i)] = 0$$

이 된다. 또한

$$E(Y_i U_i^2) \geq 0$$

이므로

$$E[Y_i(S_n - M_n)^2] \geq E[Y_i(S_i - M_i)^2]$$

을 얻게 된다. 이로써 콜모고로프의 부등식이 완전히 증명되었다. ✲

정리 1.17 강대수의 법칙(strong law of large numbers)

확률변수열 $\{X_n\}$ 이 주어졌을 때

$$S_n = X_1 + X_2 + \cdots + X_n$$

으로 두고

$$E(S_n) = M_n$$

이라 하면

$$|(S_n - M_n)/n|$$

이 0에 수렴하는 확률이 1이다. 이것은 임의로 $\epsilon > 0$, $\delta > 0$ 을 주었을 때 N이 존재하여

$$P\left(\bigcap_{r=1}^{\infty} \bigcup_{n=N}^{N+r} \{ |(S_n - M_n)/n| < \epsilon \}\right) > 1 - \delta$$

이 성립하는 것이다. 확률변수열 $\{X_n\}$ 이 서로 독립일 때 급수

$$\sum \frac{\sigma_n^2}{n^2}$$

이 수렴하면 강대수의 법칙이 성립한다.

증명 $2^{\nu-1} < n \leq 2^{\nu}$ 을 만족하는 n 에서 적어도 하나에 대하여

$$|(S_n - M_n)/n| < \epsilon$$

이 성립하지 않는 사상을 A_ν 라 하자. 이 때

$$\sum P(A_\nu)$$

이 수렴하는 것을 보이면 된다. 그러면 충분히 큰 ν와 모든 r에 대해서

$$P(A_\nu)+P(A_{\nu+1})+\cdots+P(A_{\nu+r})<\delta$$

가 성립하므로 강대수의 법칙이 증명된다. 그런데 사상 A_ν 는

$$2^{\nu-1}<n\le 2^\nu$$

와 같은 n 에 관해서

$$|S_n-M_n|\ge n\epsilon>2^{\nu-1}\epsilon=\frac{1}{2}\epsilon\,2^\nu$$

을 나타낸다. 여기서 콜모고로프의 부등식을 쓰면

$$P\left(\bigcup_{i=1}^{n}\{|S_i-M_i|\ge k\}\right)\le\frac{s_n^2}{k^2}$$

와 같으므로 이것을 써서

$$P(A_\nu)\le\frac{4}{\epsilon^2}\frac{s_{2\nu}^2}{2^{2\nu}}$$

을 얻는다. 따라서

$$\sum_{\nu=1}^{\infty}P(A_\nu)\le\frac{4}{\epsilon^2}\sum_{\nu=1}^{\infty}\frac{1}{2^{2\nu}}\sum_{i=1}^{2\nu}\sigma_i^2$$

이 되고, ν 와 i 의 더하는 순서를 바꾸면

$$\begin{aligned}\sum_{\nu=1}^{\infty}P(A_\nu)&\le\frac{4}{\epsilon^2}\sum_{i=1}^{\infty}\sigma_i^2\sum_{2\nu\ge i}\frac{1}{2^{2\nu}}\\&\le\frac{4}{\epsilon^2}\sum_{i=1}^{\infty}\frac{\sigma_i^2}{i^2}\cdot\frac{1}{1-\frac{1}{2^2}}=\frac{16}{3\epsilon^2}\sum_{i=1}^{\infty}\frac{\sigma_i^2}{i^2}\end{aligned}$$

을 얻는다. 그러므로

$$\sum_{k=1}^{\infty}\frac{\sigma_i^2}{i^2}$$

이 수렴하면 $\sum P(A_\nu)$ 은 수렴하고 강대수의 법칙이 성립한다. 특히 X_i가 모두 같은 분포를 따르고 유한인 분산을 가질 때는 $\sigma_i^2=\sigma^2$ 이 되어 $\sum_{i=1}^{\infty}\frac{1}{i^2}$ 이 수렴하면 강대수의 법칙이 성립한다.

개수렴하면 확률수렴하므로 당연히 강대수의 법칙이 성립하면 약대수의 법칙이 성립한다. 강법칙과 약법칙 간의 차이를 간단히 나타내면 강법칙이

$$P\left(\lim_{n\to\infty}\left|\frac{S_n - M_n}{n}\right| = 0\right) = 1$$

인 것에 대해서 약법칙은

$$\lim_{n\to\infty} P\left(\left|\frac{S_n - M_n}{n}\right| = 0\right) = 1$$

과 같은 형태로서 극한과 확률을 교환한 형태로 되어진다. ✲

예제 1.15

2개의 확률변수 X와 Y는 $P(X \neq Y) = 0$ 일 때 동등하다고 한다. 확률변수열 $\{X_n\}$이 X와 Y에 확률수렴할 때 X와 Y는 동등한 것을 나타내라.

| 풀이 |

$$P(|X-Y| > \epsilon) \le P\left(|X_n - X| > \frac{\epsilon}{2}\right) + P\left(|X_n - Y| > \frac{\epsilon}{2}\right)$$

이므로 $n \to \infty$ 일 때

$$P(|X-Y| > \epsilon) \to 0$$

이므로 $P(X \neq Y) \to 0$ 이다. 따라서 X와 Y는 동등하다.

연습문제 1

1.1 $B \subset A$일 때 $P(A) \geq P(B)$임을 증명하라.

1.2 1개의 동전을 3번 던질 때 표본공간을 만들고, 모든 근원사상이 등확률일 때 제 1회째, 제 2회째, 제 3회째에 앞면이 나타나는 사상을 각각 A, B, C라 하면

$$P(A \bigcup B \bigcup C) = P(A) + P(B) + P(C)$$
$$- P(A \bigcap B) - P(A \bigcap C) - P(B \bigcap C) + P(A \bigcap B \bigcap C)$$

가 성립함을 증명하라.

1.3 확률의 공리를 이용하여 $A_1, A_2, \cdots, A_n$이 배반이면 $P(\bigcup_{i=1}^{n} A_i) = \sum_{i=1}^{n} P(A_i)$임을 보여라.

1.4 표본공간 Ω에 있어서 사상 A에 속하는 점에 대해서는 1, 속하지 않는 점에 대해서는 0인 함수

$$X(w_i) = \begin{cases} 1 & (w_i \in A) \\ 0 & (w_i \notin A) \end{cases}$$

를 A의 정의함수라 한다. $E(X) = P(A)$임을 보여라.

1.5 확률변수 X에 대한 확률

(1) $P(X \geq x)$ (2) $P(a \leq X \leq b)$

를 분포함수 $F(x)$를 써서 나타내라.

1.6 X, Y의 결합확률밀도함수가

$$f(x, y) = e^{-(x+y)} \quad (-\infty < x, y < \infty)$$

일 때, $P(1 < X \leq 2,\ 0 < Y \leq 2)$를 구하라.

1.7 A 회사의 제품을 그 품질에 따라 5등급 A_1, A_2, A_3, A_4, A_5 로 나눈다고 할 때 각 등급별 이익 및 제품이 생산되는 확률은 다음 표와 같다고 한다.

등급	A_1	A_2	A_3	A_4	A_5
이익	100	80	60	0	−60
확률	5/16	1/4	1/4	1/16	1/8

지금 1개의 제품을 임의로 뽑았을 때 그 제품으로부터 생기는 이익을 X라 하고, X의 평균과 분산을 구하라.

1.8 세 자녀를 둔 가정에서 아들을 b, 딸을 g로 나타내어 연장 순으로 나타냈을 때 표본공간은

$$\Omega = \{bbb, bbg, bgb, bgg, gbb, gbg, ggb, ggg\}$$

와 같다. Ω의 각 요소에 등확률을 줄 때 2개의 사상

$$A = \{\text{아들과 딸이 있다}\}$$
$$B = \{\text{딸이 많아야 1명이다}\}$$

는 독립인가?

1.9 초기하분포에서 $\dfrac{k}{N} \to p$ (일정)되게 $N \to \infty$ 로 하면, 이항분포로 근사됨을 보여라.

$$H(N, k, n) \to B(n, p)$$

1.10 지수분포의 pdf가 $f(x) = \lambda e^{-\lambda x} \quad (x \geq 0)$이다. 단 λ는 $\lambda < 0$인 상수일 때, 분포함수를 구하고 $P(1 \leq X \leq 2)$를 구하라.

1.11 등확률인 주사위를 던질 때 k눈이 나올 사상을 w_k라 하면 확률변수

$$X(w_k) = k \quad (k = 1, 2, 3, 4, 5, 6)$$

의 평균과 분산은 얼마인가?

1.12 확률변수 X와 Y가 독립이고 같은 분포에 따를 때 $X+Y$와 $2X$의 분산은 같은가?

1.13 X의 확률밀도함수가

$$f(x) = \begin{cases} e^{-x} & (x \geq 0) \\ 0 & (x < 0) \end{cases}$$

일 때 평균에 대한 1, 2, 3차 적률을 구하라.

1.14 확률변수 X와 Y가 독립이고 각각 모수 λ_1, λ_2을 갖는 포아송분포를 따를 때 $Z = X + Y$의 분포는 어떻게 되는가?

1.15 연속확률변수 X의 pdf가 $f(x)$일 때 $Y = X^2$의 pdf $g(y)$를 구하라.

1.16 수명시간을 X라 할 때 순간고장률(hazard rate) $\varphi(x)$는

$$\varphi(x) = \lim_{h \to 0} \frac{P(x \leq X \leq x + h/x)}{h} = \frac{f(x)}{1 - F(x)}$$

로 정의한다. 지수분포를 따르는 X의 순간고장률을 구하라.

1.17 χ^2-분포의 적률생성함수를 구하고, $X_1, X_2, \cdots, X_k$가 서로 독립이고, 자유도가 각각 $n_1, n_2, \cdots, n_k$인 χ^2분포를 하는 확률변수이면 다음의

$$Y = X_1 + X_2 + \cdots + X_k$$

가 자유도 $n = n_1 + n_2 + \cdots + n_k$인 χ^2분포를 따름을 보여라.

1.18 음수가 아닌 값을 취하는 확률변수 X에 대해서

$$E(X) = \int_0^\infty P(X > t)dt = \int_0^\infty [1 - F(t)]dt$$

이 성립하는 것을 증명하라.

1.19 베르누이 시행에서 성공의 확률이 0.01일 때 적어도 1회 성공할 확률이 0.5 또는 그 이상이 되기 위해서는 몇 회 이상 시행을 하면 되는가?

1.20 다항분포에서 $np_i = \lambda_i \quad (i = 1, 2, \cdots, r)$로 두고, $n \to \infty$인 극한을 취하면 어떻게 되는가? 이 극한분포를 다중 포아송분포라 한다.

2장

확률과정

일기예보에 있어서 매일의 기압이나 강우량, 자동제어기에 있어서 여러 가지 에너지의 시간적 변화, 통신망의 설계에 있어서 잡음의 발생상태, 또는 경제학에 있어서 매년의 가격변동 등을 연구하는 경우가 있는 데 이와 같이 시간의 경과에 따라서 관측된 양의 계열을 시계열(time series)이라 한다.

이와 같은 시계열을 생각하는 목적의 대부분은 장래에 있어서 그 양이 취하는 값이 어떻게 변하는가를 예측하는 데 있다. 그러나 가까운 장래의 예측, 예를 들면 내일의 기온, 주가, 상품가격 등에 대한 예측은 매우 어렵다.

이와 같은 예측이 어려운 것은 이들 양이 취하는 값을 결정하는 요인이 여러 가지가 있고 이들이 서로 복합적인 관계에 있기 때문이다. 이와 같은 경우에 이들 양은 우연적으로 결정되는 것으로 보는 것이 좋다. 수학적으로 말하면 장래의 어떤 시점에서 이들 양이 어떤 값을 취하게 되는 확률이 주어져 있는 것으로 보는 것이다.

이와 같은 생각을 확실하게 기술하기 위하여 기호나 개념을 도입하여 설명하여 보기로 하자.

2.1 확률과정

시계열을 취급하는 경우 먼저 관측(또는 측정)을 행하는 시점의 집합 T를 정해야 한다. 많은 경우 관측은 일정한 시간간격으로 이루어진다.

이 때

$$T = \{0, 1, 2, \cdots, N\}$$

로 둘 수 있으며, N은 관측횟수이다. 이와 같은 경우를 이산형(discrete type)이라 한

다. 또한 연속적으로 관측을 계속하는 경우도 있는데

$$T = \{t \mid 0 \le t \le L\}$$

과 같이 둘 수 있으며, 이와 같은 경우를 연속형(continuous type)이라 한다.

시점 t에 있어서 어떤 양의 관측치를 $x(t)$로 나타내면, 시계열을

$$\{x(t) \mid t \in T\} \quad \text{또는 } \{x(t)\}$$

와 같이 표시한다.

그런데 $x(t)$는 어떤 양의 관측치이다. 장래의 어떤 시점에 있어서 취하는 값이 우연에 의해서 결정된다고 하는 경우는 어떻게 표시하는 것이 좋을까?

수학적으로 어떤 양 X가 있고, X가 $x_1, x_2, \cdots$ 등의 값을 취하고 X가 이들 값을 취하는 확률이 주어질 때 이 변수 X를 확률변수라 하고 x_i와 $p_i (i = 1, 2, \cdots)$와의 대응관계를 확률분포 또는 간단히 분포라 한 것은 이미 말한 바 있다.

동일하게 시계열 $\{x(t)\}$가 우연에 의해서 결정되는 경우 $x(t)$를 확률변수 $X(t)$의 관측치 또는 실현치로 볼 수 있다.

정의 2.1 확률변수의 계열

$$\{X(t) \mid t \in T\} \quad \text{또는 } \{X(t)\}$$

를 확률과정(stochastic process)이라 하고, $x(t)$를 시점 t에 있어서 확률과정의 상태(state)라 한다.

확률과정을 시간을 나타내는 파라미터(parameter) t와 확률 파라미터 w에 의해서 $\{X(t, w)\}$와 같이 표시하기도 한다. 여기서 w를 생략해서 간단히 $\{X(t)\}$로 표시하는 경우가 많다. 확률과정으로 표시되는 현상은 물리학, 공학, 생물학, 의학, 심리학, 경제학, 사회학 등 거의 모든 분야에서 나타난다.

확률과정 $\{X(t)\}$에 있어서 시점 t를 고정하면 이것은 하나의 확률변수가 되고 확률분포를 갖게 된다. 따라서 확률과정은 확률변수의 무한계열로 생각할 수 있다. 한편 확률 파라미터 w를 고정했을 때 시간적으로 변동하는 하나의 함수 $x(t)$가 얻어지는데 이것은 확률과정 $\{X(t,w)\}$의 하나의 실현치로 된 곡선으로서 시계열이다. 따라서 시계열을 실현시키는 확률과정을 생각할 수 있고 그 확률법칙을 정의할 수가 있다.

지금 동전을 던지는 시행을 여러 번 반복한다고 할 때 n회째의 시행에서 앞면이 나오면 1, 뒷면이 나오면 −1이라고 하는 확률변수를 Y_n이라 하자. 이 때

$$X_n = Y_1 + Y_2 + \cdots + Y_n$$

은 확률과정 $\{X(t)\}$ 에 있어서

$$t = 1, 2, \cdots$$

라고 하는 이산적인 시점에서만 정의된 과정으로 생각되며, $X(n)$ 대신 X_n 으로 나타낸 것이다.

이와 같은 과정을 임의보행(random walk) 또는 방황운동이라 하며 여러 가지 문제에 응용된다. 임의보행의 모델을 연속적으로 취급한 것으로 브라운(Brown)운동이라 부르는 것이 있다. 이것은 식물학자 브라운이 이미 1827년에 식물의 화분이 액체의 표면에서 불규칙운동을 하는 현상에서 발견하였고 1905년에 와서 아인슈타인(Einstein)이 수학적 모델을 구성하였다.

또한 기대행렬의 문제에서 창구에 도착하는 고객의 수를 생각하여 보자. $X(t)$ 를 시점 t 까지에 창구에 도착한 고객의 수를 나타내는 확률변수로 보면 $\{X(t)\}$ 는 확률과정이다. 포아송과정은 이와 같은 확률과정의 대표적인 것이다. 이 경우 시계열은 〈그림 2.1〉과 같이 계단함수로 나타난다.

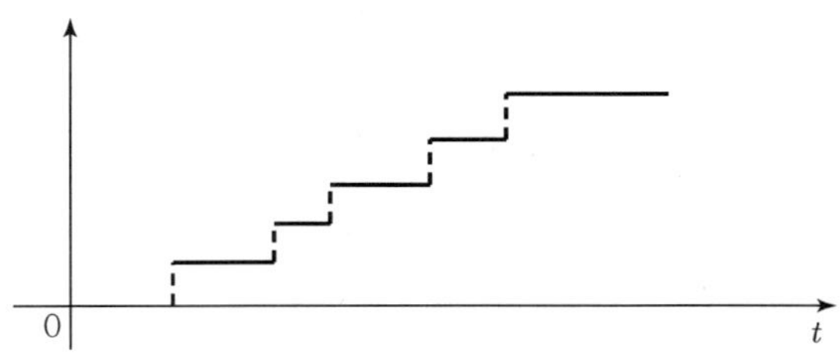

〈그림 2.1〉 계단함수

다시 대기행렬의 문제에서, 시점 t 에서 창구 앞에 기다리는 고객의 수를 $X(t)$ 라 하면 이것은 서비스 상태와 고객에 따라서 확률과정 $\{X(t)\}$ 가 정의된다. 생물집단에 있어서 개체수도 출생과 사망에 따라 증감한다. 이와 같은 확률과정의 대표적인 것으로 출생사멸과정이라는 것이 있다. 이 경우의 시계열은 〈그림 2.2〉와 같이 나타난다.

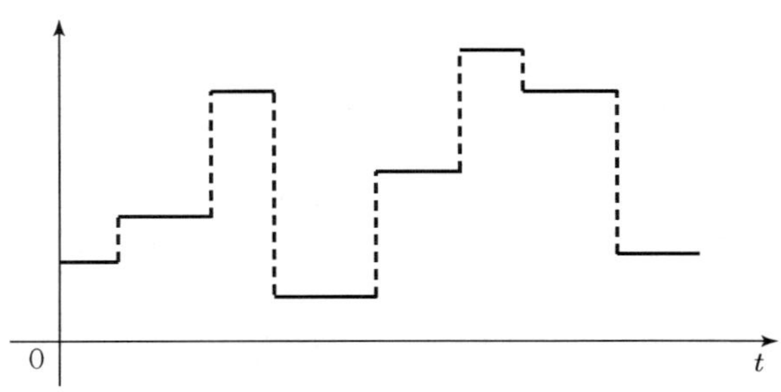

〈그림 2.2〉 출생사멸과정

2.2 독립시행

1개의 동전을 던지는 실험을 반복해서 행하고 앞면과 뒷면의 어느 쪽이 나오는 가를 관측한다 하자. 지금 T는

$$T = \{0, 1, 2, \cdots\}$$

로 두자. 시점 $t \in T$에서 앞면이 나오면 1, 뒷면이 나오면 0이라는 값을 취하는 확률변수 $X(t)$를 생각하면

$$\{X(t) \mid t = 0, 1, 2, \cdots\}$$

는 하나의 확률과정이다. 이 경우 모든 t의 값에 대해서, $X(t)$가 0 또는 1이라는 값을 취하는 확률은 같고 그 값은 $\frac{1}{2}$ 이다. 이것을 다음과 같이 나타낼 수 있다.

$$P\{X(t) = 0\} = \frac{1}{2}, \ P\{X(t) = 1\} = \frac{1}{2}$$

이 예에서는 각 t의 값에 대해서 확률변수 $X(t)$의 분포는 모두 동일하다. 이 사실은 어떤 시점 t_1에서 앞면이 나오는가 뒷면이 나오는가 하는 사상과 다른 시점 t_2에서 앞면이 나오는가 뒷면이 나오는가 하는 사상은 서로 독립인 것을 나타내고 있다.

정의 2.2 확률과정

$$\{X(t) \mid t = 0, 1, 2, \cdots\}$$

가 있을 때 확률변수 $X(0), X(1), X(2), \cdots$의 분포가 모두 같고, 또한 시점 t_1에 있어서 $X(t_1)$의 분포가 다른 시점 t_2에 있는 $X(t_2)$의 분포와 독립일 때 확률과정 $\{X(t)\}$를 독립시행(independent trial) 또는 독립과정(independent process)이라 한다.

정의 2.3 독립시행에 있어서, 각 시점 t에서 어떤 사상 A에 주목하여

$$X(t) = \begin{cases} 1, & A\text{가 일어나면} \\ 0, & A\text{가 일어나지 않으면} \end{cases}$$

으로 정해지는 확률과정 $\{X(t)\}$를 생각할 수 있다. 이와 같이 각 시점 t에 있어서 $X(t)$가 2개의 사상 중 하나를 취하는 독립시행을 베르누이 시행열이라 한다.

각 시점 t 에 있어서 사상 A 가 일어나는 확률을 p, A 가 일어나지 않을 확률을 q 라 하면

$$p+q=1,\ p\geq 0,\ q\geq 0$$

이고, $X(t)$ 의 확률분포는 모든 t 에 대해서

$$P\{X(t)\in A\}=p,\ P\{X(t)\not\in A\}=q$$

이다. 앞의 동전을 던지는 시행 예는 $p=q=\dfrac{1}{2}$ 인 특별한 경우이다.

확률과정 $\{X(t)\}$ 의 확률법칙에 대해서는 시점 t 가 연속적으로 변화하니까 연속무한개의 확률변수에 대한 확률분포를 생각해야 한다.

임의의 유한개의 시점

$$0\leq t_1 < t_2 < \cdots < t_n$$

에 대하여 확률변수 $X(t_1), X(t_2), \cdots, X(t_n)$ 의 결합분포

$$F(x_1, x_2, \cdots, x_n; t_1, t_2, \cdots t_n) = P(X(t_1)\leq x_1, X(t_2)\leq x_2, \cdots, X(t_n)\leq x_n)$$

이 정해졌을 때 확률과정 $\{X(t)\}$ 의 확률법칙이 정해지는 것이 증명된다. 여기서 결합분포에 대해서는 $(t_{i1}, t_{i2}, \cdots, t_{in})$ 을 $(t_1, t_2, \cdots, t_n)$ 으로 치환한 순열이라 하고 $k<n$ 라 할 때

$$F(x_{i1}, x_{i2}, \cdots, x_{in}; t_{i1}, t_{i2}, \cdots, t_{in}) = F(x_1, x_2, \cdots, x_n; t_1, t_2, \cdots, t_n)$$

$$F(x_1, x_2, \cdots, x_k; t_1, t_2, \cdots, t_k)$$
$$= F(x_1, x_2, \cdots, x_k, +\infty, \cdots, +\infty; t_1, t_2, \cdots, t_k, \cdots, t_n)$$

이 만족되게 둔다. 무한차원공간의 점으로부터 유한차원공간의 점으로 사상을 생각하고, 유한차원공간에서 사상을 나타내는 집합의 역사상이 되는 무한차원공간의 집합을 원통집합(cylinder set)이라 한다. 콜모고로프는 이 원통집합의 개념을 써서 위에서 주어진 결합분포의 조건하에 확률과정 $\{X(t)\}$ 의 확률법칙이 정해지는 것을 증명하였다.

정의 2.4 확률과정 $\{X(t)\}$에 있어서 $X(t)$의 실현치로 된 집합을 상태공간(state space)이라 한다. 상태공간을 S로 나타낸다.

상태공간은 1차원인 경우도 있고 다차원인 경우도 있다. 또한 상태의 값이 연속값인 경우와 이산값인 경우가 있다. 〈그림 2.1〉, 〈그림 2.2〉는 모두 이산적인 값만 취하는 예이다.

한편 확률과정을 생각할 때 시점의 집합으로 $-\infty < t < \infty$ 와 같이 모든 범위를 포함시키는 경우와 $t \geq 0$ 과 같이 제한된 경우가 있다. 또한 $t = 1, 2, 3, \cdots$ 와 같이 이산적인 시점만을 생각하기도 한다. 이산적인 시점만을 생각할 때는 확률과정은 이산적인 계열로 이루어진다. 시점을 이산적으로 취하는가 연속적으로 취하는가, 상태공간이 이산적인가 연속적인가에 따라서 확률과정을 여러 가지로 나누게 된다.

2.3 마프코프과정

확률과정에 있어서 시점 t에 있는 상태 $x(t)$ 가 t 이전까지의 시점의 상태에 어떻게 관련되어 있는가에 따라서 확률과정을 여러 가지 형태로 분류할 수 있다. 그 대표적인 것으로 마르코프과정, 가법과정, 정상과정 등이 있다. 이들 확률과정에 대해서 보다 상세히 연구되어 있다.

임의의 시점열

$$t_1 < t_2 < \cdots < t_n$$

을 취했을 때 확률과정 $\{X(t)\}$ 의 증분(increments)

$$X(t_2) - X(t_1), X(t_3) - X(t_2), \cdots, X(t_n) - X(t_{n-1})$$

이 서로 독립일 때 이 확률과정을 가법과정(additive process)이라 한다. 이 과정은 독립증분(independent increments)을 갖는다고 한다.

가법과정에 있어서는

$$X(0) = 0$$

이라 할 때

$$X(t_n) = [X(t_1) - X(0)] + [X(t_2) - X(t_1)] + \cdots + [X(t_n) - X(t_{n-1})]$$

와 같이 독립인 확률변수의 합의 형태로 나타낼 수 있다.

정상과정은 확률적으로 평형상태에 있는 과정으로서

$$t_1 < t_2 < \cdots < t_n$$

에 대하여

$$X(t_1), X(t_2), \cdots, X(t_n)$$

의 결합분포가 $h > 0$ 에 대해서

$$X(t_1 + h), X(t_2 + h), \cdots, X(t_n + h)$$

의 결합분포와 같은 확률과정 $\{X(t)\}$ 를 정상과정(stationary process)이라 한다. 정확히 말하면 이것을 협의의 정상과정이라 한다. 이에 대해서 임의의 시점들 간에 공분산이 존재하여

$$C[X(t), X(t+h)]$$

이 h 에만 관계할 때 광의의 정상과정이라 한다.

마르코프과정은 시점 t 에서 $X(t)$ 의 값이 알려져 있을 때 t 보다 이후의 시점 $s(>t)$ 에서의 $X(s)$ 의 확률법칙이 t 보다 이전의 시점 $u(<t)$ 에서의 $X(u)$ 의 값에 관계없는 확률과정이다. 이 경우 현재의 상태가 정확히 알려졌을 때 미래의 확률법칙이 과거의 이력에 영향을 받지 않는 것을 나타낸다. 이와 같은 성질을 마르코프 성질(Markov property)이라 한다. 마르코프과정은 조건부확률에 의해서 다음과 같이 정의된다.

정의 2.5 확률과정 $\{X(t)\}$ 가 있을 때 시점 $t_1 < t_2 < \cdots < t_n < t$ 에 대하여

$$\begin{aligned} &P(X(t) = x \mid X(t_1) = x_1, X(t_2) = x_2, \cdots, X(t_n) = x_n) \\ &= P(X(t) = x \mid X(t_n) = x_n) \end{aligned}$$

이 성립하면 이 과정을 마르코프과정(Markov process)이라 한다. 특히 이것을 단순마르코프과정이라 한다.

동일한 방법으로

$$\begin{aligned} &P(X(t) = x \mid X(t_1) = x_1, X(t_2) = x_2, \cdots, X(t_n) = x_n) \\ &= P(X(t) = x \mid X(t_{n-1}) = x_{n-1}, X(t_n) = x_n) \end{aligned}$$

이 성립할 때 확률과정 $\{X(t)\}$를 이중마르코프과정이라 한다.

일반적으로 다중마르코프과정도 동일하게 정의된다. 그러나 다중마르코프과정에 있어서 과거 몇 개의 시점에서의 상태를 새로운 하나의 상태로 생각하면 상태의 수는 증가하지만 단순마르코프과정으로 할 수가 있다. 따라서 마르코프과정은 단순마르코프과정만 생각하면 된다.

이상에서 다룬 가법과정, 정상과정, 마르코프과정은 각각 다른 입장에서 확률과정의 분류이다. 따라서 마르코프과정에서 정상과정으로 되는 것이나, 가법과정에서 마르코프과정으로 되는 것으로부터 많은 확률과정을 정의할 수 있는 것이다.

정의 2.6 마르코프과정에서 조건부확률로 주어지는 분포함수

$$F(x,s;y,t) = P(X(t) \le y \mid X(s) = x) \quad (s < t)$$

를 마르코프과정의 추이확률함수(transition probability function)라 한다.

정의 2.7 마르코프과정 $\{X(t)\}$ 에 있어서 특히 이산적인 시점

$$t = 0, 1, 2, \cdots$$

만이 생각되면 시점에 따른 확률변수의 계열

$$X_n = X(n) \quad (n = 0, 1, 2, \cdots)$$

가 된다. X_n 이 취하는 값 즉 상태공간도 또한 이산적인 값으로서 정수치

$$\cdots, -2, -1, 0, 1, 2, \cdots$$

만을 취할 때 이 마르코프과정을 특히 마르코프체인(Markov chain)이라 한다.

마르코프체인은 시점이나 상태공간이 모두 이산적인 마르코프과정이다. 시점은 연속이나 상태공간이 이산적인 마르코프과정을 불연속 마르코프과정이라 한다. 포아송과정이나 출생사멸과정은 불연속 마르코프과정의 대표적인 것이다. 시점이나 상태공간이 모두 연속적으로 변화하는 마르코프과정을 연속 마르코프과정이라 한다. 연속 마르코프과정을 확산과정(diffusion process)이라고도 한다. 브라운운동은 확산과정의 예이다.

정의 2.8 확률과정 $\{X(t)\}$ 에서 조건부기대값

$$E[X(t_{n+1}) \mid X(t_1) = x_1, X(t_2) = x_2, \cdots, X(t_n) = x_n] = x_n$$

을 만족할 때, 확률과정 $\{X(t)\}$ 를 마팅게일(martingale)이라 한다.

마팅게일은 기대값에 관한 마르코프성을 만족하는 과정이다.

기타의 확률과정으로서 기기의 신뢰성에 관련된 부품교체의 모델로서 재생과정(renewal process), 창구에 도착하는 고객의 수 또는 교통사고의 발생건수를 나타내는 계수과정(counting process) $\{N(t) \mid t \geq 0\}$, 경제현상에서 나타나는 하나의 모델로서 자기회귀과정(auto-regressive process) 등 여러 가지 현상에 관련하여 그 현상을 설명하기 위한 구체적인 확률과정이 여러 가지 생각될 수 있다.

2.4 불연속 마르코프과정

1 포아송과정

마르코프과정에서 시점과 상태가 다 같이 이산적인 것이 마르코프체인이었다. 이번에는 시점을 연속적으로 하고 상태는 이산적인 경우를 생각하자. 이와 같은 것을 불연속 마르코프과정이라 한다. 전화가 걸려오는 것, 창구에 고객이 도착하는 것, 염색체의 분열 등의 현상은 시간은 연속적이나 상태는 이산적으로 변한다.

불연속 마르코프과정 $\{X(t) \mid t \geq 0\}$에 있어서, 시점 u에서 상태 i에 있을 때 시점 $t(>u)$에서 상태 j로 되는 추이확률을

$$P_{ij}(u,t) \quad (u<t)$$

로 표시하자. 특히 이것이 시간간격 $(t-u)$에만 관계될 때 이 과정은 시간적으로 정상이라 한다. 따라서 정상인 불연속 마르코프과정에서는 추이확률은

$$P_{ij}(t) = P[X(u+t) = j \mid X(u) = i]$$

와 같이 시점 u에는 관계하지 않는다. 특별히 말하지 않는 한 정상인 경우를 생각한다.

불연속 마르코프과정의 가장 기본적인 것이 포아송과정이다. 어떤 특정사상을 문제로 하고, 그 사상이 일어날 때마다 상태가 1씩 증가한다고 하자. 따라서 $X(t)$는 시점 t까지에 사상이 일어난 횟수를 나타낸다. 예를 들면 창구에 도착한 고객의 인원수와 같은 것이다.

포아송과정의 전제로서 시간구간 $[0, t)$ 사이에서 사상이 일어나는 횟수가 얼마이든 간에 $[t, t+h)$ 사이에서 사상이 꼭 1회 일어날 확률이

$$\lambda h + o(h)$$

이고, 이 사이에 2회 또는 그 이상 일어날 확률이 $o(h)$이라고 하는 가정을 설정한다.

이 때 $o(h)$ 는 h 를 제 1위의 무한소라 할 때 h 보다 고위의 무한소의 항을 나타내는 기호로서 $\lim_{h\to 0}\frac{o(h)}{h}=0$ 이다.

결국

$$P[X(t+h)-X(t)=1 \mid X(t)=k]=\lambda h+o(h)$$
$$P[X(t+h)-X(t)\geq 2 \mid X(t)=k]=o(h)$$

로 가정한다. 이로부터 $[t, t+h)$ 사이에서 사상이 1회도 일어나지 않을 확률은

$$1-\lambda h+o(h)$$

와 같이 된다.

지금 시점 t 에서 상태가 n 이라고 하는 확률을

$$P_n(t)=P(X(t)=n)$$

으로 표시하기로 하고 이것을 구하여 보자. 시간구간 $[0, t+h)$ 사이에서 사상이 n 회 일어나는 경우에 대해서 구간 $[0, t)$ 와 $[t, t+h)$ 로 나누어 생각하면 다음의 어느 경우가 일어난다.

① $[0, t)$ 에서 n 회 일어나고 $[t, t+h)$ 에서 1회도 일어나지 않는다.
② $[0, t)$ 에서 $(n-1)$ 회 일어나고 $[t, t+h)$ 에서 꼭 1회 일어난다.
③ $[0, t)$ 에서 $(n-k)$ 회 일어나고 $[t, t+h)$ 에서 k 회 일어난다. $(k\geq 2)$.

이 3가지 경우는 배반적이고 어느 경우가 반드시 일어난다. 또한 각각의 경우에 추이확률은 포아송과정의 전제에 따라

$$1-\lambda h+o(h),\ \lambda h+o(h),\ o(h)$$

이다. 따라서 전확률의 정리에 의하여

$$P_n(t+h)=P_n(t)(1-\lambda h)+P_{n-1}(t)\lambda h+o(h)$$

인 관계를 얻는다. 이로부터

$$\frac{P_n(t+h)-P_n(t)}{h}=-\lambda P_n(t)+\lambda P_{n-1}(t)+\frac{o(h)}{h}$$

이 된다. 여기서 $h\to 0$ 이라 하면

$$P_n{}'(t) = -\lambda P_n(t) + \lambda P_{n-1}(t) \quad (n \geq 1)$$

과 같은 미분차분방정식이 얻어진다. $n=0$ 인 경우에는 (②와 ③은 일어나지 않으니까)

$$P_0(t+h) = P_0(t)(1-\lambda h) + o(h)$$

로 되어

$$P_0{}'(t) = -\lambda P_0(t)$$

를 얻는다. 이것을 풀어서 C를 임의의 정수로 두면

$$P_0(t) = Ce^{-\lambda t}$$

이 된다. 시점 0에서는 상태가 0이므로 초기조건

$$P_0(0) = 1$$

이므로 정수의 값은 $C=1$ 이 되어

$$P_0(t) = e^{-\lambda t} \quad (t \geq 0)$$

이 얻어진다. 이것을 $n=1$ 로 둔 식

$$P_1{}'(t) = -\lambda P_1(t) + \lambda P_0(t)$$

에 대입하면 1차 선형 미분방정식의 해로서

$$P_1(t) = e^{-\lambda t}\left[\int \lambda e^{-\lambda t} e^{\lambda t} dt + C\right]$$
$$= \lambda t e^{-\lambda t} + Ce^{-\lambda t}$$

와 같이 된다. 여기서 초기조건

$$P_1(0) = 0$$

에 의하여 $C=0$ 을 구하면

$$P_1(t) = \lambda t e^{-\lambda t}$$

을 얻게 된다. 동일한 방법을 써서 일반적으로

$$P_n(t) = \frac{(\lambda t)^n}{n!}e^{-\lambda t} \quad (n = 0, 1, 2, \cdots)$$

이 얻어진다. 이것이 포아송과정의 상태확률이다. $t = 1$ 일 때 포아송분포가 된다.

포아송과정에서는 그 전제로부터 $X(u+t) - X(u)$ 와 $X(u) - X(0)$ $(X(0) = 0)$ 과는 독립이다. 결국 포아송과정은 독립증분과정(가법과정)이다. 그 추이확률은

$$\begin{aligned} P_{ij}(t) &= P[X(u+t) - X(u) = j - i] \\ &= P[X(t) - X(0) = j - i] \\ &= P[X(t) = j - i] \\ &= \begin{cases} \dfrac{(\lambda t)^{j-i}}{(j-i)!}e^{-\lambda t} & (j \geq i) \\ 0 & (j < i) \end{cases} \end{aligned}$$

이다. 또한 포아송과정의 특성함수는

$$\begin{aligned} \varphi(\theta, t) &= E(e^{i\theta X(t)}) \\ &= \sum_{n=0}^{\infty} \frac{(\lambda t)^n}{n!} e^{-\lambda t} e^{i\theta n} \\ &= e^{\lambda t (e^{i\theta} - 1)} \end{aligned}$$

와 같다. 이로부터 포아송과정의 평균과 분산은

$$E[X(t)] = \lambda t, \quad V[X(t)] = \lambda t$$

와 같이 됨을 알 수 있다.

포아송과정의 일반화로서는 여러 가지 입장에서 생각할 수 있다. 시점에 관한 포아송과정, 여러 가지 사상이 일어나는 포아송과정, 다차원 포아송과정 등이 있다. 여기서 복합 포아송과정을 생각하여 보자. $\{X(t)\}$ 를 포아송과정이라 하고, $\{Y_n\}$ $(n = 1, 2, \cdots)$ 를 독립이고 같은 분포를 따르는 확률변수열이라 할 때

$$Z(t) = \sum_{n=1}^{X(t)} Y_n$$

을 복합 포아송과정이라 한다. 이때 $\{Y_n\}$ 과 $\{X(t)\}$ 는 독립이다.

복합 포아송과정의 특성함수를 구하여 보자.

$$\varphi(\theta,t) = E[e^{i\theta Z(t)}] = \sum_{n=0}^{\infty} E[e^{i\theta Z(t)} \mid X(t)=n] \frac{(\lambda t)^n}{n!} e^{-\lambda t}$$

여기서 $\{Y_n\}$ 과 $\{X(t)\}$ 는 독립이므로

$$\begin{aligned} E[e^{i\theta Z(t)} \mid X(t)=n] &= E[e^{i\theta(Y_1+Y_2+\cdots+Y_n)} \mid X(t)=n] \\ &= E[e^{i\theta(Y_1+Y_2+\cdots+Y_n)}] \\ &= \{E[e^{i\theta Y_1}]\}^n \end{aligned}$$

이 된다. Y_1 의 특성함수를

$$\varphi_Y(\theta) = e^{i\theta Y_1}$$

으로 두면

$$\varphi(\theta,t) = \sum_{n=0}^{\infty} [\varphi_Y(\theta)]^n \frac{(\lambda t)^n}{n!} e^{-\lambda t} = e^{\lambda t(\varphi_Y(\theta)-1)}$$

을 얻게 된다. 이로부터 복합 포아송과정의 기대값과 분산은 Y_1 의 평균 μ_Y, 분산 σ_Y^2 에 의해서

$$E[Z(t)] = \lambda t \mu_Y, \quad V[Z(t)] = \lambda t(\sigma_Y^2 + \mu_Y^2)$$

와 같다. 예를 들면 슈퍼마켓에 물건을 사러 오는 고객이 포아송과정에 따라 도착률 λ 로 와서 각각의 고객이 사 가지고 가는 물건의 개수를 Y_i 라 하면 시점 t 까지에 판매한 물건의 총수는 복합 포아송과정이 된다.

지금까지는 시간적으로 정상인 포아송과정을 생각해 보았으나, 비정상 포아송과정에서는 피라미터를 일정하게 두지 않고 그것을 시간의 함수로 생각하고, 또한 전제로서도 시점 t 와 $t+h$ 사이에 하나의 사상이 일어나는 확률을

$$\lambda(t)h + o(h)$$

와 같이 생각한다. 이 때 최초의 미분방정식은

$$P_0'(t) = -\lambda(t)P_0(t)$$

로 되어

$$P_0(t) = e^{-\int_0^t \lambda(t)dt}$$

로 된다. 여기서

$$\rho(t) = \int_0^t \lambda(t)dt$$

로 두면

$$P(X(t)=n) = \frac{[\rho(t)]^n}{n!}e^{-\rho(t)}$$

를 얻게 된다. 이 때 $\rho(t)$ 를 포아송과정의 평균값함수, $\lambda(t)$ 를 강도함수라 부른다.

예제 2.1

어떤 상점을 찾는 고객은 1시간에 2사람 꼴의 비율로 포아송과정을 따른다고 한다. 아침 10시부터 오후 6시까지 개점할 때

(1) 오후 1시부터 오후 3시까지 사이에 찾아오는 고객이 $k\lambda\,(k=0, 1, 2)$ 일 확률을 구하라.

(2) 개점 중에 찾아오는 고객의 수의 평균과 분산을 구하라.

| 풀이 | (1) λ 를 단위시간당 고객이 찾아오는 비율이라면 $\lambda = 2$ (명 : 시간당)이다. 오후 1시부터 오후 3시까지의 $t = 2$ (시간)에 $k\lambda$ 이 도착할 확률은 다음과 같다.

$$P_k(2) = \frac{e^{-2\times 2}(2\times 2)^k}{k!} = \frac{e^{-4}\cdot 4^k}{k!} \quad (k=0, 1, 2)$$

$$P_0(2) = e^{-4}\times 4^0 = e^{-4} = 0.018$$

$$P_1(2) = e^{-4}\times 4 = 0.072$$

$$P_2(2) = (e^{-4}\times 4^2)/2! = 8e^{-4} = 0.146$$

(2) $\lambda = 2,\ t = 8$ 이므로

$$\text{평균} = \lambda t = 16\ (\text{명}),\ \ \text{분산} = \lambda t = 16\ (\text{명})$$

이 된다.

2 출생과정

포아송과정을 좀 더 일반화한 것에 출생과정(pure birth process)이라 하는 것이 있

다. 포아송과정에서는 시간구간 $[t, t+h)$ 에서 사상이 일어나는 것이 구간 $[0, t)$ 에서 사상이 일어나는 횟수에 무관한 경우를 생각하였으나 여기서는 이와 같은 전제를 완화하기로 한다. 그리고

$$X(t) = n$$

일 때 $[t, t+h)$ 에서 일어나는 확률에 대하여 포아송과정에서 사용한 λ 대신에 λ_n 으로 한다. 또한 이 구간에서 사상이 1회 일어날 확률을

$$\lambda_n h + o(h)$$

라 하자. 이때 포아송과정에서의 미분차분방정식에 대응하는 출생과정의 식은

$$P_0{}'(t) = -\lambda_0 P_0(t)$$
$$P_n{}'(t) = -\lambda_n P_n(t) + \lambda_{n-1} P_{n-1}(t) \quad (n \geq 1)$$

이 된다.

지금 출생과정에서 시점 0의 상태가 0부터 출발한다고 하면, 초기조건은

$$P_0(0) = 1,\ P_n(0) = 0 \quad (n \neq 0)$$

이다. 이 때

$$P_0(t) = e^{-\lambda_0 t}$$

를 얻는다. 또한

$$P_1(t) = e^{\lambda_1 t}\left[\int \lambda_0 e^{-\lambda_0 t} e^{\lambda_1 t} dt + C\right] = \frac{\lambda_0}{\lambda_1 - \lambda_0} e^{-\lambda_0 t} + Ce^{-\lambda_1 t}$$

에 있어서 $P_1(0) = 0$ 을 쓰면

$$C = -\frac{\lambda_0}{\lambda_1 - \lambda_0}$$

로 되어

$$P_1(t) = \frac{\lambda_0}{\lambda_1 - \lambda_0}(e^{-\lambda_0 t} - e^{-\lambda_1 t})$$

를 얻게 된다. 동일한 과정을 통해서

$$P_k(t) = \lambda_{k-1} e^{-\lambda_k t} \int_0^t e^{\lambda_k t} P_{k-1}(t) dt$$

를 구할 수 있다. 파라미터 $\{\lambda_k ; k = 0, 1, 2, \cdots\}$를 정하면 앞의 식을 써서 축차적으로 $P_k(t)$를 구할 수 있다.

3 출생사멸과정

출생과정은 방사성원소의 붕괴 등의 모델로서는 비교적 잘 맞아 들어가나, 생물체의 집단의 모델로서는 사망하는 것이 들어있지 않기 때문에 적용될 수 없다. 따라서 출생과 사망을 모두 생각해서 출생과정을 다시 일반화한 것이 출생사멸과정(birth and death process)이다.

출생사멸과정의 전제로서는 시점 t에서 상태가 n이었을 때 $(t, t+h)$ 사이에 상태 $(n+1)$로 옮기는 추이확률을

$$\lambda_n h + o(h)$$

이라 하고, 상태 $(n-1)$로 옮기는 추이확률을

$$\mu_n h + o(h), \ \mu_n > 0 \quad (n \geq 1)$$

이라 하자. 또한 2개 이상의 상태변화가 일어나는 확률을 $o(h)$라 하자. 물론 $n \geq 0$이므로 상태 0으로부터 상태 1로만 옮겨진다. 이상의 전제하에서 시점 t에서 상태가 n이었을 때 시점 $(t+h)$에서도 그대로 있을 확률은

$$1 - \lambda_n h - \mu_n h + o(h)$$

이다.

출생사멸과정에서 상태확률 $P_n(t)$에 관한 미분차분방정식은 출생과정의 경우와 동일하게 유도될 수 있다. 시점 $(t+h)$에서 상태가 n인 경우의 가능성으로서 다음과 같은 경우가 생각된다.

(1) 시점 t에서 상태가 n이고, $(t, t+h)$ 사이에 변화가 일어나지 않는다.
(2) 시점 t에서 상태가 $(n-1)$이고, $(t, t+h)$ 사이에 하나 늘어난 상태가 n이 된다.
(3) 시점 t에서 상태가 $(n+1)$이고, $(t, t+h)$ 사이에 하나 줄어든 상태가 n이 된다.
(4) $(t, t+h)$ 사이에 2개 이상의 변화가 일어난 상태가 n이 된다.

이 4가지의 경우는 서로 배반적이며, 각 경우의 추이확률은

$$1-\lambda_n h-\mu_n h+o(h)$$
$$\lambda_{n-1}h+o(h)$$
$$\mu_{n+1}h+o(h)$$
$$o(h)$$

이다. 따라서

$$P_n(t+h)=(1-\lambda_n h-\mu_n h)P_n(t)+\lambda_{n-1}hP_{n-1}(t)+\mu_{n+1}hP_{n+1}(t)+o(h)$$

와 같은 관계를 얻을 수 있다. 이로부터

$$\frac{P_n(t+h)-P_n(t)}{h}=-(\lambda_n+\mu_n)P_n(t)+\lambda_{n-1}P_{n-1}(t)+\mu_{n+1}P_{n+1}(t)+\frac{o(h)}{h}$$

이 된다. 여기서 $h\to 0$ 이라 하면

$$P_n'(t)=-(\lambda_n+\mu_n)P_n(t)+\lambda_{n-1}P_{n-1}(t)+\mu_{n+1}P_{n+1}(t)$$

이 얻어진다. 단 이 관계는 $n\geq 1$ 인 때만 성립한다. $n=0$ 일 때는 0으로부터 줄어드는 경우는 없으므로

$$P_0'(t)=-\lambda_0 P_0(t)+\mu_1 P_1(t)$$

가 된다.

초기조건으로서는 최초의 상태가 i 이면

$$P_i(0)=1,\ P_n(0)=0 \quad (n\neq i)$$

이다. 생물체의 집단에서는 무로부터 유가 생길 수는 없으므로 $\lambda_0=0$ 으로 생각한다. 이것은 상태가 0이 흡수적인 것을 나타내고 있다. 이 때

$$P_0'(t)=\mu_1 P_1(t)\geq 0$$

이므로 $P_0'(t)$ 는 t 와 같이 단조증가하고 극한의 흡수확률이 $P_0(\infty)$ 로서 주어진다.

출생과정에서는 미분차분방정식을 순차적으로 풀어나가서 모든 상태확률 $P_n(t)$ 를 구할 수 있었다. 그런데 출생사멸과정에서는 순차적으로 풀어 나갈 수가 없다. 그것은 $P_n(t)$ 에 관한 식에 $P_{n+1}(t)$ 가 관계되어 있기 때문이다. 그러므로 출생사멸과정에서는 모든 상태확률을 동시에 구해야 하는데 이것은 일반적으로 극히 곤란하다. 가장 간단

한 경우로서 상태가 0과 1인 2개의 경우를 생각해 보자. 이 때 미분차분 방정식은

$$P_0'(t) = -\lambda_0 P_0(t) + \mu_1 P_1(t)$$
$$P_1'(t) = -\mu_1 P_1(t) + \lambda_0 P_0(t)$$

와 같다. 그런데

$$P_0(t) + P_1(t) = 1$$

이므로

$$P_0'(t) + P_1'(t) = 0$$

이고, 위의 2개의 방정식은 결국 단 하나의 식

$$P_0'(t) = -(\lambda_0 + \mu_1)P_0(t) + \mu_1$$

이 된다. 이것을 풀면

$$P_0(t) = \frac{\mu_1}{\lambda_0 + \mu_1} + Ce^{-(\lambda_0 + \mu_1)t}$$

와 같이 되어

$$P_1(t) = \frac{\lambda_0}{\lambda_0 + \mu_1} - Ce^{-(\lambda_0 + \mu_1)t}$$

를 얻게 된다. 초기상태가 0일 때는

$$P_0(t) = \frac{\mu_1}{\lambda_0 + \mu_1} + \frac{\lambda_0}{\lambda_0 + \mu_1}e^{-(\lambda_0 + \mu_1)t}$$
$$P_1(t) = \frac{\lambda_0}{\lambda_0 + \mu_1} - \frac{\lambda_0}{\lambda_0 + \mu_1}e^{-(\lambda_0 + \mu_1)t}$$

이고 초기상태가 1일 때는

$$P_0(t) = \frac{\mu_1}{\lambda_0 + \mu_1} - \frac{\mu_1}{\lambda_0 + \mu_1}e^{-(\lambda_0 + \mu_1)t}$$
$$P_1(t) = \frac{\lambda_0}{\lambda_0 + \mu_1} + \frac{\mu_1}{\lambda_0 + \mu_1}e^{-(\lambda_0 + \mu_1)t}$$

가 된다. 이때 $t \to \infty$ 로 두면 초기상태와는 무관하게

$$P_0(t) \to \frac{\mu_1}{\lambda_0 + \mu_1}, \quad P_1(t) \to \frac{\lambda_0}{\lambda_0 + \mu_1}$$

이 되는 것을 알 수 있다.

일반적으로 초기상태와 무관하게

$$\lim_{t \to \infty} P_n(t) = p_n$$

가 존재하고, $\{p_n\}$ 이 확률분포일 때 이것을 평형상태(equilibrium)에서의 상태확률이라 하며, p_n 을 정상해라고도 부른다. 이에 대해서 시점에 관계한 상태확률 $P_n(t)$ 를 추이해라 한다.

$\{p_n\}$ 을 정상해라고 부르는 것은 시간적으로 정상인 불연속 마르코프과정에 관한 채프만-콜모고로프(Chapman-Kolmogorov)의 방정식

$$P_{ij}(t+s) = \sum_{k=0}^{\infty} P_{ik}(t) P_{kj}(s)$$

에 있어서 $t \to \infty$ 라 했을 때

$$\lim_{t \to \infty} P_{ij}(t) = p_j$$

라 하면

$$p_j = \sum_{k=0}^{\infty} p_k P_{kj}(s)$$

로 되어, 마르코프체인에서의 정상분포에 해당하는 조건을 만족하기 때문이다.

출생사멸과정에서 평행상태의 확률

$$\lim_{t \to \infty} P_n(t) = p_n$$

가 존재하는 것이 증명된다. 이를 증명하기 위해서는 상태가 2개인 경우에 바로 $P_n(t)$ 의 형태를 구하고 그 극한을 갖고 하는 방법과 에르고딕(ergodic)이론에 의한 방법이 있으나 여기서는 생략한다.

연 습 문 제 2

2.1 어느 식당을 찾는 고객의 수는 비정상 포아송과정에 따른다. 오전 10시에 개점 ($t=0$ 시)하여 오후 4시에 폐점 ($t=6$ 시) 하기까지의 도착률(강도함수)이

$$\lambda(t)=\begin{cases} 12t & (0\le t\le 2) \\ 24 & (2\le t\le 3) \\ 48-8t & (3\le t\le 6) \end{cases}$$

로 주어질 때

(1) 개점에서 폐점까지 사이에 찾아오는 고객의 수의 평균 및 분산을 구하라.

(2) $t=2$ 에서 $t=3$ 까지 사이에 찾아오는 고객의 수의 평균을 구하라.

(3) 폐점 1시간 전 사이에 찾아오는 고객의 수의 평균을 구하라.

2.2 포아송과정에서 $X(t)=1$ 이 알려져 있을 때 처음으로 사상이 일어나기까지의 시간 T_1 의 분포는 어떠한가?

2.3 어떤 주유소에 찾아오는 자동차는 1시간에 10대 꼴인 포아송과정을 따른다.

(1) 오전 9시에 개점하여 오후 6시에 폐점한다고 할 때 이 주유소에 찾아오는 자동차의 평균대수와 분산을 구하라.

(2) 30분 사이에 1대의 자동차도 찾아오지 않을 확률을 구하라.

2.4 시점 t 를 고정하였을 때 그 시점 이전에서 사상이 일어난 시점을 $L(t)$ 로 표시하고, t 이후에 다음 사상이 일어난 시점을 $R(t)$ 로 표시하자. 이 때 $L(t)$ 와 $R(t)$ 의 분포는

$$P(L(t)<l)=P[X(t)-X(l)=0 \mid X(t)\ge 1]$$

$$=\frac{1-e^{-\lambda l}}{1-e^{-\lambda t}}e^{-\lambda(t-l)} \quad (0<l<t)$$

$$P(R(t)\ge r)=P[X(r)-X(t)=0]=e^{-\lambda(r-t)} \quad (r>t)$$

와 같고, 결합분포는

$$P(L(t)<l\,,\ R(t)\geq r)=\frac{1-e^{-\lambda l}}{1-e^{-\lambda t}}e^{-\lambda(r-l)}\quad (0<l<t<r)$$

이 된다. 그리고 $L(t)$ 와 $R(t)$ 를 그림으로 나타내면 다음과 같다.

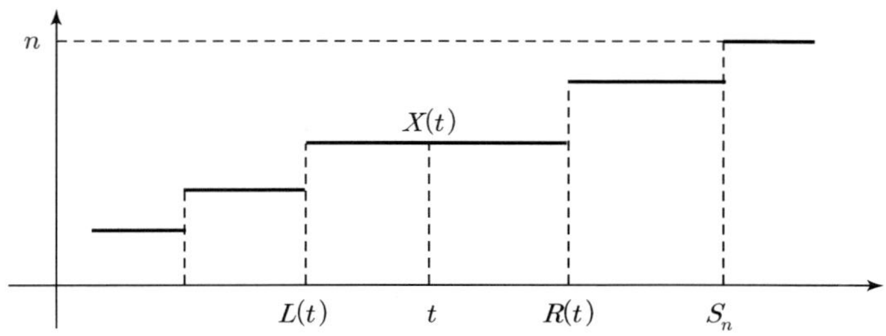

또한 $L(t)$, $R(t)$, $X(t)$ 의 결합분포는

$$\begin{aligned} P(L(t)<l,\ X(t)=n,\ R(t)\geq r) &= P(X(l)=n,\ X(r)-X(l)=0) \\ &= \frac{(\lambda l)^n}{n!}e^{-\lambda r}\quad (0<l<t<r) \end{aligned}$$

와 같이 된다. $X(t_0)=n$, $X(t_1)=m$, $1\leq n<m$ 이 알려졌을 때

$$0<t_0\leq l<t<r\leq t_1$$

으로 두고 $L(t)$ 와 $R(t)$ 의 결합분포를 구하라.

2.5 고속도로의 어떤 톨게이트를 통과하는 자동차의 시간간격은 평균 30초의 지수분포에 따른다. 1분 사이에 2대 이상의 자동차가 통과할 확률을 구하라.

2.6 초기상태를 i 로 두고 사멸과정(pure death process)의 미분차분방정식을 유도하라. 단 상태가 n 일 때 사망률을 μ_n 으로 둔다.

2.7 단위 시간 내에 어떤 사상이 일어나는 평균수 λ 와 소멸하는 평균수 μ 가 각각 일정한 값을 취할 때 $P_0(t)$ 를 구하라.

2.8 생물체의 집단에서 총수가 N_1 과 $N_2\,(N_1<N_2)$ 사이에서 변동한다. 이 때 출생율과 사망률이

$$\lambda_n = \lambda n(N_2 - n),\ \mu_n = \mu n(n - N_1)$$

과 같다. 이것을 로지스틱(Logistic) 과정이라 한다. 이 과정의 정상해

$$p_{N_1+n}\ (n = 0, 1, \cdots, N_2 - N_1)$$

을 p_{N_1} 으로 나타내라.

3장 마르코프체인

이 장에서는 시점도 상태공간도 다 같이 이산적인 마르코프과정인 마르코프체인에 관한 논의를 본격적으로 하여 보기로 한다.

3.1 마르코프체인

마르코프체인은 확률과정 $\{X(t), t \geq 0\}$이 있을 때 임의의 시점 $t_1 < t_2 < \cdots < t_n < t$에 대하여 조건부확률

$$P(X(t)=x \mid X(t_1)=x_1, \cdots, X(t_n)=x_n) = P(X(t)=x \mid X(t_n)=x_n) \qquad (3.1)$$

이 성립하면 확률과정 $\{X(t)\}$를 마르코프과정이라 하고 이 때 시간 파라미터 t와 상태공간이 이산적인 것이 마르코프체인이다.

식(3.1)은 현재의 상태를 알면 과거의 이력에 관계하지 않고 미래의 확률분포를 알 수 있음을 의미하고 있다. 마르코프체인은 상태들의 집합인 상태공간이 정의된다. 이 과정은 주어진 시점에서 이들 상태 가운데 단 하나의 상태를 취하고 그 상태에서 다른 상태로 계속 이동한다. 각 이동을 단계(step)라 한다.

예를 들면 제 n일 날씨가 맑으면 $X_n = 1$, 흐리면 $X_n = 2$, 비가 내리면 $X_n = 3$, 눈이 내리면 $X_n = 4$라 할 때 매일의 날씨계열은 하나의 마르코프과정을 이룬다. 이 경우 상태공간은 $S = \{1, 2, 3, 4\}$이다.

예제 3.1

3개의 주사위가 있다. 이 3개의 주사위를 동시에 던져서 6의 눈이 하나도 나오지 않으면 다시 3개의 주사위를 던지고 만일 6의 눈이 나왔으면 6의 눈이 나온 주사위를 제외

한 나머지 주사위만 던진다. 이와 같은 과정을 계속하여 주사위가 모두 없어지면 끝이다.

| 풀이 | (1) 확률과정 : 각 회마다 던지는 주사위의 개수에 주목한다. 시점의 집합을

$$T=\{0,1,2,3,\cdots\}$$

로 두고 시점 t 에서 던지는 주사위의 개수를 $X(t)$ 라 하면

$$\{X(t) \mid t=0,1,2,\cdots\}$$

와 같은 확률과정을 생각할 수 있다.

(2) $X(t)$ 의 분포 : 주사위의 개수는 3, 2, 1, 0 중 어느 것이기 때문에 시점 t 에 있어 $X(t)$ 의 상태는 4개의 정수 3, 2, 1, 0 중 어느 것이 된다. 최초에 3개의 주사위가 주어져 있기 때문에 $t=0$ 에서 이 확률과정의 상태는 3이다. 이것은 확률변수 $X(0)$ 의 분포가 다음과 같음을 의미한다.

$$P(X(0)=0)=P(X(0)=1)=P(X(0)=2)=0,\, P(X(0)=3)=1$$

다음 확률변수 $X(1)$ 및 $X(2)$ 의 분포를 구하여 보자. 먼저 시점 t 에서 i 개의 주사위가 있다고 할 때 시점 $t+1$ 에서 j 개의 주사위가 남아 있을 확률을 구해보자. 알기 쉽게 이 계산을 〈표 3.1〉로 나타냈다.

〈표 3.1〉 $X(1)$ 의 확률분포

시점 t 에서 상태 i	시점 $t+1$ 에서 상태 j	확률
3	3	$\binom{3}{0}\left(\frac{5}{6}\right)^3=\frac{125}{216}$
3	2	$\binom{3}{1}\left(\frac{1}{6}\right)\left(\frac{5}{6}\right)^2=\frac{75}{216}$
3	1	$\binom{3}{2}\left(\frac{1}{6}\right)^2\left(\frac{5}{6}\right)=\frac{15}{216}$
3	0	$\binom{3}{3}\left(\frac{1}{6}\right)^3=\frac{1}{216}$
2	2	$\binom{2}{0}\left(\frac{5}{6}\right)^2=\frac{25}{36}$
2	1	$\binom{2}{1}\left(\frac{1}{6}\right)\left(\frac{5}{6}\right)=\frac{10}{36}$
2	0	$\binom{2}{2}\left(\frac{1}{6}\right)^2=\frac{1}{36}$
1	1	$\binom{1}{0}\left(\frac{5}{6}\right)=\frac{5}{6}$
1	0	$\binom{1}{1}\left(\frac{1}{6}\right)=\frac{1}{6}$
0	0	1

〈표 3.1〉에서 □ 내에 있는 수는 주사위의 개수로서 상태이다.

최초에 3개의 주사위가 있기 때문에 확률변수 $X(1)$ 의 분포는 〈표 3.1〉의 처음 4행에 나타난 것과 같다. 즉

$$P(X(1)=3)=\frac{125}{216}=0.5787$$

$$P(X(1)=2)=\frac{75}{216}=0.3472$$

$$P(X(1)=1)=\frac{15}{216}=0.0694$$

$$P(X(1)=0)=\frac{1}{216}=0.0046$$

확률변수 $X(2)$ 의 분포를 구하려면 〈표 3.1〉로부터 다음의 〈표 3.2〉를 만들어 생각하는 것이 알기 쉽다.

〈표 3.2〉 $X(2)$ 의 확률계산

$t=0$		$t=1$		$t=2$	확률
3	$\frac{125}{216}$	3	$\frac{125}{216}$	3	$\left(\frac{125}{216}\right)^2=\frac{15,625}{46,656}$
3	$\frac{125}{216}$	3	$\frac{75}{216}$	2	
	$\frac{75}{216}$	2	$\frac{25}{36}$	2	$\frac{125}{216}\times\frac{75}{216}+\frac{75}{216}\times\frac{25}{36}=\frac{20,625}{46,656}$
3	$\frac{125}{216}$	3	$\frac{15}{216}$	1	
	$\frac{75}{216}$	2	$\frac{10}{36}$	1	$\frac{125}{216}\times\frac{15}{216}+\frac{75}{216}\times\frac{10}{36}+\frac{15}{216}\times\frac{5}{6}$
	$\frac{15}{216}$	1	$\frac{5}{6}$	1	$=\frac{9,075}{46,656}$
3	$\frac{125}{216}$	3	$\frac{1}{216}$	0	
	$\frac{75}{216}$	2	$\frac{1}{36}$	0	
	$\frac{15}{216}$	1	$\frac{1}{6}$	0	$\frac{125}{216}\times\frac{1}{216}+\frac{75}{216}\times\frac{1}{36}+\frac{15}{216}\times\frac{1}{6}$
	$\frac{1}{216}$	0	1	0	$+\frac{1}{216}\times 1=\frac{1,331}{46,656}$

〈표 3.2〉로부터 확률변수 $X(2)$ 의 분포는 다음과 같다.

$$P(X(2)=3)=\frac{15,625}{46,656}=0.3349$$

$$P(X(2)=2)=\frac{20,625}{46,656}=0.4421$$

$$P(X(2)=1)=\frac{9{,}075}{46{,}656}=0.1945$$

$$P(X(2)=0)=\frac{1{,}331}{46{,}656}=0.0285$$

이상의 $X(0), X(1), X(2)$ 의 확률분포를 종합하면 〈표 3.3〉과 같다.

〈표 3.3〉 $X(t)=i \quad (t=0,1,2)$ 의 분포

i	0	1	2	3
$P(X(0)=i)$	0	0	0	1
$P(X(1)=i)$	0.0046	0.0694	0.3472	0.5787
$P(X(2)=i)$	0.0285	0.1945	0.4421	0.3349

동일하게 $X(3), X(4), \cdots$ 의 확률분포를 구할 수 있으나 계산이 복잡하다.

(3) 조건부분포 : 최초 즉 $t=0$ 일 때 3개의 주사위를 던져서 6의 눈이 2개 나왔다고 가정하자. 이 경우에 $t=1$ 에서 던지는 주사위는 1개이다. 그 1개의 주사위를 던져서 6의 눈이 나올 확률은 $\frac{1}{6}$, 6의 눈이 나오지 않을 확률은 $\frac{5}{6}$ 이므로 $t=2$ 에서 상태가 $\boxed{0}$이 될 확률은 $\frac{1}{6}$ 이고 상태가 $\boxed{1}$이 될 확률은 $\frac{5}{6}$ 이다. 즉

$$P(X(2)=0 \mid X(1)=1)=\frac{1}{6},\ P(X(2)=1 \mid X(1)=1)=\frac{5}{6}$$

이고

$$P(X(2)=2 \mid X(1)=1)=0,\ P(X(2)=3 \mid X(1)=1)=0$$

이다. 예를 들어

$$P(X(2)=1)=0.1945$$

는 $t=0$ 에서 3개였던 주사위가 $t=2$ 에서 1개가 되는 확률이니까 조건부확률 $P(X(2)=1 \mid X(0)=3)$ 과 같다. 자세히 설명하면 곱셈정리에 의하여

$$P(X(2)=1)=P(X(0)=3, X(2)=1)=P(X(0)=3)P(X(2)=1 \mid X(0)=3)$$

이 되고 $P(X(0)=3)=1$ 이므로

$$P(X(2)=1)=P(X(2)=1 \mid X(0)=3)$$

이 된다. 만일 3개의 동전을 동시에 던져서 나타난 앞면의 개수와 같은 개수의 주사위를 최초에 사용한다고 하면

$$P(X(0)=0)=\frac{1}{8},\ P(X(0)=1)=\frac{3}{8},\ P(X(0)=2)=\frac{3}{8},\ \ P(X(0)=3)=\frac{1}{8}$$

과 같으므로

$$\begin{aligned} P(X(2)=1) &= P(X(0)=0, X(2)=1)+P(X(0)=1, X(2)=1) \\ &\quad + P(X(0)=2, X(2)=1)+P(X(0)=3, X(2)=1) \\ &= P(X(0)=0)P(X(2)=1 \mid X(0)=0) \\ &\quad + P(X(0)=1)P(X(2)=1 \mid X(0)=1) \\ &\quad + P(X(0)=2)P(X(2)=1 \mid X(0)=2) \\ &\quad + P(X(0)=3)P(X(2)=1 \mid X(0)=3) \\ &= \frac{1}{8}\times 0+\frac{3}{8}\times\frac{25}{36}+\frac{3}{8}\times\frac{550}{1,296}+\frac{1}{8}\times\frac{9,075}{46,656} \\ &= 0.4439 \end{aligned}$$

이다. 결국 $t=0$ 에서 상태가 ③이 된다고 하는 것, 즉 $X(0)=3$ 이 처음부터 주어져 있으니까 $X(0)$ 이 3 이외의 값을 취하는 경우를 생각할 필요가 없는 것이다. 예를 들면

$$\begin{aligned} P(X(2)=1) &= P(X(1)=3, X(2)=1)+P(X(1)=2, X(2)=1) \\ &\quad + P(X(1)=1, X(2)=1) \\ &= P(X(1)=3)P(X(2)=1 \mid X(1)=3) \\ &\quad + P(X(1)=2)P(X(2)=1 \mid X(1)=2) \\ &\quad + P(X(1)=1)P(X(2)=1 \mid X(1)=1) \\ &= \frac{125}{216}\times\frac{15}{216}+\frac{75}{216}\times\frac{10}{36}+\frac{15}{216}\times\frac{5}{6} \\ &= 0.1945 \end{aligned}$$

이고 이것은

$$P(X(2)=1 \mid X(1)=1)=\frac{5}{6}=0.8333$$

과 다르다. 따라서

$$P(X(2)=1) \neq P(X(2)=1 \mid X(1)=1)$$

이므로 2개의 확률변수 $X(1)$ 과 $X(2)$ 는 서로 종속이다. 결국 $t_1 \neq t_2$ 이면 $X(t_1)$ 과 $X(t_2)$ 는 서로 독립이 아니다. 그러므로 이 예에서의 확률과정은 독립과정이 아니다.

(4) 마르코프과정 : 지금 시점 t_1 에서 상태가 ②로 되었다 하자. 즉 시점 t_1 에서 제거되어 남아

있는 주사위의 개수가 2개인 경우이다. 이것은 확률변수 $X(t_1)$ 의 분포가 〈표 3.4〉와 같은 것을 의미한다.

〈표 3.4〉 $X(t_1)$ 의 분포

i	0	1	2
$P(X(t_1)=i)$	0	0	1

이와 같이 하게 되면 $t_1 < t$ 인 임의의 시점 t 에서 확률변수 $X(t)$ 의 분포는 결정된다. 이 사실은 시점 t_1 을 이동해서 시점의 원점으로 하고 그때부터 관측하여 나간다고 하면 되는 것이다. 이 경우 시점 t_1 에서 남아있는 주사위의 개수가 2개라고 하는 사실만이 중요한 것이지 시점 t_1 이전에 어떠한 상태를 거쳐서 주사위가 2개가 남아 있는가를 생각할 필요가 없는 것이다.

이와 같이 어떤 확률과정 $\{X(t)\}$ 가 $t_1 < t_2$ 와 같은 2개의 시점 t_1, t_2 가 주어질 때 $t = t_1$ 에서의 상태 즉 $X(t_1)$ 의 실현값만에 의해서 확률변수 $X(t_2)$ 의 분포가 정해지고 시점 t_1 보다 이전의 이력에는 무관한 경우 확률과정 $\{X(t)\}$ 를 마르코프과정이라 한다. 독립시행도 마르코프과정의 일종이다.

(5) 마르코프체인 : 마르코프과정 $\{X(t)\}$ 가 주어질 때 $X(t)$ 가 취하는 값 즉 상태(state)의 집합을 상태공간이라 하였다. 이 경우 상태공간 S 는 다음과 같다.

$$S = \{0, 1, 2, 3\}$$

이와 같이 상태공간이 정수의 집합인 마르코프과정을 마르코프체인이라 한다.

3.2 정상과정

앞의 [예제 3.1]에서 취급한 확률과정은 다음과 같은 성질을 갖고 있다. 2개의 시점 t_1, t_2 $(t_1 < t_2)$ 및 2개의 상태 i, j 가 임의로 주어졌을 때 조건부확률

$$P(X(t_2) = j \mid X(t_1) = i)$$

는 t_1 과 t_2 의 차 $(t_2 - t_1)$ 및 i, j 에 의해서 정해진다. 이것은 $t_2 - t_1 = m$ 으로 두면 주어진 i, j 에 대해서

$$P(X(t+m) = j \mid X(t) = i) \tag{3.2}$$

는 모든 t 에 대해서 같다.

또한 식(3.2)에서 $t=0$으로 두면 $P(X(m)=j \mid X(0)=i)$이므로 임의의 i, j, m에 대해서

$$P(X(t+m)=j \mid X(t)=i)=P(X(m)=j \mid X(0)=i) \tag{3.3}$$

인 관계식이 모든 t에 대해서 성립한다.

[예제 3.1]에서 취급한 확률과정이 위의 식을 만족하는 것은 그 정의로부터 분명하다. 예를 들면 〈표 3.1〉로부터

$$P(X(t+1)=3 \mid X(t)=3)=\frac{125}{216} \quad (i=j=3,\ m=1)$$

$$P(X(t+1)=2 \mid X(t)=3)=\frac{75}{216} \quad (i=3, j=2, m=1)$$

인 관계를 알 수 있는데 이들 식은 t의 어떠한 값에 관계없이 성립한다.

정의 3.1 임의로 주어진 i, j, m에 대해서

$$P(X(t+m)=j \mid X(t)=i)=P(X(m)=j \mid X(0)=i)$$

이 모든 t에 대해서 성립할 때 확률과정 $\{X(t)\}$를 정상(stationary)이라 한다.

독립시행은 정상과정의 일종이다.

어떤 확률과정이 정상이라고 하는 것은 시점 t_1과 그때의 상태 $\boxed{i}$가 정해졌을 때 t_1 이후의 확률과정은 t_1의 값에는 관계없이 $\boxed{i}$만에 의해서 결정되는 것을 의미하고 있다. 반면에 정상이 아니라고 하는 것은 t_1의 값 및 $\boxed{i}$의 값에 관계되는 것이다.

[예제 3.1]에서는 상태공간 S가 유한집합인 경우였으나, S가 꼭 유한집합에 한정되는 것은 아니다.

예제 3.2

수직선상을 이동하는 동점 M이 있다. $t=0$일 때 M이 직선상의 원점에 있고 $t=1, 2, 3, \cdots$에 따라 확률 p로 오른쪽으로 1만큼 이동하거나 또는 확률 q로 그 위치에 머물러 있다고 한다. $(p+q=1,\ p, q \geq 0)$.

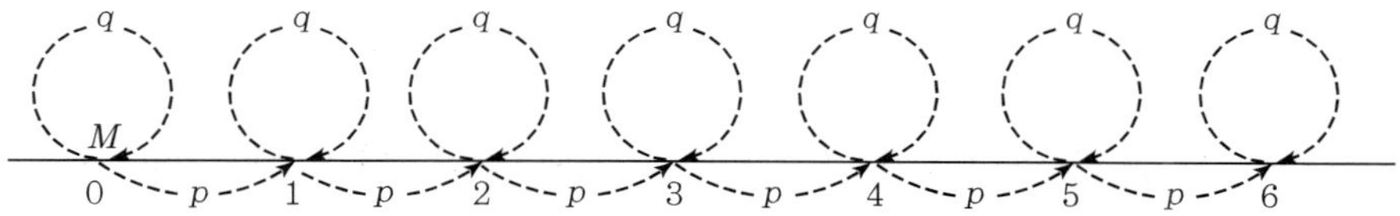

〈그림 3.1〉 임의보행

이와 같이 어떤 동점이 각 시점에서 어떤 확률법칙에 따라 이동할 때 이 운동을 임의보행(random walk)이라 한다. 마르코프체인은 임의보행으로 표시되는 것이 많다.

동점 M의 시점 t에서의 위치는 그 좌표로 나타낼 수 있다. 동점 M의 위치를 나타내는 확률변수를 $X(t)$로 나타내면

$$\{X(t) \mid t=0,1,2,\cdots\}$$

는 하나의 확률과정이다. $X(t)$의 확률분포를 구하라.

| 풀이 | 동점 M은 $t=0$에서 원점에 있기 때문에 확률변수 $X(0)$의 분포는 다음과 같다.

$$P(X(0)=0)=1,\ P(X(0)=k)=0 \quad (k=1,2,3,\cdots)$$

그리고 $X(1), X(2), \cdots$ 의 확률분포를 구하려면 〈그림 3.2〉와 같은 수형도(tree diagram)를 이용하는 것이 좋다.

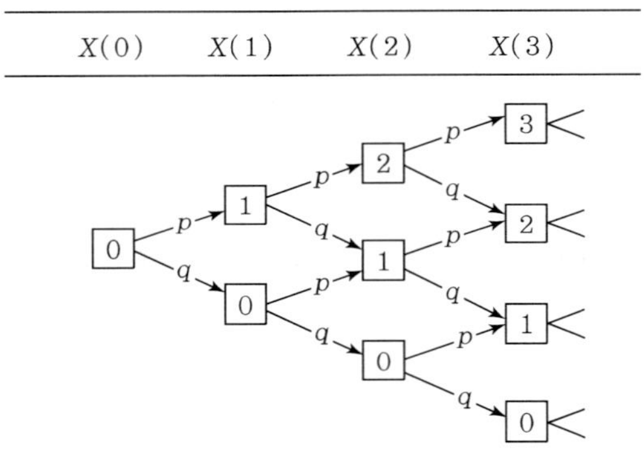

〈그림 3.2〉 수형도

이들 분포를 표로 정리하면 다음 〈표 3.5〉와 같다.

〈표 3.5〉 $X(t)=k$의 확률분포

k	0	1	2	3	4	5	$\cdots$
$P(X(0)=k)$	1	0	0	0	0	0	$\cdots$
$P(X(1)=k)$	q	p	0	0	0	0	$\cdots$
$P(X(2)=k)$	q^2	$2pq$	p^2	0	0	0	$\cdots$
$P(X(3)=k)$	q^3	$3pq^2$	$3p^2q$	p^3	0	0	$\cdots$
$\vdots$	$\cdots$	$\cdots$	$\cdots$	$\cdots$	$\cdots$	$\cdots$	$\cdots$

$t=m$일 때 $X(m)=k\,(0\le k\le m)$인 것은 +1 만큼의 이동이 k회, 이동하지 않는 것이 $(m-k)$회 있는 경우이므로

$$P(X(m)=k)=\begin{cases}\binom{m}{k}p^k q^{m-k} & (0\le k\le m)\\ 0 & (k<0, m<k)\end{cases}$$

이고 3개의 자연수 i, j, m 이 주어졌을 때

$$j-i=k$$

로 두면 동점 M의 이동조건으로부터

$$P(X(t+m)=j \mid X(t)=i)=\begin{cases}\binom{m}{k}p^k q^{m-k} & (0\le k\le m)\\ 0 & (k<0, m<k)\end{cases}$$

이 분명하게 성립한다. 이 식은 t의 값에 관계없이 성립하므로 여기서 확률과정 $\{X(t)\}$는 정상과정이다. 즉 임의보행은 정상 마르코프체인이다.

3.3 추이확률행렬

지금부터 취급하는 마르코프체인은 다음 조건들을 만족하는 것으로 한다.

[1] 시점의 집합은 다음과 같이 둔다.

$$T=\{0, 1, 2, \cdots\}$$

[2] 상태공간은 유한집합으로 다음과 같이 정한다.

$$S=\{1, 2, \cdots, n\}$$

[3] 정상이다. 즉 임의로 주어진 자연수 i, j, m 에 대해서

$$P(X(t+m)=j \mid X(t)=i)$$

는 시점 t에 무관하다.

이상과 같은 조건을 만족하는 마르코프체인은 상태공간 S의 원소 사이를 이동하는 어떤 동점이 확률법칙에 따라서 움직인다고 볼 수 있으므로 임의보행으로 보는 것이다.

먼저 위의 조건 [3]으로부터 시점 t에서 상태가 $\boxed{i}$라고 하는 조건 하에서 시점 $(t+m)$

에서 상태가 j로 되는 조건부확률은 시점 t 에 무관하므로 이것을

$$p_{ij}(m) = P(X(t+m) = j \mid X(t) = i)$$

로 나타내고

[m 단계에서 i로부터 j로 가는 확률]

또는

[m 단계의 추이확률]

이라 한다. 특히 $m = 1$ 인 경우의 $p_{ij}(1)$ 을 간단히

[i 로부터 j 로의 추이확률]

이라 하고 p_{ij} 로 다음과 같이 나타낸다.

$$p_{ij} = p_{ij}(1) = P(X(t+1) = j \mid X(t) = i)$$

그리고 시점 t 에서 상태가 i로 되는 확률을 $p_i(t)$ 로 나타내면

$$p_i(t) = P(X(t) = i)$$

이다.

마르코프체인을 논할 때 이상의 설명을 벡터나 행렬로 나타내는 것이 편리하다.

m 단계의 추이확률 $p_{ij}(m)$ 을 요소로 하는 행렬

$$\boldsymbol{P}(m) = \begin{pmatrix} p_{11}(m) & p_{12}(m) & \cdots & p_{1n}(m) \\ p_{21}(m) & p_{22}(m) & \cdots & p_{2n}(m) \\ \cdots & \cdots & \cdots & \cdots \\ p_{n1}(m) & p_{n2}(m) & \cdots & p_{nn}(m) \end{pmatrix}$$

을 m 단계의 추이확률행렬(transition probability matrix)이라 하고 이것을 간단히 다음과 같이 표시한다.

$$\boldsymbol{P}(m) = (p_{ij}(m))$$

특히 $m = 1$ 일 때 $\boldsymbol{P}$ 로 다음과 같이 나타내고 간단히 추이확률행렬이라 한다.

$$\boldsymbol{P} = \boldsymbol{P}(1) = (p_{ij})$$

시점 t 에서 상태가 $\boxed{i}$로 되는 확률 $p_i(t)$ 를 요소로 하는 벡터

$$\pi(t) = (p_1(t), p_2(t), \cdots, p_n(t))$$

를 시점 t 에서 상태확률벡터(state probability vector)라 한다. 이것은 확률변수 $X(t)$ 의 분포를 벡터로 나타낸 것이다. 이 때 $\pi(0)$ 을 초기확률벡터라 한다.

어떤 시점에서 상태가 $\boxed{i}$일 때 그로부터 m 단계 후에는 $\boxed{1} \sim \boxed{n}$ 중 어느 상태로 이동하니까 다음이 만족된다.

$$\begin{cases} p_{i1}(m) + p_{i2}(m) + \cdots + p_{in}(m) = 1 & (i = 1, 2, \cdots, n) \\ p_{ij}(m) \geq 0 & (j = 1, 2, \cdots, n) \end{cases} \tag{3.4}$$

이 사실은 행렬 $\boldsymbol{P}(m)$ 의 각 요소를 음수가 아니고, 각 행의 요소의 합은 1인 것을 의미한다.

동일하게

$$\begin{cases} p_1(t) + p_2(t) + \cdots + p_n(t) = 1 \\ p_i(t) \geq 0 \quad (i = 1, 2, \cdots, n) \end{cases} \tag{3.5}$$

이 만족되는 것을 쉽게 알 수 있다.

벡터 $\pi(t)$ 와 같이 각 요소가 음수가 아니고 그들의 합이 1인 벡터를 일반적으로 확률벡터(stochastic vector)라 한다. 행렬 $\boldsymbol{P}(m)$ 의 모든 행은 확률벡터로 되어 있다. 이와 같은 행렬을 확률행렬(stochastic matrix)이라 한다.

예제 3.3

어떤 해의 농작물이 풍작일 때 그 다음 해도 풍작일 확률은 0.8이고 흉작일 때 다음 해가 또 흉작일 확률은 0.1이라 한다. 올해 풍작이 들었다면 1년 후, 2년 후, 3년 후에도 풍작이 될 확률과 흉작이 될 확률을 구하라.

| 풀이 | 풍작이라고 하는 상태를 $\boxed{1}$, 흉작이라고 하는 상태를 $\boxed{2}$로 나타내면 상태공간은 $S = \{1, 2\}$ 와 같다. 주어진 조건은 〈그림 3.3〉과 같으므로 〈그림 3.4〉와 같은 추이도식을 작성할 수 있다.

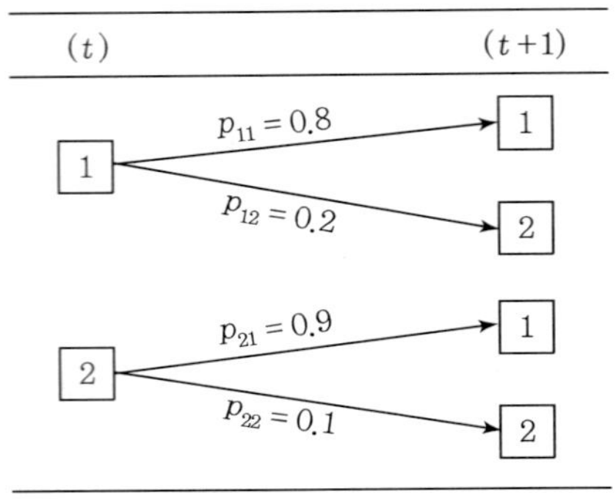

〈그림 3.3〉 수형도

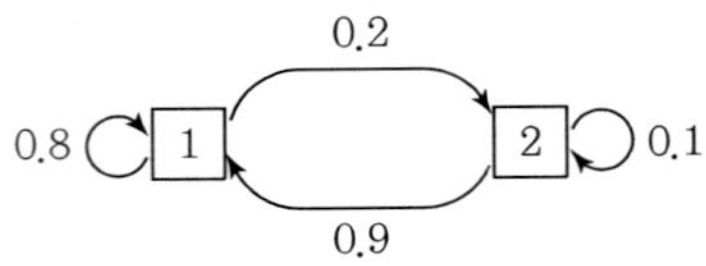

〈그림 3.4〉 추이도식

그리고 추이확률행렬은 다음과 같다.

$$\boldsymbol{P}=\begin{pmatrix}0.8 & 0.2\\ 0.9 & 0.1\end{pmatrix}$$

올해 풍작이 들었으므로 초기 확률벡터는 다음과 같다.

$$\pi(0)=(p_1(0),p_2(0))=(1,0)$$

1, 2, 3년 후에 풍작일 확률과 흉작일 확률은 각각 다음과 같은 상태확률벡터의 요소로서 표시된다.

$$\begin{aligned} & \qquad\qquad\quad\ \boxed{1} \qquad \boxed{2} \\ t=1\ ;\ & \pi(1)=(p_1(1),p_2(1)) \\ t=2\ ;\ & \pi(2)=(p_1(2),p_2(2)) \\ t=3\ ;\ & \pi(3)=(p_1(3),p_2(3)) \end{aligned}$$

요소의 값들을 구하기 위하여

$$\begin{aligned} &\pi(t)=(p_1(t),p_2(t)) \\ &\pi(t+1)=(p_1(t+1),p_2(t+1)) \end{aligned}$$

이므로 이들 사이에 성립하는 관계를 유도한다.

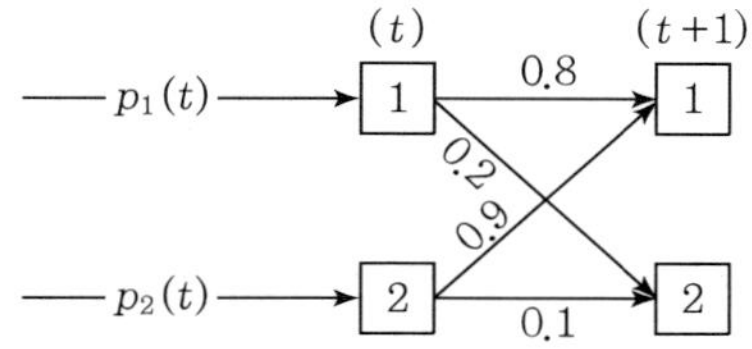

〈그림 3.5〉

〈그림 3.5〉에서 알 수 있듯이 다음 등식이 성립한다. 즉

$$p_1(t+1) = p_1(t) \times 0.8 + p_2(t) \times 0.9$$

$$p_2(t+1) = p_1(t) \times 0.2 + p_2(t) \times 0.1$$

이 된다. 여기서 이들 2개의 등식을 벡터와 행렬을 써서 나타내면 다음과 같다.

$$(p_1(t+1), p_2(t+1)) = (p_1(t), p_2(t))\begin{pmatrix} 0.8 & 0.2 \\ 0.9 & 0.1 \end{pmatrix}$$

결국

$$\boldsymbol{\pi}(t+1) = \boldsymbol{\pi}(t)\boldsymbol{P}$$

이므로

$$\boldsymbol{\pi}(1) = \boldsymbol{\pi}(0)\boldsymbol{P} = (1,0)\begin{pmatrix} 0.8 & 0.2 \\ 0.9 & 0.1 \end{pmatrix} = (0.8, 0.2)$$

$$\boldsymbol{\pi}(2) = \boldsymbol{\pi}(1)\boldsymbol{P} = (0.8,0.2)\begin{pmatrix} 0.8 & 0.2 \\ 0.9 & 0.1 \end{pmatrix} = (0.82, 0.18)$$

$$\boldsymbol{\pi}(3) = \boldsymbol{\pi}(2)\boldsymbol{P} = (0.82,0.18)\begin{pmatrix} 0.8 & 0.2 \\ 0.9 & 0.1 \end{pmatrix} = (0.818, 0.182)$$

이다.

다음 m 단계의 추이확률행렬 $\boldsymbol{P}(m)$ 의 성질에 대하여 알아보기 위하여 먼저 어떤 시점에서 [i]상태에 있을 때 그로부터 $(m+l)$ 단계 후에 [j]상태로 되는 확률을 생각하여 보자. m 단계 후에는 [1]~[n]중의 어느 상태로 되고 다시 l 단계 후에는 상태 [j]로 되므로 m 단계 후의 추이확률과 l 단계 후의 추이확률 사이의 관계를 다음 〈그림 3.6〉으로 나타낼 수 있다.

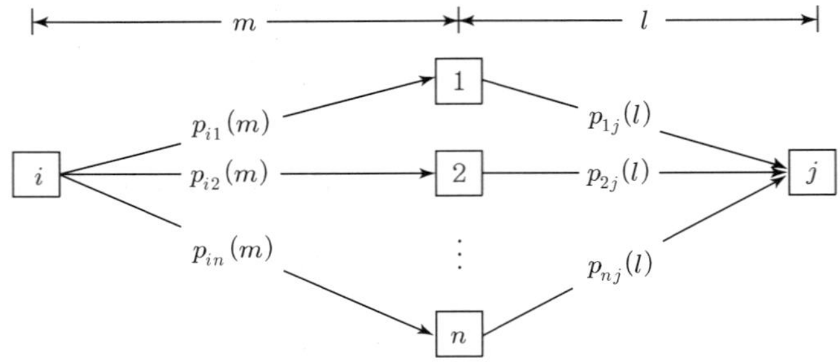

〈그림 3.6〉

〈그림 3.6〉으로부터 다음 등식이 성립함을 알 수 있다.

$$p_{ij}(m+l) = p_{i1}(m)p_{1j}(l) + p_{i2}(m)p_{2j}(l) + \cdots + p_{in}(m)p_{nj}(l) \quad (i, j = 1, 2, \cdots, n)$$

이 등식을 행렬로 나타내면 다음의 기본 관계식이 얻어진다.

[성질 1] $$\boldsymbol{P}(m+l) = \boldsymbol{P}(m)\boldsymbol{P}(l) \quad (3.6)$$

식(3.6)을 채프만-콜모고로프의 방정식이라고 한다.
식(3.6)에서 $l=1$로 두면 $\boldsymbol{P}(1) = \boldsymbol{P}$이므로

$$\boldsymbol{P}(m+1) = \boldsymbol{P}(m)\boldsymbol{P}$$

이 된다. 여기서 $m = 1, 2, 3, \cdots$ 으로 두면

$$\begin{aligned} \boldsymbol{P}(2) &= \boldsymbol{P}(1)\boldsymbol{P} = \boldsymbol{P}\boldsymbol{P} = \boldsymbol{P}^2 \\ \boldsymbol{P}(3) &= \boldsymbol{P}(2)\boldsymbol{P} = \boldsymbol{P}^2\boldsymbol{P} = \boldsymbol{P}^3 \\ \boldsymbol{P}(4) &= \boldsymbol{P}(3)\boldsymbol{P} = \boldsymbol{P}^3\boldsymbol{P} = \boldsymbol{P}^4 \\ &\cdots\cdots \end{aligned}$$

이 되므로 일반적으로 다음과 같은 성질을 얻게 된다.

[성질 2] $$\boldsymbol{P}(m) = \boldsymbol{P}^m \quad (3.7)$$

식(3.7)에서 $m=0$일 때를

$$\boldsymbol{P}(0) = \boldsymbol{P}^0 = \boldsymbol{I} \quad \text{(단위행렬)}$$

와 같이 약속한다. 이것은 0단계 후라고 하는 것을 현재로 생각하여, 현재 $\boxed{i}$ 상태이면

0단계 후에는 확률 1로서 $\boxed{i}$ 상태로 되고 $\boxed{i}$ 이외의 상태로 되는 확률은 0으로서

$$p_{ij}(0)=\begin{cases}1 & (i=j)\\ 0 & (i\neq j)\end{cases}$$

인 것을 의미한다.

다음 상태확률벡터

$$\pi(t)=(p_1(t), p_2(t), \cdots, p_n(t))$$

에 대해서 생각하여 보자. 시점 t에서 상태 $\boxed{1}$, $\boxed{2}$, …, $\boxed{n}$으로 되는 확률이 각각 $p_1(t), p_2(t), \cdots, p_n(t)$이고 다시 다음 단계에서 상태 $\boxed{j}$로 될 확률이 각각 $p_{1j}, p_{2j}, \cdots, p_{nj}$라 하면 다음 관계식이 성립한다.

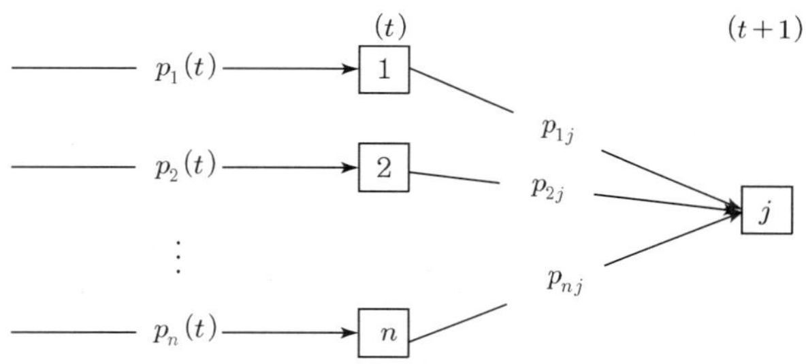

$$p_j(t+1)=p_1(t)p_{1j}+p_2(t)p_{2j}+\cdots+p_n(t)p_{nj}$$

이 등식을 벡터와 행렬로 나타내면 다음의 성질을 얻게 된다.

[성질 3] $$\pi(t+1)=\pi(t)\boldsymbol{P} \tag{3.8}$$

식(3.8)에서 $t=0, 1, 2, \cdots$ 로 두면

$$\begin{aligned}\pi(1)&=\pi(0)\boldsymbol{P}\\ \pi(2)&=\pi(1)\boldsymbol{P}=\pi(0)\boldsymbol{P}^2\\ \pi(3)&=\pi(2)\boldsymbol{P}=\pi(0)\boldsymbol{P}^3\\ &\vdots\end{aligned}$$

과 같이 되며 일반적으로 다음과 같은 성질을 얻는다.

[성질 4] $$\pi(t) = \pi(0)\boldsymbol{P}^{t} \tag{3.9}$$

초기확률벡터 $\pi(0)$ 와 추이확률행렬 $\boldsymbol{P}$ 가 주어지면 임의의 시점 t 에서 상태확률벡터 $\pi(t)$ 가 식(3.9)에 의해서 정해지는 것을 알 수 있다.

예제 3.4

주머니 A, B 가 있다. A 주머니 속에는 흰 공 3개와 붉은 공 2개가 들어 있고 B 주머니 속에는 흰 공 2개와 붉은 공 3개가 들어있다. 지금 각 주머니 속에서 공을 추출하는데 어느 공이 추출되는가는 똑같이 기대된다고 하자. 각 주머니로부터 1개의 공을 추출하여 그것을 서로 교환해 넣는다. 이러한 과정을 반복하고 제 t 회의 교환 후에 주머니 A 에 들어 있는 흰 공의 수를 $X(t)$ 로 나타내자. 이와 같이 하여 정해지는 마르코프체인 $\{X(t)\}$ 에 대해서 $\boldsymbol{P}$, $\pi(0)$, $\pi(1)$, $\pi(2)$ 를 구하라.

| 풀이 | 흰 공은 모두 5개이므로 상태공간은 다음과 같다.

$$S = \{0, 1, 2, 3, 4, 5\}$$

최초 A 주머니에는 흰 공이 3개 들어 있으므로 $t = 0$ 에서 상태는 $\boxed{3}$이다.
따라서 초기확률벡터는

$$\begin{aligned}\pi(0) &= (p_0(0), p_1(0), p_2(0), p_3(0), p_4(0), p_5(0)) \\ &= (0, 0, 0, 1, 0, 0)\end{aligned}$$

이 되고 추이도식은 〈그림 3.7〉과 같다.

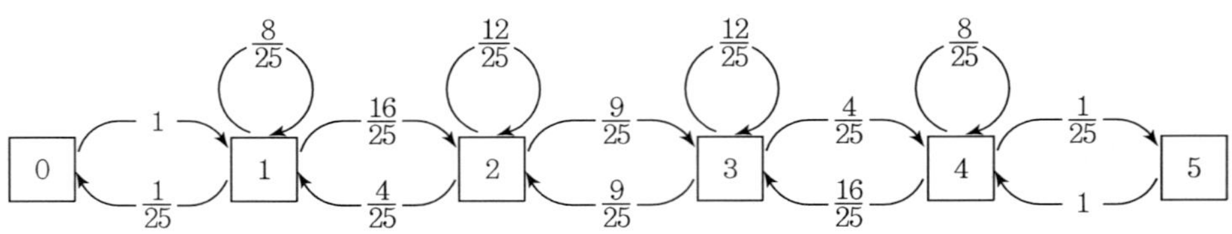

〈그림 3.7〉 추이도식

〈그림 3.7〉의 추이도식을 이용하여 추이확률행렬 $\boldsymbol{P}$를 다음과 같이 얻는다.

$$\boldsymbol{P} = \begin{pmatrix} p_{00} & p_{01} & p_{02} & p_{03} & p_{04} & p_{05} \\ p_{10} & p_{11} & p_{12} & p_{13} & p_{14} & p_{15} \\ p_{20} & p_{21} & p_{22} & p_{23} & p_{24} & p_{25} \\ p_{30} & p_{31} & p_{32} & p_{33} & p_{34} & p_{35} \\ p_{40} & p_{41} & p_{42} & p_{43} & p_{44} & p_{45} \\ p_{50} & p_{51} & p_{52} & p_{53} & p_{54} & p_{55} \end{pmatrix}$$

$$
= \begin{pmatrix} 0 & 1 & 0 & 0 & 0 & 0 \\ \frac{1}{25} & \frac{8}{25} & \frac{16}{25} & 0 & 0 & 0 \\ 0 & \frac{4}{25} & \frac{12}{25} & \frac{9}{25} & 0 & 0 \\ 0 & 0 & \frac{9}{25} & \frac{12}{25} & \frac{4}{25} & 0 \\ 0 & 0 & 0 & \frac{16}{25} & \frac{8}{25} & \frac{1}{25} \\ 0 & 0 & 0 & 0 & 1 & 0 \end{pmatrix}
$$

따라서

$$
\pi(1) = \pi(0)\boldsymbol{P} = \left(0, 0, \frac{9}{25}, \frac{12}{25}, \frac{4}{25}, 0\right)
$$

$$
\pi(2) = \pi(1)\boldsymbol{P} = \left(0, \frac{36}{625}, \frac{216}{625}, \frac{289}{625}, \frac{80}{625}, \frac{4}{625}\right)
$$

이다.

예제 3.5

(흡수벽이 있는 임의보행) 수직선상을 이동하는 동점 A가 있다. $t=0$ 일 때 좌표가 2인 점에 있고 $t=1,2,\cdots$ 일 때 확률 p로서 +1만큼 오른쪽으로 이동하거나, 확률 q로서 −1만큼 왼쪽으로 이동한다.$(p+q=1,\ p,q \geq 0)$. 그리고 좌표가 0이나 5인 점에 도달하면 그곳에 멈추고 이동하지 않는다고 하자.

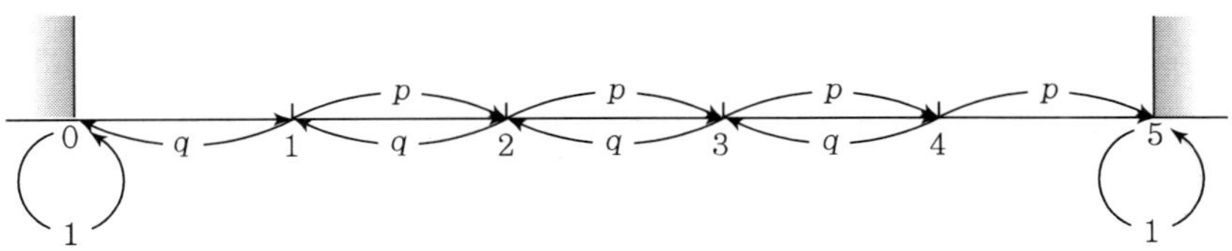

이와 같은 경우 좌표가 0 및 5인 점에서 동점이 흡수되므로 이점을 흡수벽(absorbing barrier)이라 부른다. 이 경우 상태공간은

$$
S = \{0,1,2,3,4,5\}
$$

이고 추이확률행렬은 다음과 같다.

$$
\boldsymbol{P} = \begin{array}{c} \boxed{0} \\ \boxed{1} \\ \boxed{2} \\ \boxed{3} \\ \boxed{4} \\ \boxed{5} \end{array}
\overset{\begin{array}{cccccc} \boxed{0} & \boxed{1} & \boxed{2} & \boxed{3} & \boxed{4} & \boxed{5} \end{array}}{\begin{pmatrix} 1 & 0 & 0 & 0 & 0 & 0 \\ q & 0 & p & 0 & 0 & 0 \\ 0 & q & 0 & p & 0 & 0 \\ 0 & 0 & q & 0 & p & 0 \\ 0 & 0 & 0 & q & 0 & p \\ 0 & 0 & 0 & 0 & 0 & 1 \end{pmatrix}}
$$

일반적으로 추이확률이

$$p_{ii} = 1$$

과 같은 상태 [i]를 흡수상태(absorbing state)라 한다. 이 예에서는 [0]과 [5]가 흡수상태이다.

초기확률벡터는

$$\pi(0) = (0, 0, 1, 0, 0, 0)$$

이고, 상태확률벡터는

$$\begin{aligned} \pi(1) &= \pi(0)\boldsymbol{P} = (0, q, 0, p, 0, 0) \\ \pi(2) &= \pi(1)\boldsymbol{P} = (q^2, 0, 2pq, 0, p^2, 0) \\ \pi(3) &= \pi(2)\boldsymbol{P} = (q^2, 2pq^2, 0, 3p^2q, 0, p^3) \end{aligned}$$

와 같이 구해진다.

예제 3.6

(반사벽이 있는 임의보행) [예제 3.5]에서 흡수벽 대신 좌표가 0.5와 4.5인 점에서 동점이 반사되는 벽을 갖는다고 하자. 이러한 벽을 반사벽(reflexive barrier)이라 부른다. 동점 A는 점 1로부터 확률 q로 왼쪽으로 이동하나 반사벽에 이르면 다시 점 1로 돌아오고, 점 4로부터 확률 p로 오른쪽으로 이동하나 반사벽에 이르면 다시 점 4로 돌아온다.

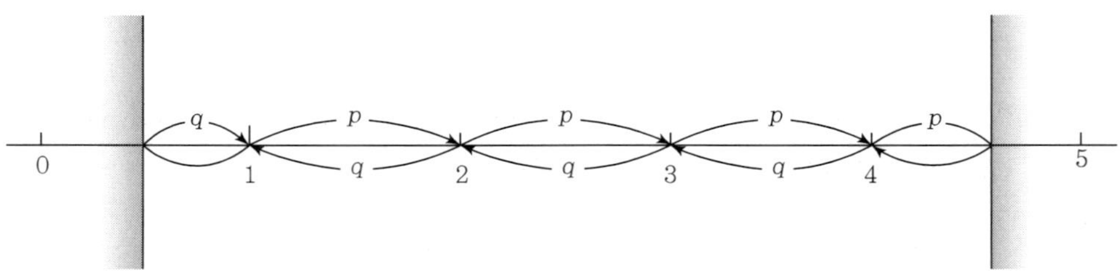

이 경우 상태공간은

$$S = \{1, 2, 3, 4\}$$

이고 $\boldsymbol{P}$와 $\pi(0), \pi(1), \pi(2)$는 다음과 같이 얻어진다.

$$\boldsymbol{P}=\begin{pmatrix} q & p & 0 & 0 \\ q & 0 & p & 0 \\ 0 & q & 0 & p \\ 0 & 0 & q & p \end{pmatrix}$$

$$\pi(0)=(0,1,0,0)$$
$$\pi(1)=(q,0,p,0)$$
$$\pi(2)=(q^2,2pq,0,p^2)$$

독립시행을 마르코프체인으로 볼 때 그 추이확률행렬은 특별한 형태를 갖는다. 즉 $\{X(t)\}$가 독립시행이면 2개의 확률변수 $X(t)$와 $X(t+1)$은 독립이다. 따라서

$$P(X(t+1)=j \mid X(t)=i)=P(X(t+1)=j) \tag{3.10}$$

이 성립한다. 여기서 식의 좌변은 추이확률 p_{ij}이고, 우변은 상태확률 $p_j(t+1)$이므로

$$p_{ij}=p_j(t+1) \tag{3.11}$$

과 같다. 이것은 정상성으로부터 모든 t에 대해서 성립한다. 이 사실은 다음의 2가지를 의미하고 있다.

(1) p_{ij}는 j에만 관계하고 i에는 관계하지 않는다. 따라서 추이확률행렬의 각 행은 서로 같다.

(2) $t=0,1,2,\cdots$를 식(3.11)에 대입하면

$$p_{ij}=p_j(1)=p_j(2)=\cdots$$

를 얻는다. 즉 상태확률은 $t \geq 1$일 때 일정하다.

지금 초기확률벡터를

$$\pi(0)=(u,v) \quad (u+v=1, \quad u,v \geq 0)$$

와 같이 일반적인 형태로 두면

$$\pi(1)=\pi(0)\boldsymbol{P}=(u,v)\begin{pmatrix} p & q \\ p & q \end{pmatrix}=(p,q)$$
$$\pi(2)=\pi(0)\boldsymbol{P}^2=\pi(0)\boldsymbol{P}=(p,q)$$
$$\vdots$$

로 되어 초기확률벡터 $\pi(0)$이 어떠하든

$$\pi(t) = (p, q)\ (t = 1, 2, \cdots)$$

가 된다.

이와 같이 독립시행에서는 추이확률행렬의 각 행이 서로 같다. 또한 추이확률행렬의 각 행이 서로 같은 마르코프체인은 독립시행으로 볼 수 있다.

마르코프체인의 성질을 행렬이나 벡터를 써서 표현할 때 정상이라는 가정은 중요한 역할을 한다.

또한 상태공간 S가 무한집합으로 되어있는 경우에는 요소가 무한개 있는 벡터나 행렬을 생각하여야 한다. 그러나 여기서는 무한개의 요소를 포함하는 벡터나 행렬은 취급하지 않는다.

한편 마르코프과정의 정의에서 2중 마르코프과정을 조건부확률로 나타낼 때 3개의 상태 [i], [j], [k]에 관계되므로 행렬로 직접 나타낼 수 없다.

예제 3.7

품질관리자는 A제품을 생사하는 기계를 재조정해야 한다. 만약 이 기계를 적절하게 조정하지 않으면 제품의 품질이 일정하게 되지 않고, 불량(상태 [1]), 중급(상태 [2]), 상급(상태 [3])의 세 가지 다른 품질의 제품이 생산되게 된다. 만일 첫 번째로 만든 제품의 품질이 불량일 경우 이를 고치기 위해 기계를 조정하면 이 결과로 인해 그 이후에는 10%의 불량, 70%의 중급, 그리고 20%의 상급품이 생산되게 된다. 그리고 첫 번째 제품의 품질이 중급이면 얼마간의 조정이 필요할 뿐 이 경우에는 60%의 중급과 40%의 상급품이 생산되게 된다. 그러나 첫 번째 제품이 상급인 경우에는 기계에 대한 재조정이 필요하지 않게 되어 계속하여 상급의 품질 수준을 갖는 제품을 생산해 낸다고 하자. 이러한 사실을 토대로 추이확률행렬 $\boldsymbol{P}$를 구하라.

| 풀이 |

$$\boldsymbol{P} = \begin{pmatrix} \frac{1}{10} & \frac{7}{10} & \frac{2}{10} \\ 0 & \frac{6}{10} & \frac{4}{10} \\ 0 & 0 & 1 \end{pmatrix}$$

예제 3.8

어느 기업에서 노동력을 기능공, 기술자, 퇴직자 3부류로 분류한다고 하자. 기간 초에 모집된 기능공은 일정기간 동안 이 기능공 중 95%가 기능공에 머무르고, 2%가 기술자로 승진되고, 나머지 3%는 퇴직자로 남는다고 한다. 그리고 기술자의 98%가 기술자로 남아있고, 나머지 2%가 퇴직을 한다고 한다. 마찬가지로 퇴직자 100%가 계속해서 퇴직자로 남아 있다고 한다. 이러한 사실을 토대로 추이확률행렬 $\boldsymbol{P}$를 구하라.

| 풀이 |

$$\boldsymbol{P}=\begin{pmatrix} \frac{95}{100} & \frac{2}{100} & \frac{3}{100} \\ 0 & \frac{98}{100} & \frac{2}{100} \\ 0 & 0 & 1 \end{pmatrix}$$

3.4 마르코프체인의 예

1 파산의 문제

두 사람이 도박을 한다고 하자. 두 사람이 갖고 있는 금액의 합계가 a 원이다. 승부에 있어 이긴 쪽은 상대로부터 1원을 받는다고 한다. 이러한 승부를 계속할 때 어느 쪽이 갖고 있는 금액이 없어지면 게임은 끝나게 된다. 이러한 문제를 파산의 문제(ruin problem)라 한다. 1회의 승부에서 한쪽이 이길 확률을 p, 질 확률을 $q=1-p$라 하자. 공평한 게임에서는 $p=q=\frac{1}{2}$이다. 한쪽의 소지금액을 상태로 생각할 때 상태는 $\boxed{0}$, $\boxed{1}$, $\boxed{2}$, $\cdots$, $\boxed{a}$이다. 상태가 $\boxed{0}$이나 $\boxed{a}$이면 게임은 끝나게 된다. 이것은 $\boxed{0}$과 $\boxed{a}$에 흡수벽이 있는 임의보행의 문제이다. 이 때 추이확률은

$$p_{ii+1}=p,\ p_{ii-1}=q \quad (i=1,2,\cdots,a-1)$$
$$p_{00}=p_{aa}=1$$

이다. 따라서 확률행렬은 다음과 같이 된다.

$$\boldsymbol{P}=\begin{pmatrix} 1 & 0 & 0 & \cdots & 0 \\ q & 0 & p & \cdots & 0 \\ 0 & q & 0 & \cdots & 0 \\ \vdots & \vdots & \vdots & \vdots & \vdots \\ 0 & 0 & 0 & \cdots & 1 \end{pmatrix}$$

2 재고관리의 문제

상점에서 어떤 상품을 고객의 수요에 따라 재고시키는 문제를 재고관리의 문제라 한다. 매주 초를 발주시점으로 하고, 1주간을 단위시간으로 취하여 시점을 $t=0,1,2,\cdots$로 한다. 이 상품의 1주간의 수요 D는 매주 독립이고 같은 분포

$$P(D=k)=a_k$$
$$a_k \geq 0, \sum_k a_k = 1$$

을 따르는 것으로 한다.

발주방법으로는 발주시점에서 재고량을 조사하여 재고량이 s 이상이면 발주하지 않으나 s 미만일 때는 $S(>s)$가 되게 발주한다. 이 발주방식은 (s, S)-방식으로 잘 알려져 있다. 결국 발주시점에서 재고량이 x일 때 발주량은

$$\text{발주량} = \begin{cases} 0 & (x \geq s) \\ S-x & (x < s) \end{cases}$$

이다. 이 때 발주한 상품은 시간의 지체가 없이 즉시 납품된다고 하자. 제 n주말 즉 시점 n에서 재고량을 X_n으로 표시하고 제 n주의 수요를 D_n이라 하자.

그러면

$$X_{n+1} = \begin{cases} \max(X_n - D_{n+1}, 0) & (X_n \geq s \text{일 때}) \\ \max(S - D_{n+1}, 0) & (X_n < s \text{일 때}) \end{cases}$$

와 같이 표시된다. 따라서 X_{n+1}은 X_n에만 관계하여 마르코프체인을 이룬다. 이 때 추이확률은 다음과 같이 된다.

$$p_{ij} = \begin{cases} \sum_{k=i}^{\infty} a_k & (i \geq s \text{에서 } j=0 \text{일 때}) \\ a_{i-j} & (i \geq s \text{에서 } i \geq j \text{일 때}) \\ \sum_{k=s}^{\infty} a_k & (i < s \text{에서 } i=0 \text{일 때}) \\ a_{s-j} & (i < s \text{에서 } s \geq j > 0 \text{일 때}) \\ 0 & (\text{그 이외일 때}) \end{cases}$$

3 성공의 런

베르누이 시행열에서 성공의 런(success run)을 생각하여 보자. 베르누이 시행에서 몇 회 계속하여 성공하는 것을 성공의 런이라 한다. 이 때 연속적인 성공의 횟수를 성공

의 런의 길이라 한다. 이 길이를 시스템(system)의 상태라 한다. 상태가 $\boxed{n}$인 것은 n회 연속하여 성공한 것을 나타낸다. 이 상태는 $\boxed{0}$, $\boxed{1}$, $\boxed{2}$, … 와 무한대까지 가능하다. 상태가 $\boxed{k}$일 때 그 다음에 성공하면 상태 $\boxed{k+1}$로 이동하고, 실패하면 상태 $\boxed{0}$으로 돌아간다. 성공의 확률을 p, 실패의 확률을 $q=1-p$ 라 하면 확률행렬은 다음과 같다.

$$\boldsymbol{P}=\begin{pmatrix} q & p & 0 & 0 & \cdots \\ q & 0 & p & 0 & \cdots \\ q & 0 & 0 & p & \cdots \\ \vdots & \vdots & \vdots & \vdots & \vdots \end{pmatrix}$$

4 대기행렬의 문제

서비스 창구가 하나이고, 그곳에 오는 고객은 창구 앞에 고객이 없으면 곧 서비스를 받을 수 있으나 창구가 서비스 중이면 창구 앞에서 기다리는 행렬을 이루게 된다. 고객의 도착이 임의적이면 도착간격은 마르코프성을 갖게 되고 그 분포는 지수분포가 된다. 고객의 도착이 임의적이고, 창구의 서비스 시간이 일반분포로서 창구가 하나인 서비스 시스템을 M/G/1로 나타낸다. 여기서 M은 마르코프형, G는 일반형을 나타낸다. 동일하게 고객의 도착이 일반형으로서 서비스 시간이 마르코프의 단일 창구 시스템을 G/M/1로 표시한다. M/G/1에 있어서 n 번째 고객의 서비스 종료시점에서 그 시스템에 있는 고객의 수를 확률변수 X_n 으로 표시하고 $(n+1)$ 번째 고객의 서비스 중에 찾아 온 고객의 수를 Y_n이라 하면

$$X_{n+1}=\begin{cases} X_n-1+Y_n & (X_n \geq 0\text{일 때}) \\ Y_n & (X_n=0\text{일 때}) \end{cases}$$

와 같다. 여기서

$$(X_n-1)^+=\max\{(X_n-1),0\}$$

으로 두면

$$X_{n+1}=(X_n-1)^+ + Y_n$$

으로 표시된다. X_n과 Y_n은 그 정의로부터 분명히 독립이다. 이 관계로부터 $\{X_n\}$은 마르코프체인을 이루는 것을 알 수 있다. 동일하게 시스템 G/M/1에 있어서는 n 번째 고객이 도착하였을 때 시스템에 있는 고객의 수를 X_n, n 번째 고객의 도착과 $(n+1)$번째 고객의 도착 사이에 서비스된 고객의 수를 Y_n이라 하면

$$X_{n+1} = X_n + 1 - Y_n$$

이 된다. Y_n 는 $X_0, X_1, \cdots, X_{n-1}$ 과는 독립이고 X_n 에만 관계한다. 따라서 이 $\{X_n\}$ 도 마르코프체인을 이룬다. 대기행렬의 시스템에서도 M/M/1은 시스템 그 자체가 마르코프성을 갖고 있으나, M/G/1이나 G/M/1은 시스템 자체가 마르코프성을 갖지 않으나, 위에서와 같이 적당한 시점을 생각함으로써 마르코프체인을 만들 수가 있다. 이와 같은 마르코프체인을 매장된 마르코프체인(embedded Markov chain)이라 부른다.

5 임의보행과 축차샘플링

임의보행에 있어서 여러 가지 모델을 생각할 수 있다. 제일 간단한 것은 1차원의 무제한 임의보행이다. 무제한이라고 하는 것은 경계가 설정되지 않고 상태로서 $-\infty$ 로부터 $+\infty$ 까지 가능한 것을 의미한다. 이 때 상태간의 추이확률은

$$p_{ii+1} = p, \ p_{ii-1} = q \quad (p+q=1)$$

로 주어진다. 1회에서 보폭은 1이고 오른쪽으로 이동하는 확률이 p, 왼쪽으로 이동하는 확률이 q 이다. 제 i 회째의 단계를 나타내는 확률변수를 X_i 라 하면

$$P(X_i = 1) = p, \ P(X_i = -1) = q$$

이다. n 단계에서 추이확률은

$$p_{ij}(n) = P(X_1 + X_2 + \cdots + X_n = j - i)$$

로 주어진다. $\{X_i\}$ 가 서로 독립이라 하면

$$X_1 + X_2 + \cdots + X_n$$

의 분포는 이항분포를 따른다. 따라서 그 값이 $(j-i)$ 라고 하는 것은 $X_1, X_2, \cdots, X_n$ 중 k 개가 +1, $(n-k)$ 개가 −1로 될 때

$$k - (n-k) = j - i$$

로 된다. 이로부터

$$k = \frac{1}{2}(n + j - i)$$

가 된다. 따라서 이항분포에 의하여

$$p_{ij}(n)=\binom{n}{\frac{n+j-i}{2}}p^{\frac{n+j-i}{2}}q^{\frac{n-j+i}{2}}$$

가 얻어진다. 특히 최초의 상태가 [0]으로부터 출발할 때 n 단계에서 다시 [0]으로 돌아갈 확률은

$$p_{00}(n)=\binom{n}{\frac{n}{2}}p^{\frac{n}{2}}q^{\frac{n}{2}}$$

이다. 물론 n 이 홀수일 때는

$$p_{00}(n)=0$$

이 된다.

이것을 일반화하여 이동의 확률이 그때의 상태에 관계되고, 또한 같은 위치로 돌아갈 확률을 생각할 수가 있다. 이때 추이확률은

$$p_{ii+1}=p_i,\ p_{ii-1}=q_i,\ p_{ii}=r_i$$
$$p_i+q_i+r_i=1$$

이 된다.

무한의 자본을 가진 상대와 도박을 한다고 하자. k 원의 금액을 갖고 있을 때 이길 확률을 p_k, 질 확률을 $q_k=1-p_k$ 라 하고, 이기면 1원을 받고 지면 1원을 지불하여 갖고 있는 금액이 떨어지면 승부를 끝내기로 하면 상태는 [0], [1], [2], ⋯ 이고

$$r_0=1,\ r_k=0\ (k\geq 1)$$

이 된다. 이 모델은 상태 [0]이 흡수벽이 되고

$$p_{00}=1$$

이다. 만일 상대방도 유한인 자금을 가졌을 때 두 사람이 갖고 있는 자금이 a 원일 때는 상태가

[0], [1], [2], ⋯, [a]

와 같이 되고 [0]과 [a]가 흡수벽으로서

$$p_{00} = 1, \ p_{aa} = 1$$

이다.

이와 같은 도박의 문제뿐 아니고 임의보행은 입자의 확산현상에 관한 근사 모델로서도 이용된다. 임의적인 충격이나 충돌에 의해서 입자의 위치는 임의적으로 변동한다. 브라운운동을 이산적으로 근사하는 임의보행 모델은 대칭인 임의보행이다. 대칭인 임의보행은 추이확률이

$$p_{ii+1} = p_{ii-1} = p, \ p_{ii} = r$$
$$2p + r = 1$$

과 같은 것이다. 이것의 특별한 경우로서

$$r = 0, \ p = \frac{1}{2}$$

일 때를 대칭인 임의보행이라 하기도 한다.

또한 양쪽에 반사벽이 있는 임의보행에서는

$$p_{01} = 1, \ p_{aa-1} = 1$$

로 되어 있다. 이것은 완전한 반사벽이지만

$$p_{01} = p, \ p_{00} = r$$

와 같을 때는 부분적으로 반사된다. 부분적으로 반사되는 벽을 탄성벽이라 한다.

임의보행의 일반화의 하나로서 1단계에서 보폭이 +1이나 −1이 아니고

$$0, \pm 1, \pm 2, \cdots$$

와 같이 여러 가지 도약(jump)의 가능성을 생각할 수도 있다. 그리고 1단계에서 k 만큼 이동하는 확률을 p_k 라 하자. 보통의 임의보행은

$$p_1 = p, \ p_{-1} = q$$

이다. 제 i 단계의 확률변수를 X_i 라 하고

$$S_n = X_1 + X_2 + \cdots + X_n$$

으로 둔다. 그러면 미리 정해진 양의 값 b와 c에 관해서 처음으로 $S_n \geq b$가 되는 n이나, $S_n \leq -c$가 되는 n을 생각할 수 있다. 이 n은 물론 확률변수이다. 여기서

$$a = b + c$$

로 두고 상태가 $\boxed{0}$, $\boxed{1}$, $\boxed{2}$, $\cdots$, $\boxed{a}$인 마르코프체인을 생각한다. 최초의 상태 $\boxed{c}$에서 만일

$$-c < S_1 < b$$

이면 이 때의 상태는 $c + S_1$이라고 한다. 또한 $S_1 \leq -c$이면 상태는 $\boxed{0}$이고 $S_1 \geq b$이면 상태는 $\boxed{a}$이다. 상태 $\boxed{0}$과 $\boxed{a}$에는 흡수벽이 있고 그 어느 쪽에 도달하면 임의보행은 종료된다. 상태가 $\boxed{0}$과 $\boxed{a}$사이에 있는 한 속행된다. n단계에서 또한 계속된다고 하는 것은 $S_1, S_2, \cdots, S_n$이 모두 $-c$와 b사이에 있는 것을 의미한다. 이때 상태 $\boxed{k}$로부터 상태 $\boxed{0}$에 흡수될 확률은

$$r_k = p_{-k} + p_{-k-1} + p_{-k-2} + \cdots$$

이다. 또한 상태 $\boxed{k}$로부터 상태 $\boxed{a}$로 흡수될 확률은

$$q_k = p_{a-k} + p_{a-k+1} + p_{a-k+2} + \cdots$$

와 같다. 따라서 추이확률행렬은 다음과 같이 된다.

$$\boldsymbol{P} = \begin{pmatrix} 1 & 0 & 0 & \cdots & 0 & 0 \\ r_1 & p_0 & p_1 & \cdots & p_{a-2} & q_1 \\ r_2 & p_{-1} & p_0 & \cdots & p_{a-3} & q_2 \\ \vdots & \vdots & \vdots & \vdots & \vdots & \vdots \\ r_{a-1} & p_{-a+2} & p_{-a+3} & \cdots & p_0 & q_{a-1} \\ 0 & 0 & 0 & \cdots & 0 & 1 \end{pmatrix}$$

이 모델은 축차샘플링(sequential sampling)에 사용된다. 로트(lot)로부터 몇 개의 제품을 추출하여 그 검사 결과에 따라서 로트 전체를 합격으로 채택할 것인가 불합격으로 기각할 것인가를 결정하는 것이 샘플링검사(sampling inspection)이다. 1회 샘플링검사에서는 몇 개의 제품을 검사한 결과로서 로트의 합격이나 불합격이 결정된다. 2회 샘플링검사에서는 1회에서 결정되지 않는 경우로서 다시 추가 표본을 검사하여 결정한다. 축차 샘플링검사에서는 미리 표본 수를 정하지 않고 로트의 합격이나 불합격이 결정될 때까지 표본추출을 계속한다. 합격, 불합격 판정의 위험률을 일정하게 할 때 평균검사개수는 축차샘플링방식에 의하는 것이 매우 작다. 따라서 1개당 검사비용이 많이 드는

경우에는 축차샘플링방식을 쓰는 것이 좋다.

축차샘플링방식은 먼저 로트로부터 N개의 표본을 추출하여 그것이 모두 양품이면 로트를 채택하고 불량품이 a개 또는 그 이상이면 로트를 기각한다. 불량개수가 0과 a 사이에 있을 때는 다시 N개의 표본을 추출한다. 그리고 그 중에 불량개수가 1개는 있어도 된다 하자. 따라서 최초의 불량개수를 i개라 하였을 때 다음 표본 중에 불량개수가 0이면 상태는 $\boxed{i-1}$로 되고 꼭 1개의 불량품이 있으면 상태는 $\boxed{i}$ 그대로이다. 또한 k개의 불량품이 있을 때는 상태는 $\boxed{i+k-1}$로 이동한다. 이 결과로서 상태가 $\boxed{0}$이거나 $\boxed{a}$ 또는 그 이상이면 검사를 중지하고 그렇지 않으면 이 과정을 다시 반복한다. 축차샘플링방식에서는 검사가 종료하기까지의 시간이나 로트가 합격이 되는 확률, 불합격이 되는 확률이 문제로 된다. 종료하기까지의 시간은 처음에 상태가 $\boxed{0}$이나 $\boxed{a}$에 도달하는 시각이다. 최초의 상태가 $\boxed{i}$일 때 상태 $\boxed{j}(0<j<a)$로 이동하는 확률은 p_{j-i}이다. 상태 $\boxed{i}$로부터 출발하여 합격으로 끝날 확률을 u_i라 하면

$$u_i = \sum_{j=1}^{a-1} u_j p_{j-i} + r_i$$

와 같이 된다.

축차샘플링방식을 최초로 생각한 것은 바트키(Bartky)이고, 제 2차 대전 중에 왈드(Wald)에 의해서 완성되었다. 본질적으로 1차원의 임의보행으로 생각되지만, 왈드의 생각은 2차원의 임의보행으로서 오른쪽과 위쪽의 2개 방향만으로 진행하는 운동을 생각한 것이다. 1회에 1개씩 검사하는 것으로 하고 양품이면 오른쪽으로 1만큼 이동하고, 불량품이면 위로 1단위 이동한다. 따라서 로트 불량률을 p라 할 때 오른쪽으로 이동하는 확률은 $q=1-p$이고 위로 이동하는 확률은 p이다. 그리고 채택역과 기각역의 어느 쪽에 들어가면 검사를 중지한다. 검사속행역에 있는 한 검사를 계속한다. 보통 왈드의 축차샘플링방식에 있어서는 〈그림 3.8〉과 같은 형태로 주어지고 합격, 불합격 판정선을 주는 수치표가 만들어져 있다.

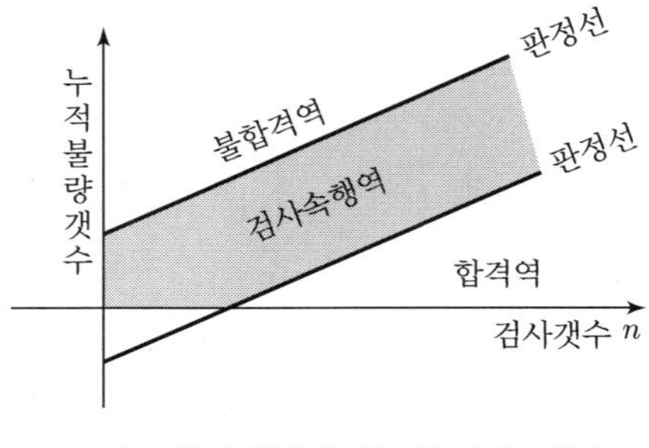

〈그림 3.8〉 축차샘플링방식의 검사속행역

왈드는 축차샘플링방식뿐만 아니고 이러한 생각을 널리 통계적 가설검정에도 확장하였다.

임의보행은 직선상에서만이 아니고 평면내의 임의보행으로서는 4개의 방향으로 이동할 수가 있고, 공간에서는 6개의 방향으로 이동이 가능하다. 각각 방향으로 이동하는 확률이 주어지면 운동이 정해진다. 특히 어느 방향으로나 이동의 확률이 같을 때 대칭인 임의보행이다. 2차원의 대칭인 임의보행으로서 원점으로부터 출발하여 $2n$ 단계에서 다시 원점으로 돌아갈 확률은 다항분포에 의하여

$$p_{00}(2n) = \frac{1}{4^{2n}} \sum_{k=0}^{n} \frac{(2n)!}{k!k!(n-k)!(n-k)!} = \frac{1}{4^{2n}} \binom{2n}{n} \sum_{k=0}^{n} \binom{n}{k}^2$$

와 같다. 그런데

$${}_nC_0^2 + {}_nC_1^2 + \cdots + {}_nC_n^2 = \binom{2n}{n}$$

인 관계로부터

$$p_{00}(2n) = \frac{1}{4^{2n}} \binom{2n}{n}^2$$

이 얻어진다. 동일하게 3차원에서는

$$p_{00}(2n) = \frac{1}{6^{2n}} \sum_{j,k} \frac{(2n)!}{j!j!k!k!(n-j-k)!(n-j-k)!}$$

와 같이 된다.

임의보행에 관한 여러 가지 문제는 차분방정식, 미분방정식, 적분방정식 등으로 표시되는 것이 많다. 이것들을 해석적으로 풀면 좋지만 그렇지 못할 때는 몬테칼로(Monte-Carlo)법에 의해서 임의보행을 실현하여 실험적으로 풀 수도 있다.

6 마르코프 계획법

생산계획에서는 현재 갖고 있는 원료, 기계, 노동력 등으로 생산계획을 세워야하고 이때 각각의 제품을 어느 정도 생산하면 이윤이 최대로 되는가 하는 것이 문제이다. 수송문제에서는 수송량과 수요량이 주어졌을 때 총 운송비를 최소로 하기 위해서는 어디로부터 어디까지 얼마만큼 수송할 것인가를 결정하여야 한다. 일반적으로 주어진 제약조건하에서 목적함수(이윤, 비용, 시간 등)를 최적으로 하기 위한 수학적 방법을 수리계획법이라 부른다.

수리계획법 중에서 특히 제약조건이 1차 부등식 또는 1차 방정식이고 목적함수가 1차

식으로 주어진 것을 선형계획법(linear programming; L.P.)이라 한다. 선형계획법의 일반해법이 컴퓨터 프로그램으로 완비되어 있어 널리 이용되고 있다. 따라서 다단계에 걸친 계획으로서 생각된 것이 동적계획법(dynamic programming)이다. 동적계획법은 다단결정문제이고 전체를 통하여 최적방책을 구하는 것이 목적이다. 마르코프과정에 있는 동적계획법을 마르코프 계획법이라 한다.

지금 상태 [i]로부터 상태 [j]로 이동하는 추이확률이 p_{ij} 인 마르코프체인이 있다 하자. 상태 [i]로부터 상태 [j]로 이동할 때 r_{ij} 의 이득이 얻어진다고 하자. 상태 사이에 이동을 반복할 때마다 그에 따라 이득을 얻는다. 이 때 추이확률행렬과 이득행렬에 의하여 완전히 특징이 지워진다. 최초에 상태가 [i]일 때 n 회의 이동에 의하여 얻어진 기대이득을 $v_i(n)$ 이라 할 때 $v_i(n)$ 은 제 1회째에 i 로부터 j 로 이동함으로서 얻어지는 이득 r_{ij} 와 j 로부터 출발하여 $(n-1)$ 단계에서 얻어지는 기대이득 $v_j(n-1)$ 과의 합으로 생각됨으로

$$v_i(n)= \sum_j p_{ij}[r_{ij}+v_j(n-1)] \tag{3.12}$$

인 관계가 성립한다. 여기서

$$q_i= \sum_j p_{ij}r_{ij} \tag{3.13}$$

로 두면 식(3.12)는

$$v_i(n)= q_i+\sum_j p_{ij}v_j(n-1)$$

이 된다. 여기서 $v_i(n)$ 을 요소로 하는 벡터를 $\boldsymbol{v}(n)$, q_i 를 요소로 하는 벡터를 $\boldsymbol{q}$, 추이확률행렬을 $\boldsymbol{P}$ 라 할 때

$$\boldsymbol{v}(n+1)=\boldsymbol{q}+\boldsymbol{P}\boldsymbol{v}(n) \tag{3.14}$$

으로 표시된다. 여기서 모함수

$$\boldsymbol{V}(s)= \sum_{n=0}^{\infty}\boldsymbol{v}(n)s^n \tag{3.15}$$

을 생각하면

$$\frac{1}{s}(\boldsymbol{V}(s)-\boldsymbol{v}(0))= \frac{1}{1-s}\boldsymbol{q}+\boldsymbol{P}\boldsymbol{V}(s) \tag{3.16}$$

이 얻어진다. 지금 단위행렬을 $\boldsymbol{I}$라 할 때

$$(\boldsymbol{I}-s\boldsymbol{P})\boldsymbol{V}(s)=\frac{s}{1-s}q+v(0) \tag{3.17}$$

와 같이 된다. 따라서

$$\boldsymbol{V}(s)=(\boldsymbol{I}-s\boldsymbol{P})^{-1}\left[\frac{s}{1-s}q+v(0)\right] \tag{3.18}$$

와 같이 모함수가 얻어진다. $\boldsymbol{V}(s)$의 제 i 요소 $\boldsymbol{V}_i(s)$를 멱급수로 전개하였을 때 s^n의 계수가 $v_i(n)$이다.

예를 들면 추이확률행렬 $\boldsymbol{P}$와 이득행렬 $\boldsymbol{R}$이

$$\boldsymbol{P}=\begin{pmatrix}\frac{1}{2} & \frac{1}{2}\\ \frac{3}{4} & \frac{1}{4}\end{pmatrix},\quad \boldsymbol{R}=\begin{pmatrix}6 & 3\\ 2 & -4\end{pmatrix}$$

와 같이 주어질 때

$$q=\begin{pmatrix}4.5\\ 0.5\end{pmatrix}$$

가 된다. 또한

$$v(0)=\begin{pmatrix}0\\ 0\end{pmatrix}$$

으로 두자. 이 때

$$\boldsymbol{I}-s\boldsymbol{P}=\begin{pmatrix}1-\frac{1}{2}s & -\frac{1}{2}s\\ -\frac{3}{4}s & 1-\frac{1}{4}s\end{pmatrix}$$

이므로

$$(\boldsymbol{I}-s\boldsymbol{P})^{-1}=\frac{1}{1-s}\begin{pmatrix}\frac{3}{5} & \frac{2}{5}\\ \frac{3}{5} & \frac{2}{5}\end{pmatrix}+\frac{1}{1+\frac{1}{4}s}\begin{pmatrix}\frac{2}{5} & -\frac{2}{5}\\ -\frac{3}{5} & \frac{3}{5}\end{pmatrix}$$

이 된다. 이로부터

$$(\boldsymbol{I}-s\boldsymbol{P})^{-1}\frac{s}{1-s}\boldsymbol{q}=\frac{s}{(1-s)^2}\begin{pmatrix}2.9\\2.9\end{pmatrix}+\frac{s}{(1-s)\left(1+\frac{1}{4}s\right)}\begin{pmatrix}1.6\\-2.4\end{pmatrix}$$

$$=\frac{s}{(1-s)^2}\begin{pmatrix}2.9\\2.9\end{pmatrix}+\frac{4}{5}\frac{1}{1-s}\begin{pmatrix}1.6\\-2.4\end{pmatrix}-\frac{4}{5}\frac{1}{1+\frac{1}{4}s}\begin{pmatrix}1.6\\-2.4\end{pmatrix}$$

을 얻는다. 이것을 s 의 멱급수로 전개하여

$$v_1(n)=2.9n+1.28\left[1-\left(-\frac{1}{4}\right)^n\right]$$

$$v_2(n)=2.9n-1.92\left[1-\left(-\frac{1}{4}\right)^n\right]$$

과 같은 결과를 얻는다. n 이 충분히 클 때는

$$v_1(n)\sim 2.9n+1.28$$

$$v_2(n)\sim 2.9n-1.92$$

와 같은 크기로 된다.

지금까지는 상태의 이동에 따라 이득이 얻어졌으나, 상태의 이동이 자연적으로 일어나는 것이 아니고, 결정자가 취하는 행동에 따라서 일어난다고 생각하면 마르코프체인에 관한 다단결정문제를 생각할 수가 있다. 이것을 마르코프 결정과정이라 한다. 간단하게 하기 위하여 상태의 개수와 결정자가 취하는 행동은 다같이 유한이라고 하자. 또한 지금까지는 이득을 생각하였으나, 이번에는 비용을 생각하기로 하자. 즉 상태 $\boxed{i}$에 있을 때 결정자가 행동 a 를 취했다고 하면 비용 $C(i,a)$ 가 든다고 하자. 이때 다음 단계에서 상태 $\boxed{j}$로 이동하는 추이확률을 $p_{ij}(a)$ 라고 하자. 이것은 다단결정과정이며 마르코프성에 의하여

$$P(X_{n+1}=j \mid X_0=i_0, a_0, X_1=i_1, a_1, \cdots, X_n=i, a_n=a)=p_{ij}(a)$$

로 되어 있다. 여기서 $a_0, a_1, \cdots, a_n$ 은 각 시점에서 결정의 계열이다. 각 시점에서 뽑혀지는 행동은 전체를 통해서 어떠한 방책에 따라 결정된다. 방책(policy)을 하나 주면 그에 따라서 각각의 시점에서 상태가 알려지면 취할 행동이 결정된다. 특히 그 행동이 시점에 무관하고 상태만으로서 결정되는 방책을 정상방책이라 한다. 따라서 정상방책은 상태공간을 행동공간으로 사상하는 함수이다. 마르코프 결정과정은 많은 최적화의 문제를 포함하는 모델이다.

미래에 걸친 결정을 현재의 시점에서 생각할 때에는 미래의 이득이나 비용을 현재의 가치로 환산하여 생각할 필요가 있다.

연이율이 r 이면 현재의 1원은 1년 후에는 $(1+r)$ 원이 된다. 역으로 말하면 1년 후의 1원은 현재의 가치로서는

$$\alpha = \frac{1}{1+r}$$

이다. 이 $\alpha\,(0<\alpha<1)$ 을 할인율(discount factor)이라 한다. 그리고 시점 0에서 상태 $\boxed{i}$로부터 출발하여 방책 f 를 썼을 때에 무한의 미래에 걸쳐서 평균비용은

$$v_i(f) = E\left[\sum_{n=0}^{\infty} \alpha^n C(X_n, a_n) \mid X_0 = i\,; f\right] \tag{3.19}$$

로 표시된다. 방책의 집합이 유계폐집합이라 하고 모든 i 에 대해서

$$v_i(f^0) = \min v_i(f) \tag{3.20}$$

라 하자. 이 때 방책 f^0 을 최적방책이라 한다.

여기서 임의의 방책 f 를 뽑았다 하고 이 방책은 시점 0에서 행동 a 를 확률 p_a 로 뽑는다고 하자. 그러면

$$v_i(f) = \sum_a p_a \left[C(i,a) + \sum_j p_{ij}(a) w_j(f)\right] \tag{3.21}$$

로 표시된다. 여기서 $w_j(f)$ 는 시점 1에서 상태 $\boxed{j}$에 있을 때 방책 f 를 쓴다고 하면 그 이후의 할인율을 고려한 기대비용이다. 그런데 최적방책 f^0 에 관해서 제 2단계 이후에 할인으로 생각하면

$$w_j(f) \ge \alpha v_j(f^0) \tag{3.22}$$

로 된다. 따라서

$$\begin{aligned} v_i(f) &\ge \sum_a p_a \left[C(i,a) + \alpha \sum_j p_{ij}(a)\, v_j(f^0)\right] \\ &\ge \sum_a p_a \min_a \left[C(i,a) + \alpha \sum_j p_{ij}(a)\, v_j(f^0)\right] \\ &= \min_a \left[C(i,a) + \alpha \sum_j p_{ij}(a)\, v_j(f^0)\right] \end{aligned} \tag{3.23}$$

을 얻는다. 그런데 방책 f는 임의로 뽑혀진 것이므로

$$v_j(f^0) \geq \min_a \left[C(i,a) + \alpha \sum_j p_{ij}(a) v_j(f^0) \right] \tag{3.24}$$

이 얻어진다. 한편 a_0을 최적방책 f^0에 관해서

$$C(i,a_0) + \alpha \sum_j p_{ij}(a_0) v_j(f^0) = \min_a \left[C(i,a) + \alpha \sum_j p_{ij}(a) v_j(f^0) \right] \tag{3.25}$$

로 되게 뽑는다. 그리고 시점 1에서 상태 $\boxed{j}$일 때의 그 이후의 방책 f_j에서

$$v_j(f_j) \leq v_j(f^0) + \epsilon \quad (\epsilon > 0)$$

인 것을 취하면 시점 0에서 a_0을 뽑고, 이후 f_j인 방책을 f라 하면

$$\begin{aligned} v_i(f) &= C(i,a_0) + \alpha \sum_j p_{ij}(a_0) v_j(f_j) \\ &\leq C(i,a_0) + \alpha \sum_j p_{ij}(\alpha_0) v_j(f^0) + \alpha\epsilon \end{aligned} \tag{3.26}$$

이 된다. 그런데

$$v_i(f^0) \leq v_i(f)$$

이므로

$$\begin{aligned} v_i(f^0) &\leq C(i,a_0) + \alpha \sum_j p_{ij}(a_0) v_j(f^0) + \alpha\epsilon \\ &= \min_a \left[C(i,a) + \alpha \sum_j p_{ij}(a) v_j(f^0) \right] + \alpha\epsilon \end{aligned}$$

을 얻는다. 이상의 결과로서

$$v_i(f^0) = \min_a \left[C(i,a) + \alpha \sum_j p_{ij}(a) v_j(f^0) \right] \tag{3.27}$$

이 얻어진다. 이것은 동적계획법의 최적성의 원리에 대응하는 관계이고 최적방책을 썼을 때의 기대비용에 관한 함수방정식이다. 특히 f가 정상방책이면

$$v_i(f) = C[i,f(i)] + \alpha \sum_j p_{ij}[f(i)] v_j(f) \tag{3.28}$$

로 된다.

다음으로 기계의 교체문제를 생각하여 보자. 기계의 상태는 [0], [1], [2], … 이고 상태 [0]은 신품을 나타내고, 상태의 수가 커짐에 따라서 기계의 성능이 떨어진다고 하자. 매월 초에 기계의 상태를 조사하여 기계를 새로운 것으로 교체할 것인가를 결정한다. 기계를 교체하는 비용을 R이라 하고 상태 [i]일 때 기계를 1개월 간 유지하는 비용을 $C(i)$라 하자. 또한 어느 달의 초에 상태 [i]에 있던 기계가 다음 달 초에 상태 [j]로 이동하는 추이확률을 p_{ij}로 두자. 기계를 교체하는 행동을 1, 교체하지 않는 행동을 2로 표시하기로 하자. 이 때 1단계에서의 비용과 각각의 행동에 따르는 추이확률은

$$C(i,1)= R+ C(0)$$
$$C(i,2)= C(i)$$
$$p_{ij}(1)= p_{0j},\ p_{ij}(2)= p_{ij}$$

이다. 여기서 다시 비용과 추이확률에 관한 자연적인 가정을 설정하여 두자. 먼저 유지비용 $C(i)$는 i에 관한 증가함수라 하자. 이것은 기계의 성능이 떨어지는 만큼 유지비용이 드는 것을 말하는 것이고 당연히 전제로 이야기된다. 또한 추이확률에 관해서는 모든 상태의 개수를 N이라 하고 $\sum_{j=k}^{N} p_{ij}$가 i에 관해서 증가함수라 하자. 이 전제도 급속히 성능이 떨어지는 확률이 작은 것으로 당연히 전제되어야 하는 것이다. 그런데 유한구간으로서 최적방책 f를 썼을 때의 후로부터 1개월째의 비용은

$$v_i(f,1)= \min[R+ C(0),\ C(i)] \tag{3.29}$$

이고 제 n개월 째에 대해서는

$$v_i(f,n)= \min[R+ C(0)+\alpha\sum_j p_{0j}v_j(f,n-1),\ C(i)+\alpha\sum_j p_{ij}v_j(f,n-1)] \tag{3.30}$$

이 된다. $C(i)$가 i에 대해서 증가함수이므로 $v_i(f,1)$도 i에 관해서 증가함수가 되고 귀납법에 의해서 $v_i(f,n)$는 모든 n에 관해서 그리고 i에 대해서 증가함수가 된다. 그리고

$$v_i(f)= \lim_{n\to\infty} v_i(f,n)$$

도 또한 i에 대해서 증가함수가 된다. 여기서 최적방책 f에 관한 관계식으로서

$$v_i(f)= \min[R+ C(0)+\alpha\sum_j p_{0j}v_j(f),\ C(i)+\alpha\sum_j p_{ij}v_j(f)] \tag{3.31}$$

이 얻어진다. 여기서

$$i^0 = \max\left[i\,; C(i) + \alpha\sum_j p_{ij}v_j(f) \le R + C(0) + \alpha\sum_j p_{0j}v_j(f)\right]$$

로 두면

$$C(i) + \alpha\sum_j p_{ij}v_j(f)$$

가 i 에 관한 증가함수가 되므로

$$v_i(f) = \begin{cases} C(i) + \alpha\sum_j p_{ij}v_j(f) & (i \le i^0 \text{ 일 때}) \\ R + C(0) + \alpha\sum_j p_{0j}v_j(f) & (i > i^0 \text{ 일 때}) \end{cases} \tag{3.32}$$

로 된다. 따라서 $i \le i^0$ 일 때는 교체하지 않고 $i > i^0$ 이면 교체하는 최적인 i^0 가 존재한다.

예제 3.9

상태가 2개이고 추이확률과 이득행렬이

$$\boldsymbol{P} = \begin{pmatrix} 0.5 & 0.5 \\ 0.4 & 0.6 \end{pmatrix}, \quad \boldsymbol{R} = \begin{pmatrix} 9 & 3 \\ 3 & -7 \end{pmatrix}$$

일 때 $\boldsymbol{v}(0) = 0$ 으로 하여 $v_1(n)$ 과 $v_2(n)$ 을 구하라.

| 풀이 |

$$(\boldsymbol{I} - s\boldsymbol{P})^{-1} = \frac{1}{1-s}\begin{pmatrix} \frac{4}{9} & \frac{5}{9} \\ \frac{4}{9} & \frac{5}{9} \end{pmatrix} + \frac{1}{1-\frac{1}{10}s}\begin{pmatrix} \frac{5}{9} & -\frac{5}{9} \\ -\frac{4}{9} & \frac{4}{9} \end{pmatrix}$$

와 같이 되므로 $v_1(n)$ 과 $v_2(n)$ 은 다음과 같다.

$$v_1(n) = n + \frac{50}{9}\left[1 - \left(\frac{1}{10}\right)^n\right]$$

$$v_2(n) = n - \frac{40}{9}\left[1 - \left(\frac{1}{10}\right)^n\right]$$

예제 3.10

어느 지역에서 특정 상표의 우유에 대한 소비자들의 충성도를 조사하기 위하여 정보를 수집한다고 하자. 이 지역에는 세 종류의 우유가 각각 A, B, C의 다른 상표로 판매되고 있으며, 이들 상표에 대한 판매경쟁은 광고, 서비스, 포장, 디자인 또는 기타 비가격경

쟁을 통해 이루어지고 있다. 마케팅 조사자들은 소비자들의 충성도가 상품별 광고가 서비스 등에 따라 변한다는 사실에 관심을 가지고 이 지역에서 일정기간을 대상으로 소비자들의 상품교체의 추이를 조사한 결과 다음과 같은 정보를 얻었다.

〈표 3.6〉 고객 상표교체의 추이

상표	A	B	C	합계
A	150	30	20	200
B	40	250	10	300
C	50	50	400	500
합계	240	330	430	1,000

각 행의 숫자들은 한 상품을 계속 구입한 고객의 수와 경쟁상표에 빼앗긴 고객의 수이고, 각 열에 있는 숫자들은 계속 구입한 고객의 수와 경쟁상표로부터 빼앗은 고객의 수이다. A 상표는 타 상표에 50(=30+20)명의 고객을 잃었으며 동시에 타상표로부터 90(=40+50)명의 고객을 흡수하였으므로 결과적으로 40명의 고객의 순 증가를 가져왔다. 위의 표에서 우유 종류의 수와 총 고객의 수에는 변화가 없었으나 고객이 한 상표에서 다른 상표로 이전하는 유형을 나타내고 있어 마르코프과정으로 볼 수 있다. 이 때, 위 표의 정보를 이용하여 추이확률행렬 $\boldsymbol{P}$를 구하라.

| 풀이 |

$$\boldsymbol{P}=\begin{pmatrix} \frac{3}{4} & \frac{3}{20} & \frac{1}{10} \\ \frac{2}{15} & \frac{5}{6} & \frac{1}{30} \\ \frac{1}{10} & \frac{1}{10} & \frac{4}{5} \end{pmatrix}$$

예제 3.11

〈표 3.6〉으로부터 A, B, C 상표의 구매자 수가 상품교체에 따라 변화하는 것을 볼 수 있었다. 상표교체의 문제에 있어서 초기의 시장점유율은 $\left(\frac{2}{10}, \frac{3}{10}, \frac{5}{10}\right)$이었으며, 일정기간이 지난 후에 각 상표에 대한 시장점유율 예측치는 $\left(\frac{24}{100}, \frac{33}{100}, \frac{43}{100}\right)$으로 나타났다. 이 때 〈표 3.6〉이 1개월 이후의 시장점유율의 변화라면 2개월 후에 나타난 각 상표의 시장점유율을 예측해 보라.

| 풀이 |

$$\left(\frac{24}{100}, \frac{33}{100}, \frac{43}{100}\right)\begin{pmatrix} \frac{3}{4} & \frac{3}{20} & \frac{1}{10} \\ \frac{2}{15} & \frac{5}{6} & \frac{1}{30} \\ \frac{1}{10} & \frac{1}{10} & \frac{4}{5} \end{pmatrix} = \left(\frac{267}{1{,}000}, \frac{354}{1{,}000}, \frac{379}{1{,}000}\right)$$

3.5 확률 f_{ij} 와 g_{ij}

마르코프체인에 대해서 연구할 때 중요하게 쓰이는 확률을 몇 가지 정의하기로 하자.

정의 3.2 ① $f_{ij}(m)$: 상태 $\boxed{i}$로부터 출발하였을 때 m 단계에 처음으로 상태 $\boxed{j}$에 도달하는 확률 $(m > 0)$

② f_{ij}^{*} : 상태 $\boxed{i}$로부터 출발하였을 때 적어도 1회 상태 $\boxed{j}$를 통과하는 확률

③ g_{ij} : 상태 $\boxed{i}$로부터 출발하였을 때 무한회 상태 $\boxed{j}$를 통과하는 확률

1 $f_{ij}(m)$ 과 $p_{ij}(m)$ 과의 관계

m 단계의 추이확률 $p_{ij}(m)$ 은 상태 $\boxed{i}$로부터 출발하였을 때 m 단계 째에 $\boxed{j}$에 도달하는 확률이다. 이 경우에 m 단계 이전에 $\boxed{j}$를 몇 회 통과해도 상관없다. 이에 반하여 $f_{ij}(m)$ 은 m 단계 이전에 $\boxed{j}$를 통과해서는 안 된다.

그런데 상태 $\boxed{i}$로부터 출발하였을 때 m 단계 째에 처음으로 $\boxed{j}$에 도달한다고 하는 사상을 1단계 째의 상태에 의하여 서로 배반인 다음과 같은 사상으로 분할하여 생각할 수 있다. 이 경우 $f_{ij}(m)$ 의 정의로부터 1단계 째에 $\boxed{j}$를 통과해서는 안 된다.

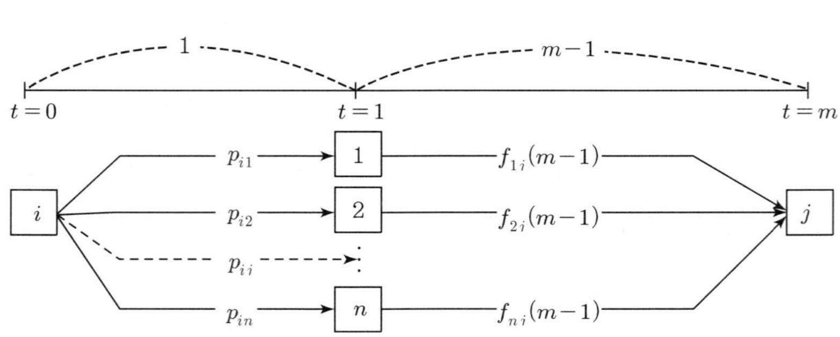

따라서

$$
\begin{aligned}
f_{ij}(1) &= p_{ij} \\
f_{ij}(2) &= \sum_{k \neq j} p_{ik} f_{kj}(1) \\
f_{ij}(3) &= \sum_{k \neq j} p_{ik} f_{kj}(2) \\
&\ \ \vdots
\end{aligned}
$$

이므로 이상을 종합하면 다음의 공식을 얻는다.

공식 3.1

$$
\begin{cases} f_{ij}(1) = p_{ij} \\ f_{ij}(m) = \sum_{k \neq j} p_{ik} f_{kj}(m-1) \quad (m \geq 2) \end{cases} \tag{3.33}
$$

또한 상태 $\boxed{i}$로부터 출발하였을 때 m 단계 째에 $\boxed{j}$로 된다고 하는 사상을 처음으로 $\boxed{j}$를 통과하기까지에 필요로 하는 단계의 수에 의하여 서로 배반인 다음과 같은 사상으로 분할하여 생각한다.

1단계 후에 처음으로 $\boxed{j}$를 지난다.

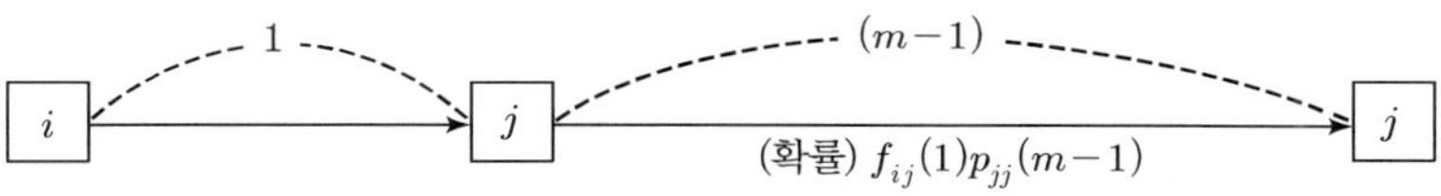

2단계 후에 처음으로 $\boxed{j}$를 지난다.

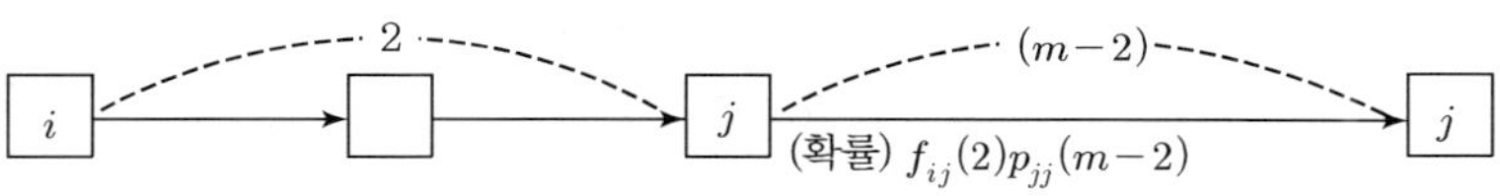

m 단계 후에 처음으로 $\boxed{j}$를 지난다.

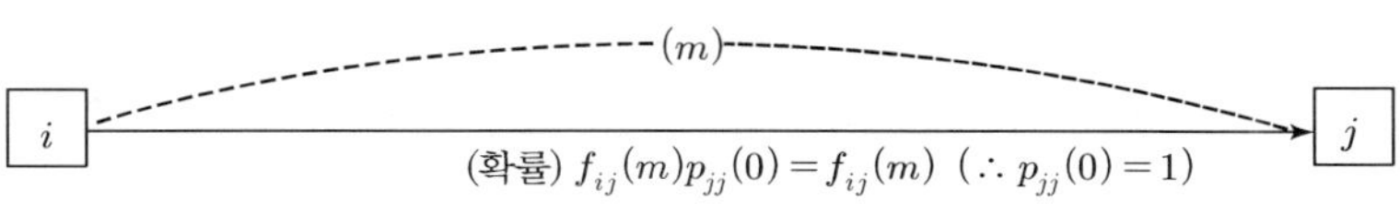

상태 $\boxed{i}$로부터 출발하였을 때 m 단계 후에 $\boxed{j}$로 된다고 하는 것은 이들 사상 중 어느 것이 일어나도 되는 것이기 때문에 다음 결과를 얻는다.

공식 3.2

$$p_{ij}(m) = \sum_{k=1}^{m} f_{ij}(k) p_{ij}(m-k) \tag{3.34}$$

2 $f_{ij}(m)$ 과 f_{ij}^* 와의 관계

상태 ⓘ로부터 출발하였을 때 적어도 1회 ⓙ를 통과한다고 하는 것은 시점은 어떻든지 간에 ⓙ를 통과하는 것을 의미한다. 여기서 처음으로 ⓙ를 통과하는 시점, 바꾸어 말하면 처음으로 ⓙ를 통과하기까지에 필요로 하는 단계의 수에 의하여 서로 배반인 사상으로 분할하여 생각하면 다음 공식을 얻는다.

공식 3.3

$$f_{ij}^* = f_{ij}(1) + f_{ij}(2) + \cdots = \sum_{m=1}^{\infty} f_{ij}(m) \tag{3.35}$$

3 f_{ij}^* 와 g_{ij} 와의 관계

상태 ⓘ로부터 출발하였을 때 무한회 ⓙ로 되는 확률은 상태 ⓘ로부터 출발하였을 때 적어도 m 회로 되는 확률 즉 $m \to \infty$ 일 때의 극한값이다.

먼저 상태 ⓘ로부터 출발하였을 때 적어도 2회 ⓙ로 되는 확률을 구하여 보자. 이 경우도 처음으로 ⓙ를 통과하기까지에 필요로 하는 단계의 수에 의하여 서로 배반인 사상으로 분할하여 생각할 수 있다.

	확률
1단계 후에 처음으로 ⓙ를 지나고 그 후 적어도 1회 ⓙ를 지난다.	$f_{ij}(1)f_{jj}^*$
2단계 후에 처음으로 ⓙ를 지나고 그 후 적어도 1회 ⓙ를 지난다.	$f_{ij}(2)f_{jj}^*$
⋮	⋮

따라서 상태 ⓘ로부터 출발하였을 때 적어도 2회 ⓙ로 되는 확률은 다음과 같다.

$$f_{ij}(1)f_{jj}^* + f_{ij}(2)f_{jj}^* + \cdots = (f_{ij}(1) + f_{ij}(2) + \cdots)f_{jj}^* = f_{ij}^* f_{jj}^* \tag{3.36}$$

이 식(3.36)에서 $i = j$ 로 두면 상태 ⓙ로부터 출발하였을 때 적어도 2회 ⓙ가 되는 확률은 $(f_{jj}^*)^2$ 로 표시된다.

이 결과를 쓰면 상태 ⓘ로부터 출발하였을 때 적어도 3회 ⓙ로 되는 확률은 다음과 같다.

$$f_{ij}(1)(f_{jj}^*)^2 + f_{ij}(2)(f_{jj}^*)^2 + \cdots = (f_{ij}(1) + f_{ij}(2) + \cdots)(f_{jj}^*)^2 = f_{ij}^*(f_{jj}^*)^2 \tag{3.37}$$

이상과 같은 과정을 순차적으로 하게 되면 상태 $\boxed{i}$로부터 출발하였을 때 적어도 m 회 $\boxed{j}$로 되는 확률은

$$f_{ij}^*(f_{jj}^*)^{m-1} \quad (i = j \Rightarrow (f_{jj}^*)^m)$$

과 같이 표시된다. 여기서 $m \to \infty$ 로 하면 다음의 공식을 얻을 수 있다.

공식 3.4

$$g_{ii} = \lim_{m \to \infty} (f_{ii}^*)^m \tag{3.38}$$

$$g_{ij} = \lim_{m \to \infty} f_{ij}^*(f_{jj}^*)^{m-1} = f_{ij}^* g_{jj} \tag{3.39}$$

예제 3.12

추이확률행렬이 다음과 같은 마르코프체인에 대하여, 확률 g_{ii}와 g_{ij}를 구하라.

$$\boldsymbol{P} = \begin{pmatrix} \frac{1}{3} & \frac{2}{3} \\ \frac{1}{4} & \frac{3}{4} \end{pmatrix}$$

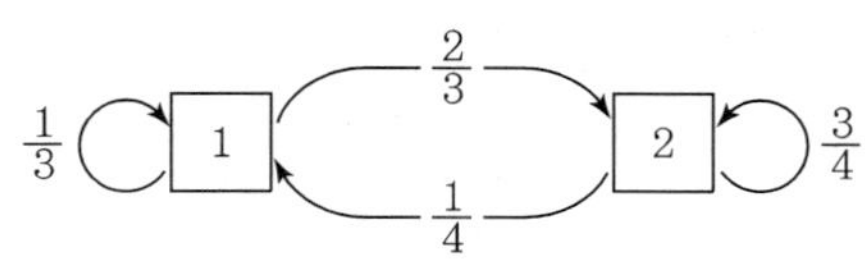

| 풀이 | 상태는 $\boxed{1}$과 $\boxed{2}$뿐이므로 상태 $\boxed{1}$로부터 출발하였을 때 m 단계 째에 처음으로 $\boxed{1}$로 된다고 하는 것은 시점 $t = 1$ 로부터 $t = m - 1$ 까지 $\boxed{2}$라고 하는 상태로서 $t = m$ 일 때 $\boxed{1}$로 되는 것이다.

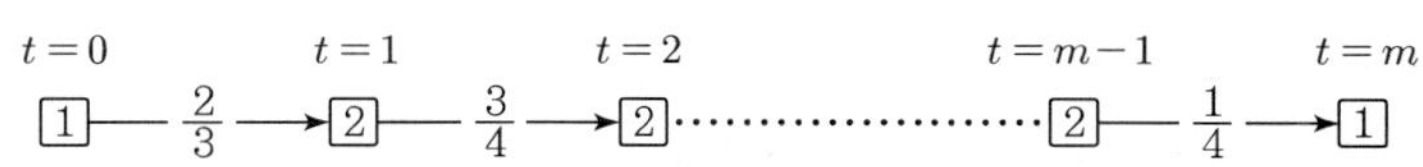

그러므로 $m \geq 2$ 일 때

$$f_{11}(m) = \frac{2}{3}\left(\frac{3}{4}\right)^{m-2}\frac{1}{4} = \frac{1}{6}\left(\frac{3}{4}\right)^{m-2}$$

이고 $m = 1$ 일 때는 명백히

$$f_{11}(1) = \frac{1}{3}$$

이다. 그 이외의 경우도 동일하게

$$f_{12}(m) = \frac{2}{3}\left(\frac{1}{3}\right)^{m-1}$$

$$f_{21}(m) = \frac{1}{4}\left(\frac{3}{4}\right)^{m-1}$$

$$f_{22}(m) = \begin{cases} \dfrac{3}{4} & (m = 1) \\ \dfrac{1}{6}\left(\dfrac{1}{3}\right)^{m-2} & (m \geq 2) \end{cases}$$

이다. 또한 식(3.33)을 이용하여

$$f_{11}(1) = \frac{1}{3}, \quad f_{12}(1) = \frac{2}{3}, \quad f_{21}(1) = \frac{1}{4}, \quad f_{22}(1) = \frac{3}{4}$$

이고, $m \geq 2$ 일 때

$$f_{11}(m) = p_{12} f_{21}(m-1) = \frac{2}{3} f_{21}(m-1)$$

$$f_{21}(m) = p_{22} f_{21}(m-1) = \frac{3}{4} f_{21}(m-1)$$

$$f_{12}(m) = p_{11} f_{12}(m-1) = \frac{1}{3} f_{12}(m-1)$$

$$f_{22}(m) = p_{21} f_{12}(m-1) = \frac{1}{4} f_{12}(m-1)$$

이 되므로 이들 식으로부터 $f_{ij}(m)$ 을 구할 수 있다.

알기 쉽게 $f_{ij}(m)$ 을 요소로 하는 행렬을 $\boldsymbol{F}(m)$ 으로 표시하면 다음과 같다.

$$\boldsymbol{F}(1) = \begin{pmatrix} \dfrac{1}{3} & \dfrac{2}{3} \\ \dfrac{1}{4} & \dfrac{3}{4} \end{pmatrix}, \quad \boldsymbol{F}(m) = \begin{pmatrix} \dfrac{1}{6}\left(\dfrac{3}{4}\right)^{m-2} & \dfrac{2}{3}\left(\dfrac{1}{3}\right)^{m-1} \\ \dfrac{1}{4}\left(\dfrac{3}{4}\right)^{m-1} & \dfrac{1}{6}\left(\dfrac{1}{3}\right)^{m-2} \end{pmatrix}$$

따라서 $\boldsymbol{F}(1) = \boldsymbol{P}$ 이다.

다음 f_{ij}^{*}를 구하여 보자. 식(3.35)로부터

$$f_{11}^{*} = \sum_{m=1}^{\infty} f_{11}(m) = \frac{1}{3} + \frac{1}{6}\left\{1 + \frac{3}{4} + \left(\frac{3}{4}\right)^2 + \cdots\right\} = \frac{1}{3} + \frac{1}{6}\left(\frac{1}{1 - \dfrac{3}{4}}\right) = \frac{1}{3} + \frac{2}{3} = 1$$

$$f_{12}^{*} = \sum_{m=1}^{\infty} f_{12}(m) = \frac{2}{3}\left\{1 + \frac{1}{3} + \left(\frac{1}{3}\right)^2 + \cdots\right\} = 1$$

$$f_{21}^{*} = \sum_{m=1}^{\infty} f_{21}(m) = \frac{1}{4}\left\{1 + \frac{3}{4} + \left(\frac{3}{4}\right)^2 + \cdots\right\} = 1$$

$$f_{22}^* = \sum_{m=1}^{\infty} f_{22}(m) = \frac{3}{4} + \frac{1}{4} \times \frac{2}{3}\left\{1 + \frac{1}{3} + \left(\frac{1}{3}\right)^2 + \cdots\right\} = \frac{3}{4} + \frac{1}{4} = 1$$

이므로 f_{ij}^*를 요소로 하는 행렬을 $\boldsymbol{F}^*$로 나타내면

$$\boldsymbol{F}^* = \begin{pmatrix} f_{11}^* & f_{12}^* \\ f_{21}^* & f_{22}^* \end{pmatrix} = \begin{pmatrix} 1 & 1 \\ 1 & 1 \end{pmatrix}$$

이 된다. 다음에 g_{ij}를 구하여 보자. 식(3.38), (3.39)에 의하여

$$g_{11} = \lim_{m\to\infty} (f_{11}^*)^m = \lim_{m\to\infty} 1^m = 1$$

$$g_{22} = \lim_{m\to\infty} (f_{22}^*)^m = \lim_{m\to\infty} 1^m = 1$$

$$g_{12} = f_{12}^* g_{22} = 1 \times 1 = 1$$

$$g_{21} = f_{21}^* g_{11} = 1 \times 1 = 1$$

이 되므로 g_{ij}를 요소로 하는 행렬 $\boldsymbol{G}$는 다음과 같다.

$$\boldsymbol{G} = \begin{pmatrix} g_{11} & g_{12} \\ g_{21} & g_{22} \end{pmatrix} = \begin{pmatrix} 1 & 1 \\ 1 & 1 \end{pmatrix}$$

이 예에서 f_{ij}^*와 g_{ij}는 모두 1로 되어 있으나 항상 그런 것은 아니다.

3.6 평균도달 및 평균방문시간

$f_{ij}(m)$은 상태 [i]로부터 출발하여 m 단계째에 처음으로 상태 [j]로 되는 확률로서 상태 [i]로부터 상태 [j]에 도달하는데 걸리는 시간(단계의 수)에는 여러 가지가 있을 수 있다. 그 평균을 h_{ij}로 나타내고 이것을 [i]로부터 [j]까지 평균도달시간이라 한다.

정의 3.3 상태 [i]로부터 상태 [j]까지 평균도달시간을 h_{ij}로 나타내면 다음과 같이 정의된다.

$$h_{ij} = \sum_{m=1}^{\infty} m f_{ij}(m)$$

특히 h_{ij}에서 $i = j$일 때 h_{ii}를 평균재귀시간(mean recurrence time)이라 한다. 다음 상태 [i]로부터 출발하였을 때 시점 $t = 1$로부터 $t = m$ 사이에서 몇 회 [j]상태로

되는가를 알아보자. m 을 한없이 크게 하면 이 값은 한없이 크게 될 가능성이 있으므로 그 값을 m 으로 나눈 산술평균을 생각하기로 하자. 즉 $t=1$ 로부터 $t=m$ 까지 사이에서 [j]로 되는 비율이다. 그러나 이 산술평균의 값도 여러 가지가 있어 어떠한 값을 취한다고 하는 확률뿐이 알 수 없다. 그러므로 그 산술평균의 기대값을 $v_{ij}(m)$으로 나타내고 다시 $\lim_{m\to\infty} v_{ij}(m)=v_{ij}$ 로 표시한다. 이 v_{ij} 를 상태 [i]로부터 출발하였을 때 [j]에 도달하는 평균방문시간이라 한다. 이 v_{ij} 는 [i]로부터 출발하였을 때 장기간에 전체에 대한 어느 정도의 비율로 [j]에 도달하는가를 나타내는 것이다.

v_{ij} 의 값을 구하기 위하여 상태 [i]로부터 출발하였을 때 시각 t 에서 상태가 [j]이면 1, [j]가 아니면 0인 값을 취하는 확률변수를 Y_t 라 하자.

Y_t 의 분포는

$$P(Y_t=1)=p_{ij}(t),\ P(Y_t=0)=1-p_{ij}(t)$$

와 같고 Y_t 의 기대값은

$$E(Y_t)=1\times p_{ij}(t)+0\times(1-p_{ij}(t))=p_{ij}(t)$$

이다. 그리고

$$Y_1+Y_2+\cdots+Y_m$$

은 시각 $t=1$ 로부터 $t=m$ 까지 사이에 [j]를 방문한 횟수이고 그 산술평균을 Z_m 이라 하면

$$Z_m=\frac{1}{m}(Y_1+Y_2+\cdots+Y_m)$$

이다. 따라서

$$\begin{aligned} v_{ij}(m) &= E(Z_m) \\ &= \frac{1}{m}\{E(Y_1)+\cdots+E(Y_m)\} \\ &= \frac{1}{m}\{p_{ij}(1)+p_{ij}(2)+\cdots+p_{ij}(m)\} \end{aligned}$$

이 된다.

그런데 $p_{ij}(t)$ 는 행렬 $\boldsymbol{P}^t$ 의 제 i 행, 제 j 열의 요소이므로 v_{ij} 를 요소로 하는 행렬을

$\boldsymbol{V}$로 나타내면 다음과 같이 정의된다.

정의 3.4 상태 [i]로부터 출발하였을 때 상태 [j]에 도달하는 평균방문시간을 v_{ij}라 하면 다음과 같이 정의된다.

$$v_{ij} = \lim_{m \to \infty} \frac{1}{m} \{p_{ij}(1) + p_{ij}(2) + \cdots + p_{ij}(m)\} \tag{3.40}$$

그리고 행렬 $\boldsymbol{V}$는 다음과 같이 얻어진다.

$$\boldsymbol{V} = \lim_{m \to \infty} \frac{1}{m} \{\boldsymbol{P} + \boldsymbol{P}^2 + \cdots + \boldsymbol{P}^m\} \tag{3.41}$$

여기서 정의된 행렬 $\boldsymbol{V}$가 마르코프체인을 연구하는데 있어서 중심적인 역할을 한다.

예제 3.13

2개의 주사위를 던질 때 6의 눈이 나온 것을 제거한다고 하는 실험을 계속할 때 주사위 눈이 전부 제거되기까지 몇 회쯤 걸리겠는가?

| 풀이 | 시점 t에서 제거되지 않고 남아 있는 주사위의 수를 $X(t)$로 표시하고 마르코프체인 $\{X(t)\}$를 생각하자.

이 경우 상태공간은

$$S = \{0, 1, 2\}$$

이고 추이확률행렬 $\boldsymbol{P}$는 다음과 같다.

$$\boldsymbol{P} = \begin{pmatrix} 1 & 0 & 0 \\ \frac{1}{6} & \frac{5}{6} & 0 \\ \frac{1}{36} & \frac{10}{36} & \frac{25}{36} \end{pmatrix} = \begin{pmatrix} 1 & 0 & 0 \\ q & p & 0 \\ q^2 & 2pq & p^2 \end{pmatrix}$$

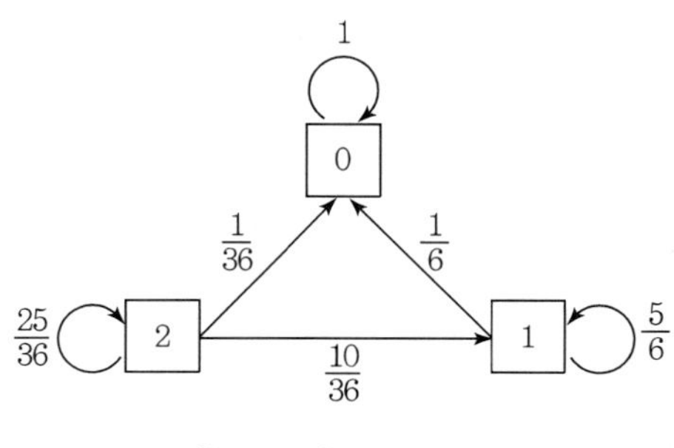

설명을 간단하게 하기 위하여 $p = \frac{5}{6}, q = \frac{1}{6}$로 둔다. 물론 $p + q = 1, p, q \geq 0$이다. 먼저

$p_{ij}(m)$ 과 $f_{ij}(m)$ 을 구해보자. 이 경우 상태 $\boxed{0}$으로부터 $\boxed{1}$ 또는 $\boxed{2}$로 가는 것은 불가능하며 또한 상태 $\boxed{1}$로부터 $\boxed{2}$로 가는 것도 불가능하다. 따라서

$$p_{01}(m) = p_{02}(m) = p_{12}(m) = 0$$
$$f_{01}(m) = f_{02}(m) = f_{12}(m) = 0$$

이고, 상태 $\boxed{0}$이 되면 그 후로는 반드시 $\boxed{0}$이 되므로 $\boxed{0}$은 흡수상태이다.

그러므로

$$p_{00}(m) = 1$$
$$f_{00}(1) = 1, \quad f_{00}(m) = 0 \quad (m \geq 2)$$

이 된다. 그런데 주사위가 1개 즉 상태 $\boxed{1}$로 되었을 때 그 이후 반드시 $\boxed{1}$이 되기 위해서는 6의 눈이 나타나면 안 된다. 따라서

$$p_{11}(m) = p^m$$
$$f_{11}(1) = p, \quad f_{11}(m) = 0 \quad (m \geq 2)$$

이다. 상태 $\boxed{1}$로부터는 $\boxed{0}$이나 $\boxed{1}$ 어느 한쪽으로만 갈 수 있고, $\boxed{0}$으로부터 $\boxed{1}$로 되돌아갈 수는 없으므로 상태 $\boxed{1}$로부터 출발하여 m 단계째에 $\boxed{0}$으로 되는 것은 m 단계째까지 $\boxed{1}$에 있다고 하는 사상의 여사상이 된다. 따라서

$$p_{10}(m) = 1 - p_{11}(m) = 1 - p^m$$

이 된다. 상태 $\boxed{1}$부터 출발하여 m 단계째에 처음으로 $\boxed{0}$으로 되는 것은 $(m-1)$ 단계째까지 $\boxed{1}$에 있고 m 단계째에 $\boxed{0}$으로 가는 경우 이외에는 없으므로

$$f_{10}(m) = p^{m-1}q$$

이다. 동일한 방법에 의하여

$$p_{22}(m) = (p^2)^m = p^{2m}$$
$$f_{22}(1) = p^2, \quad f_{22}(m) = 0 \ (m \geq 2)$$

이 된다. 다음 $p_{21}(m)$ 과 $f_{21}(m)$ 을 구해보자. 먼저

$$f_{21}(m) = (p^2)^{m-1} 2pq = 2p^{2m-1}q$$

인 것은 쉽게 알 수 있다. 이것을 식(3.34)에 대입하면

$$p_{21}(m)=\sum_{k=1}^{m}f_{21}(k)p_{11}(m-k)=\sum_{k=1}^{m}2p^{2k-1}qp^{m-k}$$

$$=2p^{m}q\sum_{k=1}^{m}p^{k-1}=2p^{m}q\frac{1-p^{m}}{1-p}$$

$$=2p^{m}(1-p^{m})=2p^{m}-2p^{2m}$$

이 된다. 끝으로 $p_{20}(m)$과 $f_{20}(m)$을 구하여 보자. 식(3.33)을 이용하면

$$f_{20}(1)=p_{20}=q^2$$

$$f_{20}(m)=p_{21}f_{10}(m-1)+p_{22}f_{20}(m-1)$$

$$=2pqp^{m-2}q+p^2f_{20}(m-1)$$

$$=2p^{m-1}q^2+p^2f_{20}(m-1)\quad(m\geq 2)$$

이 되고, 여기서 $m=2,3,4,\cdots$ 를 대입하면

$$f_{20}(2)=2pq^2+p^2q^2$$

$$f_{20}(3)=2p^2q^2+2p^3q^2+p^4q^2$$

$$f_{20}(4)=2p^3q^2+2p^4q^2+2p^5q^2+p^6q^2$$

$$f_{20}(5)=2p^4q^2+2p^5q^2+2p^6q^2+2p^7q^2+2p^8q^2$$

$$\vdots$$

이므로

$$f_{20}(m)=2p^{m-1}q^2(1+p+p^2+\cdots+p^{m-2})+p^{2m-2}q^2$$

$$=2p^{m-1}q^2\frac{1-p^{m-1}}{1-p}+p^{2m-2}q^2$$

$$=2p^{m-1}q(1-p^{m-1})+p^{2m-2}q^2$$

$$=2p^{m-1}q-p^{2m-2}(1-p^2)$$

이 된다. 이것을 식(3.34)에 대입하면

$$p_{20}(m)=\sum_{k=1}^{m}f_{20}(k)p_{00}(m-k)$$

$$=\sum_{k=1}^{m}\{2p^{m-1}q-(p^2)^{m-1}(1-p^2)\}\times 1$$

$$=2q\frac{1-p^{m}}{1-p}-(1-p^2)\frac{1-p^{2m}}{1-p^2}$$

$$= 1 - 2p^m + p^{2m}$$

$$= (1 - p^m)^2$$

이므로 이상의 결과를 행렬을 써서 종합하면 다음과 같다.

$$\boldsymbol{P}^m = \begin{pmatrix} 1 & 0 & 0 \\ 1-p^m & p^m & 0 \\ 1-2p^m+p^{2m} & 2p^m-2p^{2m} & p^{2m} \end{pmatrix}$$

행렬 $\boldsymbol{F}(1)$은 행렬 $\boldsymbol{P}$와 같으며 m이 2 이상 일 때

$$\boldsymbol{F}(m) = \begin{pmatrix} 0 & 0 & 0 \\ p^{m-1}q & 0 & 0 \\ 2p^{m-1}q - p^{2m-2}(1-p^2) & 2p^{2m-1}q & 0 \end{pmatrix} \quad (m \geq 2)$$

와 같다. 평균도달시간을 구하면 식(3.36)으로부터

$$h_{01} = h_{02} = h_{12} = 0$$

이 된다. 따라서 상태 [0]으로부터는 [1] 또는 [2]에, 상태 [1]로부터는 [2]에 결코 도달할 수가 없게 된다. 즉 도달할 확률이 0이 된다.

그리고

$$h_{00} = \sum_{m=1}^{\infty} m f_{00}(m) = 1 \times f_{00}(1) = 1$$

이므로, 상태 [0]으로부터는 1단계에서 반드시 [0]으로 간다.

또한

$$h_{11} = \sum_{m=1}^{\infty} m f_{11}(m) = 1 \times p = p$$

$$h_{10} = \sum_{m=1}^{\infty} m p^{m-1} q = q \sum m p^{m-1} = q \frac{1}{(1-p)^2} = \frac{1}{q}$$

$$h_{22} = 1 \times p^2 = p^2$$

$$h_{21} = \sum_{m=1}^{\infty} 2m p^{2m-1} q = 2pq \sum_{m=1}^{\infty} m (p^2)^{m-1}$$

$$= \frac{2pq}{(1-p^2)^2} = \frac{2p}{(1+p)^2 q}$$

$$h_{20} = \sum_{m=1}^{\infty} m \{2p^{m-1}q - p^{2m-2}(1-p^2)\}$$

$$= 2q \sum_{m=1}^{\infty} m p^{m-1} - (1-p^2) \sum_{m=1}^{\infty} m (p^2)^{m-1}$$

$$= 2q\frac{1}{(1-p)^2} - (1-p^2)\frac{1}{(1-p^2)^2}$$

$$= \frac{2}{q} - \frac{1}{(1-p^2)} = \frac{1+2p}{(1+p)q}$$

이므로 h_{ij}를 요소로 하는 행렬 $\boldsymbol{H}$는 다음과 같다.

$$\boldsymbol{H} = \begin{pmatrix} h_{00} & h_{01} & h_{02} \\ h_{10} & h_{11} & h_{12} \\ h_{20} & h_{21} & h_{22} \end{pmatrix} = \begin{pmatrix} 1 & 0 & 0 \\ \frac{1}{q} & p & 0 \\ \frac{1+2p}{(1+p)q} & \frac{2p}{(1+p)^2 q} & p^2 \end{pmatrix}$$

끝으로 평균방문시간을 구하여 보자.

$$v_{10}(m) = \frac{1}{m}\left(\sum_{k=1}^{m} p_{10}(k)\right) = \frac{1}{m}\left(\sum_{k=1}^{m}(1-p^k)\right)$$

$$= \frac{1}{m}\left(m - p\frac{1-p^m}{1-p}\right) = 1 - \frac{1}{m}\frac{p}{q}(1-p^m)$$

이고

$$v_{10} = \lim_{m\to\infty} v_{10}(m) = 1$$

이므로 동일한 방법에 의하여 $\boldsymbol{V}$는 다음과 같다.

$$\boldsymbol{V} = \begin{pmatrix} 1 & 0 & 0 \\ 1 & 0 & 0 \\ 1 & 0 & 0 \end{pmatrix}$$

연 습 문 제 3

3.1 [예제 3.2]에서 다음 확률을 구하라.

(1) $P(X(t+1)=5 \mid X(t)=4)$

(2) $P(X(t+3)=6 \mid X(t)=4)$

3.2 어떤 4년제 대학에서 각 학년에 학생이 진급하거나 졸업할 확률이 p 이고 2년 계속해서 유급이면 퇴학된다. 퇴학된 학생은 입학되지 않는다. 이것을 마르코프체인으로 어떻게 취급하면 좋은가?

3.3 [예제 3.3]의 추이확률행렬

$$\boldsymbol{P}=\begin{pmatrix} 0.8 & 0.2 \\ 0.9 & 0.1 \end{pmatrix}$$

에 대하여 $\pi(0)=(0,1)$ 일 때 $\pi(1), \pi(2), \pi(3)$ 를 구하라.

3.4 상태가 $\boxed{0}$, $\boxed{1}$, $\boxed{2}$, … 와 같은 임의보행에서

$$p_{ii+1}=p_i,\ \ p_{ii-1}=q_i=1-p_i,\ \ p_0=1\ \ (i=0,1,2,\cdots)$$

일 때 어떠한 조건하에 정상분포가 존재하는가?

3.5 [예제 3.4]의 추이확률행렬

$$\boldsymbol{P}=\begin{pmatrix} 0 & 1 & 0 & 0 & 0 & 0 \\ \frac{1}{25} & \frac{8}{25} & \frac{16}{25} & 0 & 0 & 0 \\ 0 & \frac{4}{25} & \frac{12}{25} & \frac{9}{25} & 0 & 0 \\ 0 & 0 & \frac{9}{25} & \frac{12}{25} & \frac{4}{25} & 0 \\ 0 & 0 & 0 & \frac{16}{25} & \frac{8}{25} & \frac{1}{25} \\ 0 & 0 & 0 & 0 & 1 & 0 \end{pmatrix}$$

에 대하여 $\pi(0)$이 다음과 같을 때 $\pi(1), \pi(2)$ 를 구하라.

(1) $(1,0,0,0,0,0)$ (2) $(0,0,0,0,1,0)$

3.6 1단계에서 확률 p 로 오른쪽으로 2단위, 확률 $q=1-p$ 로 왼쪽으로 1단위 이동하는 임의보행에서, 원점으로부터 출발하여 $3n$ 째에 원점으로 돌아갈 확률은 얼마인가?

3.7 [예제 3.5]의 추이확률행렬

$$\boldsymbol{P}=\begin{pmatrix}1&0&0&0&0&0\\q&0&p&0&0&0\\0&q&0&p&0&0\\0&0&q&0&p&0\\0&0&0&q&0&p\\0&0&0&0&0&1\end{pmatrix}$$

에 대하여 $\boldsymbol{\pi}(5),\boldsymbol{\pi}(6)$ 을 구하라.

3.8 [예제 3.13]의 추이확률행렬

$$\boldsymbol{P}=\begin{pmatrix}1&0&0\\q&p&0\\q^2&2pq&p^2\end{pmatrix}$$

에서 f_{ij}^*, g_{ij} 를 구하라.

3.9 [예제 3.13]에서 식(3.34)를 이용하여 $p_{10}(m)$ 을 구하라.

3.10 [예제 3.13]에서 $p=\dfrac{5}{6}$, $q=\dfrac{1}{6}$ 일 때 h_{ij} 를 구하고 $\boldsymbol{H}$를 정의하라.

3.11 확률과정 $\{X(t),\, t\geq 0\}$ 가

$$P(X(t)=k)=p_k\,(k=0,1,2,\cdots)$$

인 분포를 따를 때, $X(t)$ 의 추이확률행렬을 구하라.

3.12 오른쪽과 같은 미로 안에 있는 다람쥐는 단위 시간마다 출구를 랜덤하게 선정하여 방을 바꾼다. 시간 $(n,n+1)$ 사이에 다람쥐가 있는 방을 $\{X(t):\ t=1,2,\cdots,6\}$이라 할 때, 이의 추이확률행렬을 구하라.

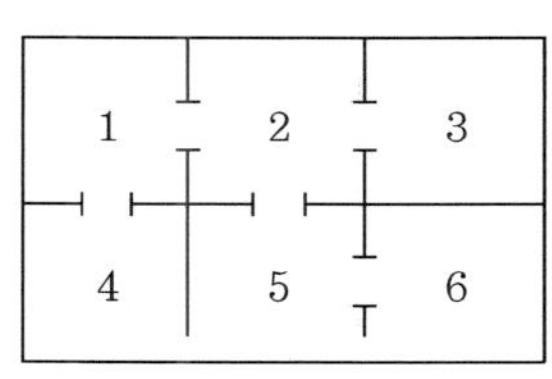

4장

상태가 2개인 마르코프체인

이 장에서는 상태가 2개뿐인 마르코프체인의 구조를 자세히 알아보기로 한다. 상태가 2개뿐이 없는 경우는 추이확률행렬이 2행 2열의 행렬로 되어 있으므로 3장에서 도입한 여러 가지 양을 쉽게 계산할 수 있다. 4장의 목적은 다음 5장 이후에서 전개하는 일반론의 기초를 다지는데 있다.

먼저 기호에 대한 2, 3개의 약속을 하여 두자.

상태공간 S, 추이확률행렬 $\boldsymbol{P}$, 추이도식을 다음과 같이 표시한다.

$$S = \{1,2\}$$

$$\boldsymbol{P} = \begin{pmatrix} s & p \\ q & r \end{pmatrix}$$

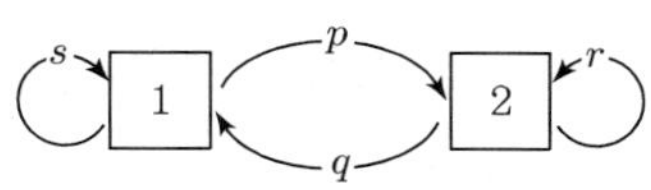

추이확률행렬 $\boldsymbol{P}$의 요소는 다음의 조건을 만족한다.

$$\begin{cases} s+p=1, & s,p \geq 0 \\ q+r=1, & q,r \geq 0 \end{cases}$$

여기서 s와 r을 소거하면 추이확률행렬은 다음과 같이 표시된다.

$$\boldsymbol{P} = \begin{pmatrix} 1-p & p \\ q & 1-q \end{pmatrix}, \ (0 \leq p \leq 1, 0 \leq q \leq 1)$$

이 형태로부터 상태가 2개뿐인 마르코프체인은 p, q라고 하는 2개의 파라미터에 의해서 완전히 결정되는 것을 알 수 있다. 이 p 또는 q의 값이 0 또는 1이 되는 경우 마르코프체인은 특별한 성질을 갖게 된다.

여기서 〈표 4.1〉과 같이 9개의 경우로 나누어서 생각하기로 하자.

〈표 4.1〉

p \ q	$q=0$	$0<q<1$	$q=1$
$p=0$	[1]	[5]	[3]
$0<p<1$	[4]	[6]	[7]
$p=1$	[2]	[8]	[9]

4.1 흡수상태를 포함하는 경우

[1] $p=q=0$:

$$\boldsymbol{P}=\begin{pmatrix}1 & 0\\0 & 1\end{pmatrix}$$

시점 t가 0일 때 상태가 ①이면 그 이후는 영구히 상태 ①에 머물러 있고, 시점 t가 0일 때 상태가 ②이면 그 이후는 영구히 상태 ②에 머물러 있게 되어 한쪽의 상태로부터 다른 쪽의 상태로 이동하는 것을 절대로 생각할 수 없다. 상태 ①과 ②는 모두 흡수상태이다.

이 경우에는 3장에서 정의한 양들의 값이 쉽게 얻어진다. $f_{ij}(m)$, f_{ij}^*를 요소로 하는 행렬을 각각 $\boldsymbol{F}(m)$, $\boldsymbol{F}^*$로 나타내면 다음과 같다.

$$\boldsymbol{P}^m=\begin{pmatrix}1 & 0\\0 & 1\end{pmatrix},\ \boldsymbol{F}(1)=\begin{pmatrix}1 & 0\\0 & 1\end{pmatrix}$$

$$\boldsymbol{F}(m)=\begin{pmatrix}0 & 0\\0 & 0\end{pmatrix}\quad (m\geq 2)$$

$$\boldsymbol{F}^*=\boldsymbol{G}=\boldsymbol{H}=\boldsymbol{V}=\begin{pmatrix}1 & 0\\0 & 1\end{pmatrix}$$

[2] $p=1,\ q=0$:

$$\boldsymbol{P}=\begin{pmatrix}0 & 1\\0 & 1\end{pmatrix}$$

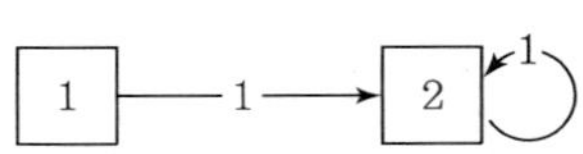

이 경우는 $t=0$ 일 때 상태가 [1]이거나 [2]이거나 $t=1$ 이후는 항상 상태는 [2]로 된다.

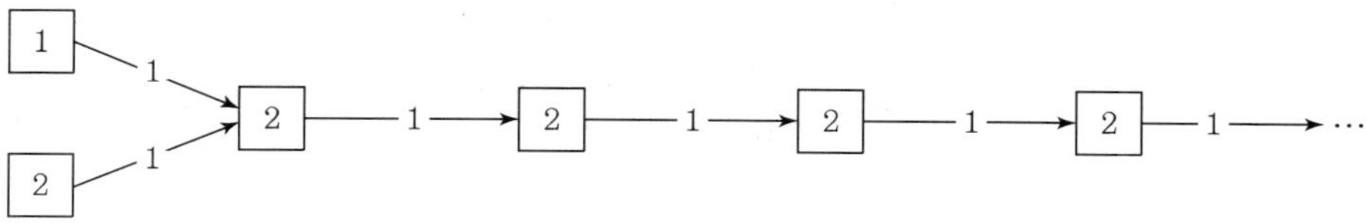

상태 [2]는 흡수상태이다. 상태 [1]은 비복귀적 상태라 한다. 이것은 상태 [1]로부터 출발하였을 때 결코 상태 [1]로는 돌아갈 수 없는 것을 의미한다. 이 경우는 다음과 같은 행렬이 성립한다.

$$\boldsymbol{P}^m=\begin{pmatrix}0 & 1\\ 0 & 1\end{pmatrix}=\boldsymbol{F}(1),\quad \boldsymbol{F}(m)=\begin{pmatrix}0 & 0\\ 0 & 0\end{pmatrix}\quad (m\geq 2)$$

$$\boldsymbol{F}^*=\boldsymbol{G}=\boldsymbol{H}=\boldsymbol{V}=\begin{pmatrix}0 & 1\\ 0 & 1\end{pmatrix}$$

[3] $p=0,\ q=1$:

$$\boldsymbol{P}=\begin{pmatrix}1 & 0\\ 1 & 0\end{pmatrix}$$

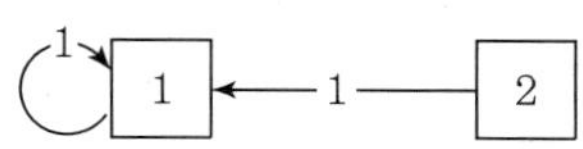

이 경우는 [1]이 흡수상태이고, [2]가 비복귀적 상태이므로 다음이 성립한다.

$$\boldsymbol{P}^m=\begin{pmatrix}1 & 0\\ 1 & 0\end{pmatrix}=\boldsymbol{F}(1)=\boldsymbol{F}^*=\boldsymbol{G}=\boldsymbol{H}=\boldsymbol{V}$$

$$\boldsymbol{F}(m)=\begin{pmatrix}0 & 0\\ 0 & 0\end{pmatrix}\quad (m\geq 2)$$

[4] $0<p<1,\ q=0$:

$$\boldsymbol{P}=\begin{pmatrix}s & p\\ 0 & 1\end{pmatrix}$$

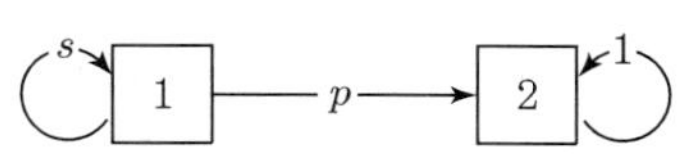

상태 [2]는 흡수상태이다. 그러나 상태 [1]은 비복귀적 상태는 아니다. 이것은 [1]로부터 출발하여 다시 [1]로 돌아갈 가능성이 있기 때문이다.

$$\boldsymbol{P}^2 = \begin{pmatrix} s^2 & p(1+s) \\ 0 & 1 \end{pmatrix} = \begin{pmatrix} s^2 & 1-s^2 \\ 0 & 1 \end{pmatrix}$$

$$\boldsymbol{P}^3 = \begin{pmatrix} s^3 & p(1+s+s^2) \\ 0 & 1 \end{pmatrix} = \begin{pmatrix} s^3 & 1-s^3 \\ 0 & 1 \end{pmatrix}$$

$$\vdots$$

일반적으로

$$\boldsymbol{P}^m = \begin{pmatrix} s^m & p(1+s+\cdots+s^{m-1}) \\ 0 & 1 \end{pmatrix} = \begin{pmatrix} s^m & 1-s^m \\ 0 & 1 \end{pmatrix}$$

과 같이 된다.

이 $\boldsymbol{P}^m$ 의 제 1행은 상태 [1]로부터 출발하였을 때 $t=0$ 으로부터 $t=m$ 까지 사이에 계속하여 [1]에 머물러 있을 확률은 s^m 이고 상태 [2]에 흡수될 확률은 $(1-s^m)$ 인 것을 나타낸다. 가정으로부터 $0<s<1$ 이므로

$$\lim_{m\to\infty} s^m = 0, \ \lim_{m\to\infty}(1-s^m) = 1$$

이 된다. 이 사실은 상태 [1]로부터 출발하여 영구히 [1]의 상태에 머물러 있을 확률은 0 이고, 언젠가는 [2]로 흡수될 확률은 1 즉 [1]로부터 출발하였을 때 [2]로 흡수되는 것은 확실한 것을 나타내고 있다. 다음이 성립한다.

$$\boldsymbol{F}(1) = \begin{pmatrix} s & p \\ 0 & 1 \end{pmatrix}, \ \boldsymbol{F}(m) = \begin{pmatrix} 0 & ps^{m-1} \\ 0 & 0 \end{pmatrix} \quad (m \geq 2)$$

$$\boldsymbol{F}^* = \boldsymbol{F}(1) + \boldsymbol{F}(2) + \cdots = \begin{pmatrix} s & 1 \\ 0 & 1 \end{pmatrix}$$

또한

$$g_{11} = \lim_{m\to\infty}(f_{11}^*)^m = \lim_{m\to\infty} s^m = 0,$$

$$g_{22} = \lim_{m\to\infty}(f_{22}^*)^m = \lim_{m\to\infty} 1^m = 1,$$

$$g_{12} = f_{12}^* g_{22} = 1\times 1 = 1,$$

$$g_{21} = f_{21}^* g_{11} = 0\times 0 = 0$$

이므로

$$G = \begin{pmatrix} 0 & 1 \\ 0 & 1 \end{pmatrix}$$

이 된다. 그리고

$$H = \sum_{m=1}^{\infty} mF(m) = \begin{pmatrix} s & p(1+2s+3s^2+\cdots) \\ 0 & 1 \end{pmatrix} = \begin{pmatrix} s & \dfrac{1}{p} \\ 0 & 1 \end{pmatrix}$$

$$V = \lim_{m\to\infty} \frac{1}{m}(P + P^2 + \cdots + P^m)$$

$$= \lim_{m\to\infty} \frac{1}{m} \begin{pmatrix} \dfrac{s}{p}(1-s^m) & m - \dfrac{s}{p}(1-s^m) \\ 0 & m \end{pmatrix} = \begin{pmatrix} 0 & 1 \\ 0 & 1 \end{pmatrix}$$

이다.

[5] $p = 0,\ 0 < q < 1$:

$$P = \begin{pmatrix} 1 & 0 \\ q & r \end{pmatrix}$$

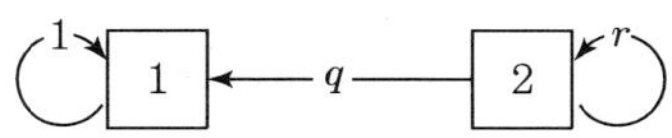

이 경우도 [4]와 같이 다음이 성립된다.

$$P^m = \begin{pmatrix} 1 & 0 \\ 1-r^m & r^m \end{pmatrix}$$

$$F(1) = \begin{pmatrix} 1 & 0 \\ q & r \end{pmatrix},\quad F(m) = \begin{pmatrix} 1 & 0 \\ qr^{m-1} & 0 \end{pmatrix} \quad (m \ge 2)$$

$$F^* = \begin{pmatrix} 1 & 0 \\ 1 & r \end{pmatrix},\quad G = \begin{pmatrix} 1 & 0 \\ 1 & 0 \end{pmatrix} = V,\quad H = \begin{pmatrix} 1 & 0 \\ \dfrac{1}{q} & r \end{pmatrix}$$

4.2 행렬 P^m

마르코프체인을 취급할 때 추이확률행렬 P를 m 제곱한 P^m이 어떠한 행렬이 되는가는 매우 중요한 사항 중에 하나이다.

상태가 2개뿐인 경우에 $\boldsymbol{P}^m$을 나타내는 공식을 구해보자.

먼저

$$\boldsymbol{P} = \begin{pmatrix} 1-p & p \\ q & 1-q \end{pmatrix}$$

로 두면

$$0 \leq p \leq 1, \quad 0 \leq q \leq 1$$

이므로

$$0 \leq p+q \leq 2$$

이 성립한다. 이 부등식에서 등호가 성립하는 경우를 음미하면

$$\begin{aligned} p+q=0 &\quad \Leftrightarrow \quad p=q=0 \\ p+q=2 &\quad \Leftrightarrow \quad p=q=1 \end{aligned}$$

이므로 [1]과 뒤에 설명하는 [9] 이외는 모두

$$0 < p+q < 2$$

이 된다. 따라서

$$|1-p-q| < 1$$

이 만족된다. 지금 필요한 것은 $p+q$가 양수라고 하는 조건인 것이다.

공식 4.1 $p+q>0$ 이면

$$\boldsymbol{P}^m = \frac{1}{p+q}\begin{pmatrix} q & p \\ q & p \end{pmatrix} + \frac{(1-p-q)^m}{p+q}\begin{pmatrix} p & -p \\ -q & q \end{pmatrix} \tag{4.1}$$

이 공식은 다음 5장에서부터 이용된다. 실은 이 공식을 유도하는 과정에서 마르코프체인의 구조가 점차로 명백해지지만 여기서는 간단히 증명만하여 보자.

먼저

$$\boldsymbol{A} = \frac{1}{p+q}\begin{pmatrix} q & p \\ q & p \end{pmatrix} = \begin{pmatrix} \dfrac{q}{p+q} & \dfrac{p}{p+q} \\ \dfrac{q}{p+q} & \dfrac{p}{p+q} \end{pmatrix}$$

$$\boldsymbol{B}=\frac{1}{p+q}\begin{pmatrix} p & -p \\ -q & q \end{pmatrix}=\begin{pmatrix} \dfrac{p}{p+q} & -\dfrac{p}{p+q} \\ -\dfrac{q}{p+q} & \dfrac{q}{p+q} \end{pmatrix}$$

로 두고, 다시

$$u=\frac{p}{p+q},\ v=\frac{q}{p+q}$$

로 두면

$$u+v=1,\ u,v\geq 0$$

이므로

$$\boldsymbol{A}=\begin{pmatrix} v & u \\ v & u \end{pmatrix},\ \boldsymbol{B}=\begin{pmatrix} u & -u \\ -v & v \end{pmatrix}$$

로 쓸 수 있다. 이 행렬 $\boldsymbol{A}$는 제 1행과 제 2행이 같은 확률행렬이므로 독립시행의 추이행렬로 볼 수 있다. 행렬 $\boldsymbol{B}$는 확률행렬은 아니지만 명백히

$$\boldsymbol{A}+\boldsymbol{B}=\boldsymbol{I}\ (\text{단위행렬}) \tag{4.2}$$

$$\boldsymbol{AB}=\boldsymbol{BA}=0\ (\text{영행렬}) \tag{4.3}$$

이 성립한다.

식(4.2)의 양변에 $\boldsymbol{A}$ 또는 $\boldsymbol{B}$를 곱하고 식(4.3)을 이용하면

$$\boldsymbol{A}^2+\boldsymbol{AB}=\boldsymbol{A},\ \boldsymbol{BA}+\boldsymbol{B}^2=\boldsymbol{B}$$
$$\boldsymbol{A}^2+0=\boldsymbol{A},\ 0+\boldsymbol{B}^2=\boldsymbol{B}$$

이므로

$$\boldsymbol{A}^2=\boldsymbol{A},\ \boldsymbol{B}^2=\boldsymbol{B} \tag{4.4}$$

가 얻어진다.

다음에 $c=1-p-q$로 두면

$$\begin{aligned}\boldsymbol{A}+c\boldsymbol{B}&=\boldsymbol{A}+(1-p-q)\boldsymbol{B}\\ &=\boldsymbol{A}+\boldsymbol{B}-(p+q)\boldsymbol{B}=\boldsymbol{I}-(p+q)\boldsymbol{B}\\ &=\begin{pmatrix} 1 & 0 \\ 0 & 1 \end{pmatrix}-\begin{pmatrix} p & -p \\ -q & q \end{pmatrix}=\begin{pmatrix} 1-p & p \\ q & 1-q \end{pmatrix}\end{aligned}$$

이 되므로

$$P = A + cB \tag{4.5}$$

가 얻어진다. 다시 식(4.3), (4.4), (4.5)를 쓰면

$$PA = AP = A,\ PB = BP = cB \tag{4.6}$$

이므로 식(4.5)와 식(4.6)으로부터

$$P^2 = PP = (A + cB)P = AP + cBP = A + c^2B$$
$$P^3 = P^2P = (A + c^2B)P = AP + c^2BP = A + c^3B$$

이 된다. 따라서 일반적으로

$$P^m = A + c^mB$$

가 유도된다. 이것은 [공식 4.1]에 해당된다.

예제 4.1

어떤 자연수 m 에 대해서 확률행렬 P 의 m 제곱이 $\begin{pmatrix} \frac{1}{2} & \frac{1}{2} \\ \frac{1}{2} & \frac{1}{2} \end{pmatrix}$과 같으면 $P = \begin{pmatrix} \frac{1}{2} & \frac{1}{2} \\ \frac{1}{2} & \frac{1}{2} \end{pmatrix}$ 임을 보여라.

| 풀이 | 식(4.1)로부터

$$\begin{pmatrix} v & u \\ v & u \end{pmatrix} + c^m \begin{pmatrix} u & -u \\ -v & v \end{pmatrix} = \begin{pmatrix} \frac{1}{2} & \frac{1}{2} \\ \frac{1}{2} & \frac{1}{2} \end{pmatrix}$$

이 양변에 왼쪽으로부터 벡터 (1, −1)을 곱하면

$$(0,0) + c^m(u+v,\ -u-v) = (0,0)$$

이 되는데 $u+v=1$ 이므로

$$c^m(1,-1) = (0,0)$$

이 된다. 따라서 $c=0$ 이 된다. 정수 c 는 $c=1-p-q$ 이므로 $p+q=1$ 이 된다.
그러므로

$$P = A + cB = A + 0B = A = \begin{pmatrix} q & p \\ q & p \end{pmatrix}$$

이 되며, 이것은 독립시행의 추이확률행렬이므로 다음이 성립된다.

$$\boldsymbol{P}^m = \boldsymbol{P} = \begin{pmatrix} \frac{1}{2} & \frac{1}{2} \\ \frac{1}{2} & \frac{1}{2} \end{pmatrix}$$

4.3 흡수상태를 포함하지 않는 경우

상태 [i]가 흡수상태라고 하는 것은 [i]로부터 1단계에서 [i]로 가는 확률이 1인 것이다. 이것은

$$\boldsymbol{P} = \begin{pmatrix} s & p \\ q & r \end{pmatrix},\ s+p=1,\ q+r=1$$

과 같은 경우에

$$s=1 \quad \Rightarrow \quad p=0$$
$$p=1 \quad \Rightarrow \quad s=0$$

을 의미한다. 따라서 남아있는 4가지의 경우 [6] ~ [9]는 모두 흡수상태를 포함하지 않는다.

여기서도 앞 절의 기호를 그대로 이용한다.

[6] $0<p<1,\ 0<q<1$

$$\boldsymbol{P} = \begin{pmatrix} s & p \\ q & r \end{pmatrix}$$

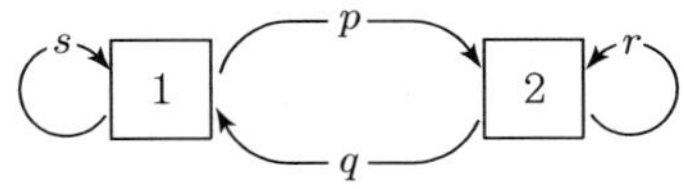

[7] $0<p<1,\ q=1$

$$\boldsymbol{P} = \begin{pmatrix} s & p \\ 1 & 0 \end{pmatrix}$$

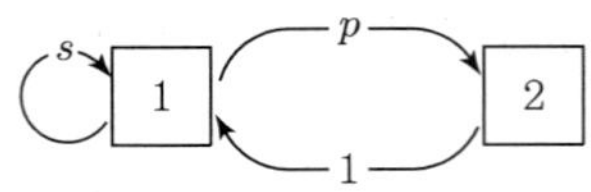

[8] $p=1,\ 0<q<1$

$$\boldsymbol{P}=\begin{pmatrix}0 & 1\\ q & r\end{pmatrix}$$

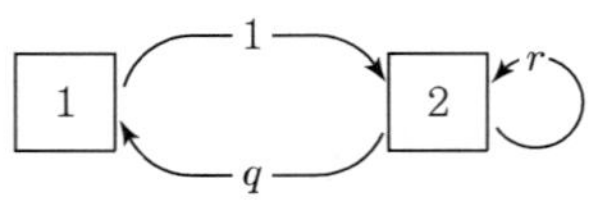

[9] $p=1,\ q=1$

$$\boldsymbol{P}=\begin{pmatrix}0 & 1\\ 1 & 0\end{pmatrix}$$

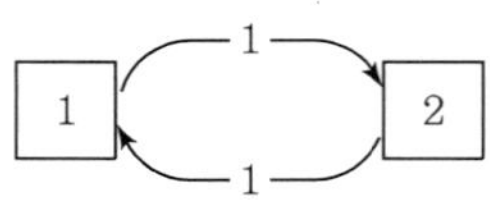

이것들 중에 [6], [7], [8]은 같은 성질을 가졌으나, [9]는 조금 다르다. 따라서 [6]과 [9]의 경우에 대해서 고찰하기로 하자.

[6] $\begin{cases}0<p<1,\ 0<s<1\\ 0<q<1,\ 0<r<1\end{cases}$

$$\boldsymbol{P}=\begin{pmatrix}s & p\\ q & r\end{pmatrix}$$

식(4.1)로부터

$$\boldsymbol{P}^m=\frac{1}{p+q}\begin{pmatrix}q & p\\ q & p\end{pmatrix}+\frac{(1-p-q)^m}{p+q}\begin{pmatrix}p & -p\\ -q & q\end{pmatrix}$$

이 되고, 또한 식(3.33)으로부터

$$f_{11}(1)=s,\ f_{12}(1)=p$$
$$f_{21}(1)=q,\ f_{22}(1)=r$$

이 된다. $m\geq 2$ 일 때

$$f_{11}(m)=pf_{21}(m-1),\quad f_{12}(m)=sf_{12}(m-1)$$

$$f_{21}(m) = rf_{21}(m-1), \quad f_{22}(m) = qf_{12}(m-1)$$

이고, 따라서 $f_{12}(m), f_{21}(m)$ 은 등비수열이므로

$$f_{12}(m) = ps^{m-1}, \quad f_{21}(m) = qr^{m-1}$$

이 된다. 이것을 $f_{11}(m), f_{22}(m)$ 에 대입하면

$$f_{11}(m) = pqr^{m-2}, \quad f_{22}(m) = pqs^{m-2}$$

과 같다. 이를 행렬로 나타내면 다음과 같다.

$$\boldsymbol{F}(m) = \begin{pmatrix} pqr^{m-2} & ps^{m-1} \\ qr^{m-1} & pqs^{m-2} \end{pmatrix} \quad (m \geq 2)$$

따라서

$$\begin{aligned} \boldsymbol{F}^* &= \sum_{m=1}^{\infty} \boldsymbol{F}(m) = \begin{pmatrix} s + pq(1 + r + r^2 + \cdots) & p(1 + s + s^2 + \cdots) \\ q(1 + r + r^2 + \cdots) & r + pq(1 + s + s^2 + \cdots) \end{pmatrix} \\ &= \begin{pmatrix} s + p & 1 \\ 1 & r + q \end{pmatrix} = \begin{pmatrix} 1 & 1 \\ 1 & 1 \end{pmatrix} \end{aligned}$$

이 되며, 또한 식(3.38), (3.39)에 의하여

$$\begin{aligned} g_{11} &= \lim_{m \to \infty} (f_{11}^*)^m = 1, \quad g_{22} = \lim_{m \to \infty} (f_{22}^*)^m = 1 \\ g_{12} &= \lim_{m \to \infty} f_{12}^* (f_{22}^*)^{m-1} = \lim_{m \to \infty} 1 \times 1^{m-1} = 1 \\ g_{21} &= \lim_{m \to \infty} f_{21}{}^* (f_{11}^*)^{m-1} = \lim_{m \to \infty} 1 \times 1^{m-1} = 1 \end{aligned}$$

이 된다. 따라서 다음을 얻을 수 있다.

$$\boldsymbol{G} = \begin{pmatrix} 1 & 1 \\ 1 & 1 \end{pmatrix}$$

다음으로 평균도달시간을 구해보자.

$$h_{11} = \sum_{m=1}^{\infty} m f_{11}(m) = s + \sum_{m=2}^{\infty} mpqr^{m-2}$$

$$= s + \frac{pq}{r}\left[\sum_{m=1}^{\infty} mr^{m-1} - 1\right] = s + \frac{pq}{r}\left(\frac{1}{q^2} - 1\right)$$

$$= s + \frac{p(1+q)}{q} = \frac{p+q}{q}$$

$$h_{12} = \sum_{m=1}^{\infty} mf_{12}(m) = \sum_{m=1}^{\infty} mps^{m-1}$$

$$= p\sum_{m=1}^{\infty} ms^{m-1} = p\frac{1}{(1-s)^2} = p\frac{1}{p^2} = \frac{1}{p}$$

동일하게 해서

$$h_{21} = \frac{1}{q}, \quad h_{22} = \frac{p+q}{p}$$

이므로

$$\boldsymbol{H} = \begin{pmatrix} \frac{p+q}{q} & \frac{1}{p} \\ \frac{1}{q} & \frac{p+q}{p} \end{pmatrix}$$

이 된다. 이번에는 평균방문시간을 구하여 보자.

$$\boldsymbol{V} = \lim_{m\to\infty} \frac{1}{m}(\boldsymbol{P} + \boldsymbol{P}^2 + \cdots + \boldsymbol{P}^m)$$

$$= \lim_{m\to\infty} \frac{1}{m}[(\boldsymbol{A} + c\boldsymbol{B}) + (\boldsymbol{A} + c^2\boldsymbol{B}) + \cdots + (\boldsymbol{A} + c^m\boldsymbol{B})]$$

$$= \lim_{m\to\infty} \left[\boldsymbol{A} + \left(\frac{c + c^2 + \cdots + c^m}{m}\right)\boldsymbol{B}\right]$$

$$= \boldsymbol{A} + \lim_{m\to\infty} \frac{1}{m}\frac{c(1-c^m)}{1-c}\boldsymbol{B} = \boldsymbol{A}$$

이므로

$$\boldsymbol{V} = \boldsymbol{A} = \begin{pmatrix} \frac{q}{p+q} & \frac{p}{p+q} \\ \frac{q}{p+q} & \frac{p}{p+q} \end{pmatrix}$$

이 된다.

예제 4.2

S 과목을 강의하고 있는 P 교수는 기말시험에 자기가 관심이 깊은 A, B 두 문제 중 반드시 한 문제를 출제한다. 어떤 연도에 A 문제를 출제하였다면 다음 연도에는 동전을 던져서 앞면이 나오면 A 를 뒷면이 나오면 B 문제를 출제한다. 그리고 B 문제를 출제한 다음 연도에는 주사위를 던져서 1이나 6의 눈이 나오면 A 를, 이 이외의 눈이 나오면 B 를 출제하는 원칙을 세웠다. 금년에 A 문제가 출제되었을 때 m 년 후에 A, B가 출제될 확률 및 장기간에 있어서 A, B가 출제될 비율을 구하라.

| 풀이 |

$$\boldsymbol{P}=\begin{pmatrix} \frac{1}{2} & \frac{1}{2} \\ \frac{1}{3} & \frac{2}{3} \end{pmatrix}$$

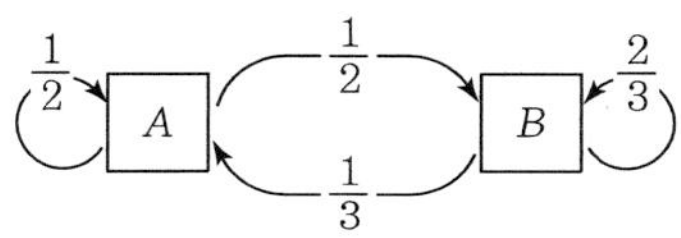

식(4.1)로부터

$$\boldsymbol{P}^m=\frac{1}{5}\begin{pmatrix} 2 & 3 \\ 2 & 3 \end{pmatrix}+\frac{1}{5}\left(\frac{1}{6}\right)^m\begin{pmatrix} 3 & -3 \\ -2 & 2 \end{pmatrix}$$

이므로 m 년 후에 A, B가 출제될 확률을 각각 $p_A(m)$, $p_B(m)$ 으로 두면

$$\boldsymbol{\pi}(0)=(p_A(0),\,p_B(0))=(1,0)$$
$$\boldsymbol{\pi}(m)=(p_A(m),\,p_B(m))=\boldsymbol{\pi}(0)\boldsymbol{P}^m$$

이 된다. 따라서

$$p_A(m)=\frac{1}{5}\left\{2+3\left(\frac{1}{6}\right)^m\right\}$$
$$p_B(m)=\frac{1}{5}\left\{3-3\left(\frac{1}{6}\right)^m\right\}$$

이 되며, 또한

$$\boldsymbol{V}=\frac{1}{5}\begin{pmatrix} 2 & 3 \\ 2 & 3 \end{pmatrix}$$

이므로 장기간에서 보면 문제 A가 출제될 비율은 $\frac{2}{5}$ 이고, B가 출제될 비율은 $\frac{3}{5}$ 이 된다.

[9] $\boldsymbol{P}=\begin{pmatrix}0 & 1\\ 1 & 0\end{pmatrix}$

이 경우에는 $\boxed{1}$로부터는 확률 1로 상태 $\boxed{2}$가 되고, 상태 $\boxed{2}$로부터는 확률 1로 상태 $\boxed{1}$이 되므로 상태 $\boxed{1}$과 상태 $\boxed{2}$가 교대로 나타난다. 따라서 $t=0$ 일 때의 상태에 따라 다음의 어느 변화를 하게 된다.

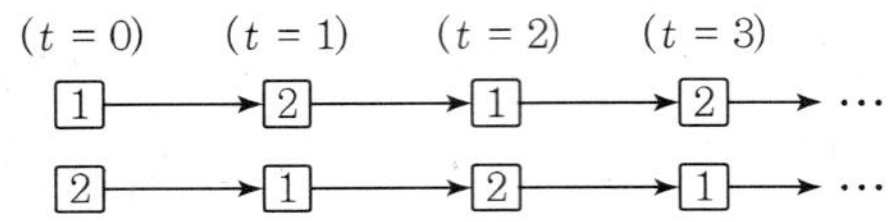

즉 k를 자연수라 할 때

$$\boldsymbol{P}^{2k-1}=\begin{pmatrix}0 & 1\\ 1 & 0\end{pmatrix},\quad \boldsymbol{P}^{2k}=\begin{pmatrix}1 & 0\\ 0 & 1\end{pmatrix}$$

이 된다. 식(4.1)을 쓰면

$$\boldsymbol{P}^m=\begin{pmatrix}\frac{1}{2} & \frac{1}{2}\\ \frac{1}{2} & \frac{1}{2}\end{pmatrix}+(-1)^m\begin{pmatrix}\frac{1}{2} & -\frac{1}{2}\\ -\frac{1}{2} & \frac{1}{2}\end{pmatrix}$$

으로 표시된다.

그리고 명백히

$$\boldsymbol{F}(1)=\begin{pmatrix}0 & 1\\ 1 & 0\end{pmatrix},\quad \boldsymbol{F}(2)=\begin{pmatrix}1 & 0\\ 0 & 1\end{pmatrix}$$

$$\boldsymbol{F}(m)=\begin{pmatrix}0 & 0\\ 0 & 0\end{pmatrix}\qquad (m\geq 3)$$

이 된다.

또한

$$\boldsymbol{H}=\sum_{m=1}^{\infty}m\boldsymbol{F}(m)=\begin{pmatrix}0 & 1\\ 1 & 0\end{pmatrix}+2\begin{pmatrix}1 & 0\\ 0 & 1\end{pmatrix}=\begin{pmatrix}2 & 1\\ 1 & 2\end{pmatrix}$$

이 된다. 한편

$$\boldsymbol{V}=\begin{pmatrix}\frac{1}{2} & \frac{1}{2}\\ \frac{1}{2} & \frac{1}{2}\end{pmatrix}$$

을 얻는데 이것은 출발점이 [1]이거나 [2]이거나 장기간에는 약 반씩 [1] 또는 [2]의 상태가 되는 것을 나타낸다.

$\boldsymbol{V}$를 유도하기 위하여

$$\boldsymbol{A}=\begin{pmatrix}\frac{1}{2} & \frac{1}{2}\\ \frac{1}{2} & \frac{1}{2}\end{pmatrix},\quad \boldsymbol{B}=\begin{pmatrix}\frac{1}{2} & -\frac{1}{2}\\ -\frac{1}{2} & \frac{1}{2}\end{pmatrix}$$

$$\boldsymbol{P}^m=\boldsymbol{A}+(-1)^m\boldsymbol{B}$$

로 두면

$$\begin{aligned}\boldsymbol{V}(m)&=\frac{1}{m}\{(\boldsymbol{A}-\boldsymbol{B})+(\boldsymbol{A}+\boldsymbol{B})+(\boldsymbol{A}-\boldsymbol{B})+\cdots\}\\&=\begin{cases}\boldsymbol{A}-\frac{1}{m}\boldsymbol{B} & (m\text{이 홀수일 때})\\ \boldsymbol{A} & (m\text{이 짝수일 때})\end{cases}\end{aligned}$$

이므로

$$\boldsymbol{V}=\lim_{m\to\infty}\boldsymbol{V}(m)=\boldsymbol{A}$$

이 된다. 이상에서 다룬 내용을 한 번 더 반복해 보자.

제일 먼저 취급한 [1]의 경우는 특수하니까 별도로 생각하고, [2] ~ [9]에서는

$$\boldsymbol{P}^m=\boldsymbol{A}+c^m\boldsymbol{B}$$

와 같은 꼴로 나타낼 수 있다. 특히 [2] ~ [8]까지는

$$|c|<1$$

이므로

$$\lim_{m\to\infty}\boldsymbol{P}^m=\boldsymbol{A}$$

이 존재하나, [9]에서는 $c=-1$ 이므로 $\lim_{m\to\infty}\boldsymbol{P}^m$ 이 존재하지 않는다.

그러나 [1]부터 [9]까지 모든 경우에 있어서

$$\boldsymbol{V} = \lim_{m \to \infty} \frac{1}{m}(\boldsymbol{P} + \boldsymbol{P}^2 + \cdots + \boldsymbol{P}^m)$$

이 존재한다.

이 사실은 대단히 중요한 의미를 갖고 있다. 이후의 해설에서와 같이 일반적인 경우에도 $\boldsymbol{V}$가 존재하는 것이 증명되고, 식(4.1)과 같은 공식을 유도할 수가 있다. 물론 이에 앞서 이 장에서 전개한 것과 같은 절차로서 여러 가지 양을 구할 수가 있다.

연습문제 4

4.1 [3]의 경우 $\boldsymbol{P}=\begin{pmatrix}1 & 0\\1 & 0\end{pmatrix}$ 즉 $p=0, q=1$ 일 때

$$\boldsymbol{P}^m=\begin{pmatrix}1 & 0\\1 & 0\end{pmatrix}=\boldsymbol{F}(1)=\boldsymbol{F}^*=\boldsymbol{G}=\boldsymbol{H}=\boldsymbol{V}$$

$$\boldsymbol{F}(m)=\begin{pmatrix}0 & 0\\0 & 0\end{pmatrix}\quad (m\geq 2)$$

를 증명하라.

4.2 [4]의 경우 $\boldsymbol{P}=\begin{pmatrix}s & p\\0 & 1\end{pmatrix}$ 즉 $0<p<1,\ q=0$ 일 때 다음을 구하라.

(1) 상태 [1]로부터 출발하였을 때 [1]의 상태에 머물러 있을 평균시간

(2) 상태 [1]로부터 출발하였을 때 [2]에 흡수되기까지의 평균시간

4.3 [5]의 경우 $\boldsymbol{P}=\begin{pmatrix}1 & 0\\q & r\end{pmatrix}$ 즉 $p=0,\ 0<q<1$ 일 때

$$\boldsymbol{P}^m,\ \boldsymbol{F}(m),\ \boldsymbol{F}^*,\ \boldsymbol{G},\ \boldsymbol{H},\ \boldsymbol{V}$$

를 확인하라.

4.4 임의의 자연수 l, m 에 대해서 다음 식이 성립하는 것을 보여라.

$$\boldsymbol{A}^l=\boldsymbol{A},\ \boldsymbol{B}^m=\boldsymbol{B},\ \boldsymbol{A}^l\boldsymbol{B}^m=\boldsymbol{B}^m\boldsymbol{A}^l=0$$

4.5 [2]와 [3]의 경우 즉

$$\boldsymbol{P}=\begin{pmatrix}0 & 1\\0 & 1\end{pmatrix},\ \boldsymbol{P}=\begin{pmatrix}1 & 0\\1 & 0\end{pmatrix}$$

에 대하여 식(4.1)이 성립하는 것을 보여라.

4.6 두 행렬

$$A=\begin{pmatrix} v & u \\ v & u \end{pmatrix},\ B=\begin{pmatrix} u & -u \\ -v & v \end{pmatrix}$$

에 대하여 다음이 성립됨을 확인하라.

(1) $A+B=I$

(2) $AB=BA=0$

4.7 두 행렬

$$A=\begin{pmatrix} v & u \\ v & u \end{pmatrix},\ B=\begin{pmatrix} u & -u \\ -v & v \end{pmatrix}$$

에 대하여 다음이 성립됨을 유도하라.

$$PA=AP=A,\ PB=BP=cB$$

5장 마르코프체인의 분류

마르코프체인의 성질은 그 추이도식의 구조와 깊은 관계가 있다. 이 장에서는 추이도식의 구조에 의해서 마르코프체인을 분류하고자 한다.

5.1 성분

추이도식은

(1) $p_{ij} > 0$ 이면 $\boxed{i}$와 $\boxed{j}$를 $\boxed{i}$로부터 $\boxed{j}$까지 화살표로 연결한다.

(2) $p_{ij} = 0$ 이면 $\boxed{i}$와 $\boxed{j}$를 $\boxed{i}$로부터 $\boxed{j}$까지 화살표로 연결하지 않는다라고 하는 2개의 약속에 의하여 나타낸 그림이다.

이 장에서는 추이도식의 구조를 고찰할 것이므로 p_{ij}가 양수인가 영인가 만을 문제로 하고 그 구체적인 수치는 문제로 하지 않기로 한다.

m 단계의 추이확률 $p_{ij}(m)$이 양수라고 하는 것은 어떤 시점에 만일 상태가 $\boxed{i}$이면 그로부터 m 단계 후에 상태가 $\boxed{j}$로 되는 확률이 양수라고 하는 것 즉 m 단계에서 $\boxed{i}$로부터 $\boxed{j}$로 이동하는 가능성이 있는 것을 나타낸다. 이와 같을 때 $\boxed{i}$로부터 $\boxed{j}$에 도달가능(accessible)이라 하고 기호로

$$\boxed{i} \rightarrow \boxed{j}$$

와 같이 표시한다. 또한 어떠한 m에 대해서도 $p_{ij}(m) = 0$ 이면 $\boxed{i}$로부터 $\boxed{j}$에 도달불가능이라 하고

$$\boxed{i} \nrightarrow \boxed{j}$$

로 나타낸다. 특히 $\boxed{i}\rightarrow\boxed{j}$ 및 $\boxed{i}\leftarrow\boxed{j}$일 때 $\boxed{i}$와 $\boxed{j}$는 전달가능(communicate)이라 하고

$$\boxed{i} \leftrightarrow \boxed{j}$$

와 같이 표시한다. 전달가능에 대해서는

$$\boxed{i} \leftrightarrow \boxed{j},\ \boxed{j} \leftrightarrow \boxed{k}$$

일 때

$$p_{ij}(m) > 0\ ,\ p_{jk}(n) > 0$$

과 같은 $m > 0,\ n > 0$ 이 존재하므로 채프만 콜모고로프의 방정식에 의하여

$$p_{ik}(m+n) = \sum_{s} p_{is}(m) p_{sk}(n) \geq p_{ij}(m) p_{jk}(n) > 0$$

과 같이 되어 $\boxed{i} \leftrightarrow \boxed{k}$가 된다. 또한 정의로부터 $\boxed{i} \leftrightarrow \boxed{j}$일 때 $\boxed{j} \leftrightarrow \boxed{i}$이다. 그리고

$$p_{ij}(0) = \begin{cases} 1 & (i = j) \\ 0 & (i \neq j) \end{cases}$$

이다.

상태 $\boxed{i}$는 0단계에서 $\boxed{i}$자신으로 이동된다. 즉 $\boxed{i}$는 $\boxed{i}$자신과 전달가능이다. 따라서 전달가능은 다음의 동치관계를 만족한다.

(1) 모든 $\boxed{i}$에 대해서 $\boxed{i} \leftrightarrow \boxed{i}$ (반사율)
(2) $\boxed{i} \leftrightarrow \boxed{j}$이면 $\boxed{j} \leftrightarrow \boxed{i}$ (대칭률)
(3) $\boxed{i} \leftrightarrow \boxed{j},\ \boxed{j} \leftrightarrow \boxed{k}$이면 $\boxed{i} \leftrightarrow \boxed{k}$ (추이율)

전달가능을 써서 상태공간을 분할하여 보기로 하자. 상태공간 S의 하나의 원소를 $\boxed{a}$라 하자. 이 $\boxed{a}$와 전달가능인 S의 원소 전체의 집합을 C_1이라 하고 C_1에 포함되는 임의의 2개의 원소를 $\boxed{i}$와 $\boxed{j}$라 하면

$$\boxed{a} \leftrightarrow \boxed{i},\ \boxed{a} \leftrightarrow \boxed{j}$$

이다. 따라서 (2)와 (3)에 의하여

$$\boxed{i} \leftrightarrow \boxed{j}$$

이 되므로 $\boxed{\text{i}}$와 $\boxed{\text{j}}$는 전달가능이다.

S의 원소 중에서 C_1에 속하지 않는 하나의 원소를 $\boxed{\text{b}}$라 하고 $\boxed{\text{b}}$와 전달가능인 S의 원소 전체의 집합을 C_2라 하면 C_1과 C_2는 공통원소를 갖지 않는다. 그 이유는 만일 $C_1 \bigcap C_2 \ni \boxed{\text{d}}$ 라고 하면

$$\boxed{\text{a}} \leftrightarrow \boxed{\text{d}},\ \boxed{\text{d}} \leftrightarrow \boxed{\text{b}}$$

이므로 $\boxed{\text{a}} \leftrightarrow \boxed{\text{b}}$가 되어 $\boxed{\text{b}}$는 C_1에 포함되기 때문이다. 다시 C_1이나 C_2에 포함되지 않는 S의 원소가 있을 때 그 원소와 전달가능인 S의 원소 전체의 집합을 C_3라 한다 (〈그림 5.1〉 참조).

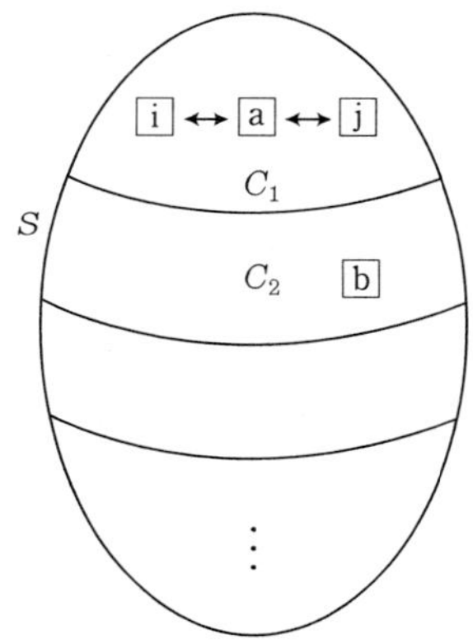

〈그림 5.1〉

차례로 이와 같은 과정을 계속하면 S는

$$S = C_1 \bigcup C_2 \bigcup C_3 \bigcup \cdots \bigcup C_m\ ,\ \ C_i \bigcap C_j = \varnothing \quad (i \neq j)$$

와 같이 분할된다. 이때 개개의 C_i를 마르코프체인의 성분(component)이라 한다.

상이한 2개의 성분을 C, C'라 하고 C의 어떤 원소를 $\boxed{\text{i}}$, C'의 어떤 원소를 $\boxed{\text{j}}$라 하면 다음 중 어느 하나가 성립한다.

$$\boxed{\text{i}} \overset{\rightarrow}{\not\leftarrow} \boxed{\text{j}},\ \boxed{\text{i}} \overset{\not\rightarrow}{\leftarrow} \boxed{\text{j}},\ \boxed{\text{i}} \overset{\not\rightarrow}{\not\leftarrow} \boxed{\text{j}}$$

만일 $\boxed{\text{i}} \overset{\rightarrow}{\not\leftarrow} \boxed{\text{j}}$이 성립한다면 〈그림 5.2〉와 같이 C의 임의의 원소 $\boxed{\text{l}}$로부터 C'의 임의의 원소 $\boxed{\text{k}}$로는 도달가능하나 $\boxed{\text{k}}$로부터 $\boxed{\text{l}}$에는 도달불가능하다. 즉

$$\boxed{\text{l}} \overset{\rightarrow}{\not\leftarrow} \boxed{\text{k}}$$

가 성립한다.

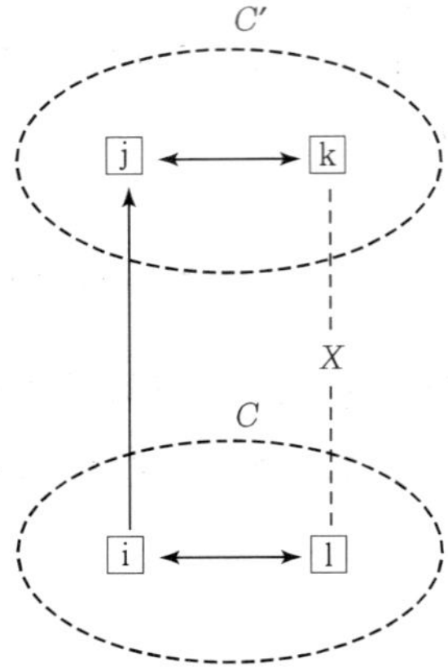

〈그림 5.2〉

이 때 $C \to C'$ 로 쓴다면 마르코프체인은 〈그림 5.3〉과 같이 나타낼 수 있다. 〈그림 5.3〉의 C_1, C_2, C_3 와 같은 성분은 그에 들어갈 수는 있으나 그에 들어가면 나올 수 없다. 이와 같은 성분을 에드고드적 성분(ergodic component)이라 하고, 그 이외의 성분을 일시적 성분(transient component) 또는 과도적 성분이라 한다.

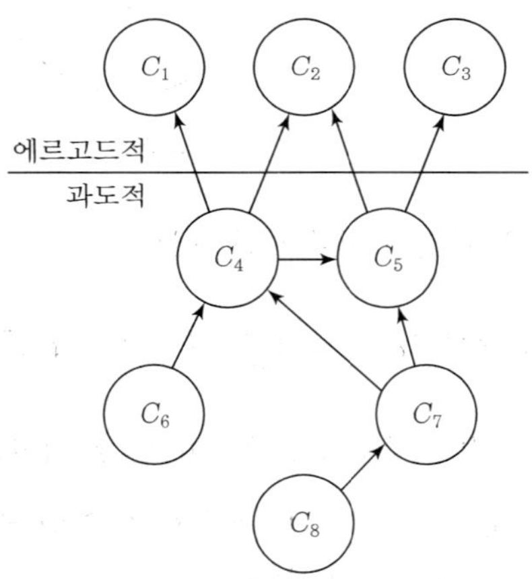

〈그림 5.3〉

에르고드적 성분에 속하는 상태를 재귀상태(recurrent state)라 하고 일시적 성분에 속하는 상태를 일시상태(transient state) 또는 과도상태라 한다. 또한 상태 [i]가

$$p_{ii}(m) = 1 \quad (m = 0, 1, 2, \cdots)$$

을 만족할 때 [i]를 흡수상태(absorbing state)라 한다. 한편

$$f_{ii} = \sum_{m=1}^{\infty} f_{ii}(m)$$

을 상태 [i]로 유한회에서 되돌아가는 재귀확률이라 하면

$$f_{ii} = 1$$

을 만족하는 상태 [i]를 재귀상태

$$f_{ii} < 1$$

을 만족하는 상태 [i]를 일시상태라 하기도 한다.

흡수상태는 그 하나만으로서 에르고드인 성분을 형성하고 있다. 또한 상태 [i]가

$$p_{ii}(0) = 1, \quad p_{ii}(m) = 0 \quad (m = 1, 2, \cdots)$$

를 만족할 때 [i]를 비복귀적상태라 한다. 비복귀적상태는 그 하나만으로서 일시적인 성분을 이룬다.

예제 5.1

추이도식이 〈그림 5.4〉와 같을 때 성분을 따져 보라.

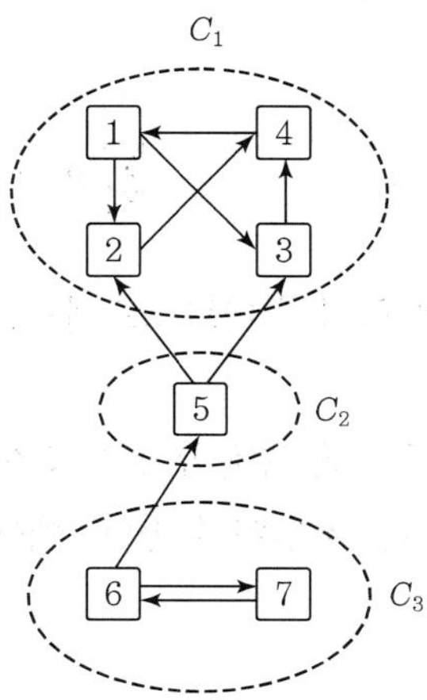

〈그림 5.4〉

| 풀이 | 성분은 다음의 3가지이다.

$$C_1 = \{1,2,3,4\}, \ C_2 = \{5\}, \ C_3 = \{6,7\}$$

이중에 C_1은 에르고드적이고, C_2, C_3은 일시적이다. [5]는 비복귀적 상태이다.

무제한 임의보행에서는 어느 상태든 다른 모든 상태로 전달가능하기 때문에 모든 상태가 하나의 클래스(class)를 이룬다. 그리고 흡수벽이 있는 임의보행에서는 흡수벽의 상태로부터는 어느 곳으로도 갈 수 없다.

그런데 상태집합 C에 관해서 C의 내부의 상태로부터 C의 외부의 상태에 도달할 수 없을 때 결국 $\boxed{i}\in C$, $\boxed{j}\notin C$이면 $p_{ij}=0$일 때 상태집합 C는 폐집합(closed set)이라 한다. 특히 단 하나의 상태가 폐집합으로 되어 있을 때 그 상태는 흡수적(absorbing)이라 한다. 임의보행에서 흡수벽인 상태는 흡수적이다. 상태집합 C가 폐집합일 때 $\boxed{i}\in C$, $\boxed{j}\notin C$에 대해서

$$p_{ij}(2)=\sum_{k}p_{ik}p_{kj}=\sum_{k\in C}p_{ik}p_{kj}+\sum_{k\notin C}p_{ik}p_{kj}$$

이므로 $\boxed{k}\in C$일 때 $p_{kj}=0$이고, $\boxed{k}\notin C$일 때 $p_{ik}=0$이니까

$$p_{ij}(2)=0$$

이 된다. 동일하게 일반적으로

$$p_{ij}(m)=0 \quad (i\in C,\ j\notin C)$$

를 얻을 수 있다. 결국 폐집합에서는 어느 단계든 밖으로 나가지 않는다. $\boxed{j}\in C$에 관해서

$$\sum_{j\in C}p_{ij}=1$$

이므로 폐집합 C만으로 하나의 마르코프체인을 이룬다. 따라서 C만을 다른 상태와 별도로 조사할 수 있다.

마르코프체인의 상태공간은 폐집합이고 그 이외의 부분집합은 폐집합이 아닐 때 이를 기약(irreducible) 마르코프체인이라 한다. 예를 들면 추이확률행렬 (상태를 $\boxed{1}$, $\boxed{2}$, $\boxed{3}$, $\boxed{4}$로 하는)

$$\begin{pmatrix}1&0&0&0\\0&0&1&0\\0&1&0&0\\p&q&r&s\end{pmatrix}$$

를 갖는 마르코프체인에 있어서는 폐집합으로서 $\{1\}$, $\{2,\ 3\}$을 갖고 있다. 상태 $\boxed{1}$은 흡수적이고, 상태 $\boxed{2}$와 $\boxed{3}$에서는 왔다 갔다 한다. 일반적으로 C가 폐집합일 때 상태의 번

호를 적당히 붙여서 추이확률행렬을

$$\boldsymbol{P}=\begin{pmatrix}\boldsymbol{C} & 0\\ \boldsymbol{U} & \boldsymbol{V}\end{pmatrix}$$

와 같은 형태로 나타낼 수 있다. 여기서 $\boldsymbol{C}$와 $\boldsymbol{V}$는 정방행렬이고, $\boldsymbol{0}$은 모든 요소가 0인 행렬을 나타낸다. 이때

$$\boldsymbol{P}^2=\begin{pmatrix}\boldsymbol{C}^2 & 0\\ \boldsymbol{UC}+\boldsymbol{VU} & \boldsymbol{V}^2\end{pmatrix}$$

이라고 n 회의 추이에 있어서는

$$\boldsymbol{P}^n=\begin{pmatrix}\boldsymbol{C}^n & 0\\ \boldsymbol{S}_n & \boldsymbol{V}^n\end{pmatrix}$$

와 같이 된다. 이것은 폐집합 C의 여집합 내에서 고차의 추이확률의 계산이 쉽게 되는 것을 나타낸다.

예제 5.2

다음 추이확률행렬을 갖는 마르코프체인의 상태공간 $S=\{1,2,3,4,5\}$를 클래스로 나누어라.

$$\boldsymbol{P}=\begin{pmatrix}\frac{1}{2} & \frac{1}{2} & 0 & 0 & 0\\ \frac{1}{4} & \frac{3}{4} & 0 & 0 & 0\\ 0 & 0 & 0 & 1 & 0\\ 0 & 0 & \frac{1}{2} & 0 & \frac{1}{2}\\ 0 & 0 & 0 & 1 & 0\end{pmatrix}=\begin{pmatrix}\boldsymbol{P}_1 & 0\\ 0 & \boldsymbol{P}_2\end{pmatrix}$$

| 풀이 | 2개의 클래스 $C_1=\{1,2\}$, $C_2=\{3,4,5\}$로 분할할 수 있다. 사실상 초기상태 가 C_1에 있으면, 계의 상태는 늘 클래스 C_1 안에 머물게 된다. C_2에 대해서도 마찬가지이다.

5.2 주기

상태 [i], [j]가 같은 성분 C에 포함되어 있을 때 [j]와 [i]는 전달가능이다. 따라서

$$p_{ij}(m) > 0$$

과 같은 음이 아닌 정수 m 이 존재한다. 이와 같은 정수 m 에 어떠한 것이 있는가를 살펴보자. 같은 성분에 포함되어 있는 $\boxed{i}$, $\boxed{j}$에 대해서

$$M(i,j) = \{m \mid p_{ij}(m) > 0\}$$

으로 둔다. 단 $i = j$ 일 때 $M(i,i)$ 을 간단히 다음과 같이 두기로 하자.

$$M(i) = \{m \mid p_{ii}(m) > 0\}$$

$p_{ii}(0) = 1$ 이므로 $M(i)$는 반드시 0을 포함한다. 그러나 $i \neq j$ 일 때 $M(i,\ j)$ 는 0을 포함하지 않는다.

예제 5.3

추이도식이 〈그림 5.5〉와 같은 마르코프체인의 성분은 다음 3개이다.

$$C_1 = \{1,2,3\},\ \ C_2 = \{4\},\ \ C_3 = \{5\}$$

이중 C_1 은 에르고드적이고, C_2, C_3 은 일시적이고, $\boxed{4}$는 비복귀적 상태이다. $\boxed{5}$는 비복귀적 상태가 아니다. 이때 $M(i)$ 와 $M(i,\ j)$ 를 계산하라.

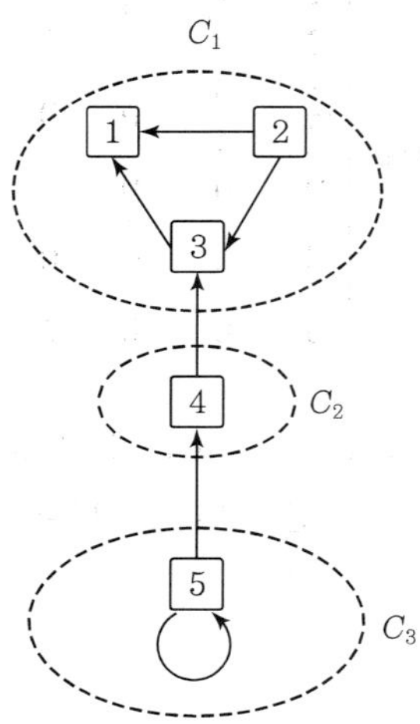

〈그림 5.5〉

| 풀이 | $M(1) = M(2) = M(3) = \{0,3,6,9,\cdots\}$, $M(4) = \{0\}$, $M(5) = \{0,1,2,3,\cdots\}$

$M(1,2) = M(2,3) = M(3,1) = \{1, 4, 7, 10, \cdots\}$

$M(1,3) = M(2,1) = M(3,2) = \{2, 5, 8, 11, \cdots\}$

집합 $M(i)$ 에 포함되어 있는 정수의 최대공약수를 $d(i)$ 라 하면 명백히 $p_{ii}(m) > 0$ 이면 m 은 $d(i)$ 로 나누어진다. 즉 상태 $\boxed{i}$로부터 출발하여 상태 $\boxed{i}$로 m 단계에서 되돌아가면 m 은 $d(i)$ 의 배수이다. 이와 같은 의미에서 $d(i)$ 를 상태 $\boxed{i}$의 주기(period)라 한다. 특히 $d(i) = 1$ 일 때 $\boxed{i}$를 비주기적(aperiodic)이라 한다. 또한 $M(i)$ 의 원소가 0일 때는 $d_i = \infty$ 로 한다. 이것은 $\boxed{i}$가 비복귀적 상태인 것을 의미한다.

예를 들면 [예제 5.3]에서 다음과 같이 된다.

$$d(1) = d(2) = d(3) = 3 \quad \Rightarrow \quad \text{같은 주기 } 3$$
$$d(4) = \infty \quad \Rightarrow \quad \text{비복귀적}$$
$$d(5) = 1 \quad \Rightarrow \quad \text{비주기적}$$

정리 5.1

$\boxed{i} \leftrightarrow \boxed{j}$이면 $d(i) = d(j)$ 이다.

증명 $i = j$ 일 때는 명백히 성립하므로 $i \neq j$ 라 하자. 가정으로부터

$$p_{ij}(l) > 0, \; p_{ji}(m) > 0$$

과 같은 자연수 l, m 이 존재한다. 따라서

$$p_{ii}(l+m) \geq p_{ij}(l) p_{ji}(m) > 0$$

$$p_{jj}(l+m) \geq p_{ji}(m) p_{ij}(l) > 0$$

으로 되므로

$$l+m \in M(i), \quad l+m \in M(j)$$

로 되어 $M(i)$, $M(j)$ 는 모두 0이 아닌 양의 정수를 포함한다. 지금 $p_{ii}(s) > 0$ 인 정수 s 를 하나 취하면

$$p_{jj}(m+s+l) \geq p_{ji}(m) p_{ii}(s) p_{ij}(l) > 0$$

$$p_{jj}(m+2s+l) \geq p_{ji}(m) \{p_{ii}(s)\}^2 p_{ij}(l) > 0$$

이므로

$$(m+s+l), (m+2s+l) \in M(j)$$

가 된다.

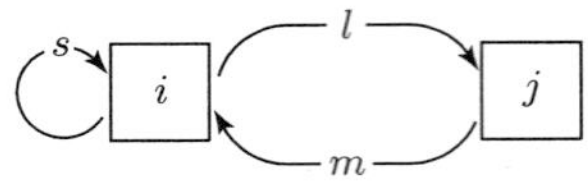

이것은 $d(j)$가 $(m+s+l)$, $(m+2s+l)$의 공약수로 되어 있음을 나타낸다. 따라서 $d(j)$는

$$(m+2s+l)-(m+s+l)=s$$

의 약수로도 된다. s는 $M(i)$에 포함되는 임의의 자연수이므로 $d(j)$는 $M(i)$에 포함되는 정수의 공약수로 되어 있다. 또한 $d(i)$는 $M(i)$에 포함되는 정수의 최대공약수이므로

$$d(i) \geq d(j)$$

이다. i와 j를 바꿔서 생각하면

$$d(i) \leq d(j)$$

이므로 결국

$$d(i) = d(j)$$

가 성립한다. ✲

[정리 5.1]로부터 같은 성분 C에 속하는 상태의 주기는 서로 같음을 알 수 있다. 따라서 이 주기를 성분 C의 주기라 한다. 주기가 1인 성분을 비주기적 성분 특히 주기가 1인 에르고드적인 성분을 정칙성분(regular component)이라 한다.

정리 5.2

[i] ↔ [j]이고 [i]의 주기가 d일 때 $M(i,\ j)$에 속하는 임의의 자연수를 d로 나누었을 때의 나머지는 모두 같다.

증명 $M(i, j)$에 속하는 자연수를 임의로 2개 선택하고 그것을 l, m이라 하자. $i=j$이면 l과 m은 모두 d의 배수이므로 l, m을 d로 나누었을 때의 나머지는 같이 0이다.
$i \neq j$라 하면 가정으로부터

$$p_{ji}(k) > 0$$

인 자연수 k가 존재한다. 그리고

$$p_{ii}(l+k) \geq p_{ij}(l)p_{ji}(k) > 0$$

$$p_{ii}(m+k) \geq p_{ij}(m)p_{ji}(k) > 0$$

이고 가정으로부터 $\boxed{i}$의 주기는 d이므로 $l+k$, $m+k$는 같이 d의 배수이다. 따라서

$$(l+k)-(m+k)=l-m$$

도 d의 배수이다.

$l-m$이 d의 배수가 되기 위한 필요충분조건은 l, m을 d로 나누었을 때의 나머지가 같은 것이다. 따라서 정리가 증명된다. ✻

[정리 5.2]에 의하여 마르코프체인의 어떤 성분 C가 주어졌을 때 C에 속하는 어떤 상태 $\boxed{i}$를 기초로 하여 $p_{ij}(l)>0$으로 되는 l을 C의 주기 d로 나눈 나머지에 의해서 C를 분할할 수가 있다. 즉 d로 나눈 나머지는

$$0, 1, 2, \cdots, d-1$$

중 어느 것이 되므로 각각의 나머지에 대응하는 상태의 집합을 $D_0, D_1, D_2, \cdots, D_{d-1}$로 두어

$$C=D_0\bigcup D_1\bigcup D_2\bigcup\cdots\bigcup D_{d-1},\quad D_i\bigcap D_j=\varnothing\ (i\neq j)$$

와 같이 할 수 있다. 또한 1단계마다 상태는

$$D_0\to D_1\to D_2\to\cdots\to D_{d-1}\to D_0$$

과 같이 이동해 나간다.

예를 들면 [예제 5.1]의 성분 C_1에서는 $\boxed{1}$을 기초로 하여

$$C_1=D_0\bigcup D_1\bigcup D_2$$
$$D_0=\{\boxed{1}\}$$
$$D_1=\{\boxed{2}, \boxed{3}\}$$
$$D_2=\{\boxed{4}\}$$

와 같이 분할된다. (〈그림 5.6〉 참조).

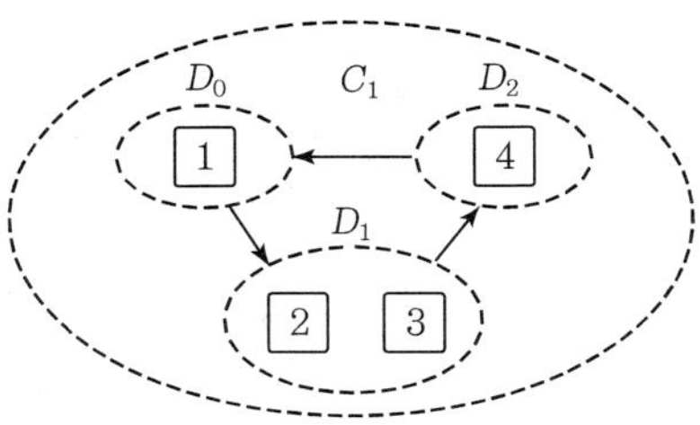

〈그림 5.6〉

[정리 5.1]로부터 주기를 생각하는 경우에는 하나의 성분만을 선택해서 생각하면 된다.

그런데 주기를 집합 $M(i)$ 을 써서 정의하였지만 이 집합의 구조는 그렇게 간단하지 않다. 지금

$$l \in M(i),\ \ m \in M(i)$$

라고 하는 것은

$$p_{ii}(l) > 0,\ \ p_{ii}(m) > 0$$

이므로

$$p_{ii}(l+m) \geq p_{ii}(l)p_{ii}(m) > 0$$

이 된다. 따라서

$$l+m \in M(i)$$

즉 $M(i)$ 는 가법에 대해서 닫혀(closed) 있다. 따라서 l, m 이 $M(i)$ 의 원소이면

$$l+l = 2l,\ \ 2l+l = 3l, \cdots$$

$$m+m = 2m,\ \ 2m+m = 3m, \cdots$$

등도 $M(i)$ 의 원소이며 더욱

$$k_1 l + k_2 m \ \ (k_1,\ k_2 \text{ 는 양의 정수})$$

도 $M(i)$ 에 포함된다.

그러나 가법에 대해서 닫혀져 있다고 하는 것만으로는 $M(i)$ 의 구조를 잘 알 수 있는 것은 아니다. 이 의미를 확실히 하기 위하여 예를 들어 보자.

예제 5.4

추이도식이 〈그림 5.7〉과 같을 때 $M(1), M(3), M(1,2), M(3,1), M(2,5)$ 를 구하라.

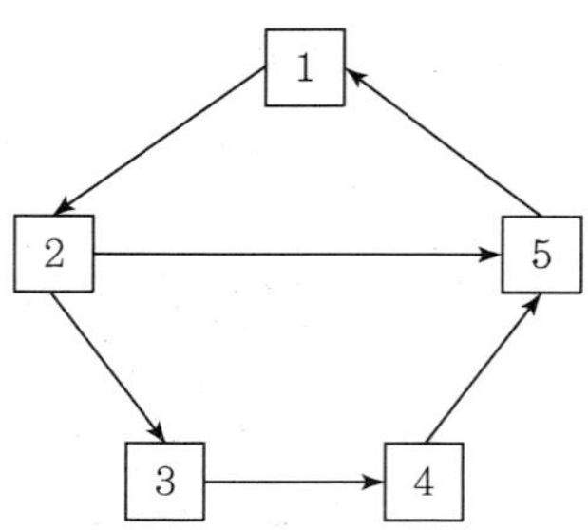

〈그림 5.7〉

| 풀이 |

$$M(1) = \{0,3,5,6,8,9,10,11,\cdots\}$$

$$M(3) = \{0,5,8,10,11,13,14,15,\cdots\}$$

$$M(1,2) = \{1,4,6,7,9,10,11,\cdots\}$$

$$M(3,1) = \{3,6,8,9,11,12,13,\cdots\}$$

$$M(2,5) = \{1,3,4,6,7,8,9,10,\cdots\}$$

[예제 5.4]의 $M(1)$ 에 대해서 생각해 보면

$$3k_1 + 5k_2 \quad (k_i \text{ 는 양의 정수})$$

은 모두 포함되고 $M(1)$ 은 이와 같은 형태의 정수 전체의 집합과 일치하는 것을 알 수 있다. 그러나 $M(3)$ 에서는 사정이 좀 복잡하다. $M(3)$ 에 포함된 자연수 중에서 최소인 것은 5이고 그 다음 작은 것은 8인데 $5k_1 + 8k_2$ 와 같은 형태의 정수를 생각해 보면 그 중에는 11이 포함되지 않는다. 그리고

$$5k_1 + 8k_2 + 11k_3$$

와 같은 형태의 정수를 생각해 보면 그 중에는 14가 포함되지 않는다.

다시

$$5k_1 + 8k_2 + 11k_3 + 14k_4$$

를 생각해 보자. 그러나 이러한 생각을 계속한다는 것은 복잡한 일이다.

실제로 뒤에 필요한 것은 $M(i)$ 나 $M(i,j)$ 에 대한 지식이다. $M(i)$ 에 포함된 임의의 2개의 정수의 차를 $M(i)$ 에 추가시킨 집합을 $M^*(i)$ 라 하고 $M^*(i)$ 의 구조를 살펴보자.

$$M^*(i) = \{x \mid x = l - m,\ l \in M(i),\ m \in M(i)\}$$

에서 지금 $M^*(i)$ 의 임의의 원소를 u, v 라 하면

$$u = l - m,\ v = l' - m',\quad l,m,l',m' \in M(i)$$

가 되는 l, m, l', m' 가 존재한다. 따라서

$$u + v = (l + l') - (m + m')$$

$$u - v = (l + m') - (m + l')$$

이고 $M(i)$는 가법에 대해서 닫혀져 있으므로

$$(l+l'),\ (m+m') \in M(i) \quad \Rightarrow \quad u+v \in M^*(i)$$

$$(l+m'),\ (m+l') \in M(i) \quad \Rightarrow \quad u-v \in M^*(i)$$

이 된다. 즉 $M^*(i)$는 가법과 감법에 대해서 닫혀져 있다. 예를 들어 [예제 5.3]에 대해서 설명하여 보면

$$M^*(1) = \{\cdots, -3, -2, -1, 0, 1, 2, 3, \cdots\}$$

$$M^*(3) = \{\cdots, -3, -2, -1, 0, 1, 2, 3, \cdots\}$$

이고 이들은 모두 정수 전체의 집합과 일치한다. 다음 예제를 생각하여 보자.

예제 5.5

추이도식이 〈그림 5.8〉과 같을 때 $M(2)$, $M(4)$, $M^*(2)$, $M^*(4)$를 구하라.

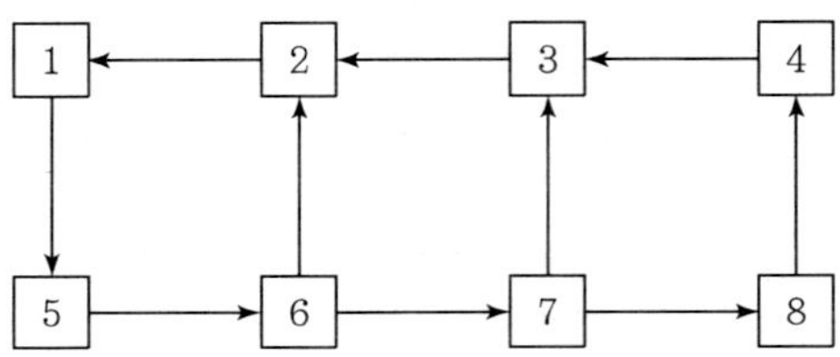

〈그림 5.8〉

| 풀이 |

$$M(2) = \{0, 4, 6, 8, 10, 12, \cdots\}$$

$$M(4) = \{0, 8, 12, 14, 16, 18, \cdots\}$$

$$M^*(2) = \{\cdots, -4, -2, 0, 2, 4, \cdots\}$$

$$M^*(4) = \{\cdots, -4, -2, 0, 2, 4, \cdots\}$$

정리 5.3

주기 $d(\neq \infty)$인 성분을 C, 그 원소를 $\boxed{i}$라 하자.

① $M^*(i)$는 $\boxed{i}$에 관계없이 d의 배수 전체의 집합과 일치한다.

② $M(i)$는 d의 양의 배수 전체의 집합으로부터 유한개의 d의 배수를 제외한 것과 0으로 이루어진다.

증명 ① 가정으로부터 $d \neq \infty$ 이므로 $M(i)$, $M^*(i)$ 는 자연수를 포함한다. 그리고 $M^*(i)$ 에 포함되는 최소의 자연수를 d^* 라 하자.

$M^*(i)$ 는 가법과 감법에 관해서 닫혀있으므로 d^* 의 배수

$$\cdots, -2d^*, -d^*, 0, d^*, 2d^*, \cdots$$

는 모두 $M(i)$ 에 포함된다. 또한 $M^*(i)$ 에 포함되는 임의의 정수를 a 라 하고 a 를 d^* 로 나눈 몫을 q, 나머지를 r 이라 하면

$$a = qd^* + r, \ 0 \leq r < d^*$$

이며, 따라서

$$r = a - qd^*$$

이고 이 우변은 $M^*(i)$ 에 포함되므로 r 도 $M^*(i)$ 에 포함된다.

만일 $0 < r < d^*$ 이면 $M^*(i)$ 에는 d^* 보다 작은 자연수가 포함되게 되어 d^* 를 정하는 방법에 모순되므로 $r=0$ 이 된다. 따라서 a 는 d^* 의 배수로 되므로 $M^*(i)$ 는 d^* 의 배수 전체의 집합과 일치한다.

그런데 d 는 $M(i)$ 에 포함되는 정수의 최대공약수이므로 $M(i)$ 에 포함되는 정수는 모두 d 의 배수이다. 또한

$$(d\text{의 배수}) \pm (d\text{의 배수}) = (d\text{의 배수})$$

이므로 $M^*(i)$ 에 포함되는 정수도 d 의 배수이다. 따라서 d^* 는 d 의 배수가 되므로

$$d^* \geq d$$

이 된다. 또한 $M(i) \subset M^*(i)$ 이므로 $M(i)$ 에 포함되는 정수는 모두 d^* 로 나누어진다. 즉 d^* 는 $M(i)$ 에 포함되는 정수의 공약수로 되어 있다. 그러므로

$$d^* \leq d$$

이 된다. 따라서

$$d^* = d$$

이다. 이로서 ①이 증명되었다.

② $M^*(i)$ 에 포함되는 정수는 $M(i)$ 에 포함되는 2개의 정수의 차로서 표시되므로

$$d = l - m, \ l \in M(i), \quad m \in M(i)$$

와 같은 정수 l, m 이 존재한다.

만일 $m=0$ 이면 $d \in M(i)$ 로 되므로

$$M(i) = \{0, d, 2d, 3d, \cdots\}$$

이다. 다음에 $m>0$ 이라 하자. $M(i)$ 에 포함되는 정수는 모두 d 의 배수로 되어 있으나 d 의 양의 배수가 모두 $M(i)$ 에 포함되어 있다고는 할 수 없다. 그러나 $M(i)$ 에 포함되지 않는 d 의 양의 배수는 유한개 뿐이 없는 것 즉 어떤 값보다 큰 d 의 배수는 모두 $M(i)$ 에 포함되는 것을 증명하여 보자.

다음 부등식을 만족하는 자연수를 a 라 하자. 즉

$$a \geq m(m-1)$$

인 a 에 대해서 d 의 양의 배수

$$x = ad$$

를 생각하자. a 를 m 으로 나눈 몫을 q, 나머지를 r 이라 하면

$$a = qm + r,\ 0 \leq r < m,\ q \geq m-1$$

이다. 그런데

$$x = ad = dqm + dr = dqm + (l-m)r = lr + (dq-r)m$$

이고 $d \geq 1$ 이므로

$$dq - r \geq d(m-1) - r \geq m-1-r \geq 0$$

이 된다. 이상으로부터 l, m 은 $M(i)$ 에 속하니까

$$lr \in M(i),\ (dq-r)m \in M(i)$$

이 되며, 따라서

$$x \in M(i)$$

이 된다. 즉 어떤 값보다 큰 d 의 배수는 모두 $M(i)$ 에 포함된다.

다음 $M(i, j)$ 에 대하여 생각하여 보자.

$$M(i, j) = \{k \mid p_{ij}(k) > 0\}$$

이므로 [정리 5.2]로부터 이에 포함되는 자연수를 주기 d 로 나누었을 때의 나머지는 모두 같게 된다. 지금 그 나머지를 $r(0 \leq r < d)$ 로 두면

$$a = qd + r$$

과 같은 형태의 자연수는 q 가 어떤 값보다 크면 모두 $M(i,\ j)$ 에 포함되는 것을 뜻하고 있다.

이것을 나타내기 위해서는 $M(i,\ j)$ 에 포함되는 최소의 자연수를 m 이라 하고

$$m = q'd + r$$

와 같은 형태로 표시하면

$$a - m = (q - q')\,d$$

와 같으므로 a를 충분히 크게 하면

$$a - m \in M(i)$$

가 된다. a가 $M(i, j)$에 포함되는 것을 말하자면 추이도식 〈그림 5.9〉에서 화살표 방향에 따라 $\boxed{i}$로부터 $\boxed{j}$까지 a단계로서 가면 되는 것이다.

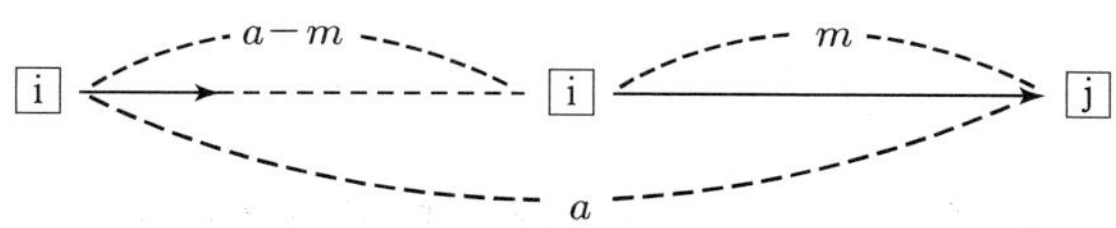

〈그림 5.9〉

✲

예제 5.6

다음 행렬로 정의된 체인은 주기적인가? 만일 그렇다면 주기는 얼마인가?

$$\boldsymbol{P} = \begin{pmatrix} 0 & 0 & p & q & 0 \\ 0 & 0 & q & p & 0 \\ 0 & 0 & 0 & 0 & 1 \\ p & q & 0 & 0 & 0 \\ q & p & 0 & 0 & 0 \end{pmatrix}, \quad (q = 1 - p)$$

| 풀이 | 주기적이다. 상태 j의 주기 $d(j)$는 $p_{ij}^{n} > 0$이 되는 최대공약수이므로 주기는 2이다.

5.3 분류

이상에서 설명한 것을 종합하여 마르코프체인의 형태를 분류하고 다음 6장부터 그 성질을 살펴보기로 하자.

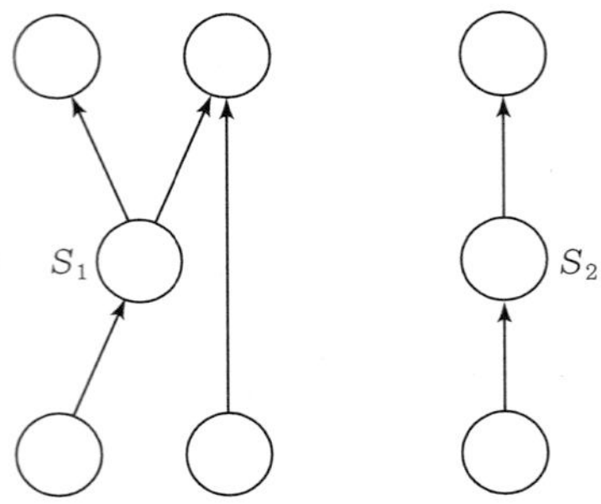

〈그림 5.10〉

먼저 〈그림 5.10〉과 같이 상태공간 S가

$$S = S_1 \bigcup S_2,\ \ S_1 \bigcap S_2 = \varnothing$$

로 분할되고 S_1 에 속하는 어느 상태로부터도 S_2 에 속하는 상태에 도달불가능하고 역으로 S_2 에 속하는 어느 상태로부터도 S_1 에 속하는 상태에 도달불가능할 때는 2개의 체인으로 나누어서 따로따로 생각해도 좋다. 그리고 이와 같은 마르코프체인은 분류가능이라고 하고 그렇지 않은 것을 분류불가능이라 한다.

4장의 4.1절에 [1]은 분리가능한 마르코프체인의 예이다.

마르코프체인의 구조를 살펴보기 위해서는 분리불가능한 경우만을 다루면 되기 때문에 이후 특별히 말하지 않는 한 분리불가능한 마르코프체인만을 생각하기로 한다.

다음 6장에서 성분이 하나 뿐이 없는 경우를 고찰하고 7장에서는 성분이 2개 이상인 경우를 고찰하게 되는데 여기서 이 양자 간에 어떠한 차이가 있는가를 간단히 설명하여 두자.

[A] 성분이 하나인 경우 :

이 경우에는 명백히 성분은 에르고드적이고, 이를 에르고드적 체인(ergodic chain)이라 부른다.

이것을 다시 다음과 같이 2개의 경우로 나누어 생각한다.

[A_1] 비주기적인 경우
[A_2] 주기적인 경우

[A_1]의 경우를 정칙체인(regular chain)이라 한다. 주기적인 경우는 취급이 귀찮다.

예를 들면 4.2절에서 취급한 상태가 2인 경우에 대해서 [6], [7], [8]은 [A_1]의 형태이고 [9]는 [A_2]의 형태이다.

$[B]$ 성분이 2개 이상인 경우 :

이 책에서 취급하는 마르코프체인은 상태공간 S가 유한집합인 경우이므로 당연히 성분도 유한개 뿐이 없고 더욱 성분과 성분 사이는 일방통행이기 때문에 그에 들어가면 나오지 못하는 성분, 즉 에르고드적인 성분을 포함하게 된다. 또한 성분이 2개 이상이고 더욱 과도적 상태가 없는 경우에는 분리가능이라 하였으므로 반드시 과도적 상태도 포함하고 있다.

즉 성분이 2개 이상인 경우에는 반드시 에르고드적인 성분과 과도적인 성분의 쌍방을 포함하고 있으며 양자의 관계가 문제로 된다. 그런데 과도적인 성분의 상호관계는 실제 그다지 중요한 것은 아니고 과도적인 상태 전부를 하나로 모아서 에르고드적인 성분의 성질에 의해서 다음과 같은 경우로 나눈다.

$[B_1]$ 모두가 흡수상태인 경우

$[B_2]$ 모든 성분이 정칙인 경우

$[B_3]$ 주기적인 성분을 포함하는 경우

위의 $[B_1]$은 $[B_2]$의 특별한 경우이나 $[B_1]$의 형태는 여러 가지 응용이 많아서 별도로 생각하는 것이 좋다. 예를 들면 4.1절에서 취급한 경우에서 [2], [3], [4], [5]는 모두 $[B_1]$의 형태로 되어있다. 또한 5.1절의 [예제 5.1]은 $[B_3]$의 형태이다.

예제 5.7

다음 추이확률행렬로 주어지는 마르코프체인의 상태를 분류하라.

$$(1)\begin{pmatrix} \frac{1}{2} & 0 & \frac{1}{2} \\ 0 & 1 & 0 \\ \frac{1}{4} & 0 & \frac{3}{4} \end{pmatrix} \qquad (2)\begin{pmatrix} 1 & 0 & 0 \\ \frac{1}{2} & \frac{1}{2} & 0 \\ \frac{1}{8} & \frac{3}{8} & \frac{1}{2} \end{pmatrix} \qquad (3)\begin{pmatrix} \frac{1}{2} & \frac{1}{4} & \frac{1}{4} \\ 0 & 0 & 1 \\ 0 & 1 & 0 \end{pmatrix}$$

| 풀이 | (1) $\{s_1, s_3\}, \{s_2\}$ 는 에르고드적 집합이고, s_2 는 흡수상태이다.

(2) s_1 은 흡수상태이다. $\{s_2\}, \{s_3\}$ 는 일시집합이다. s_2 는 s_3 에의 도달이 가능하므로 $\{s_2, s_3\}$ 는 일시집합이다.

(3) s_1 은 일시상태이다. $\{s_2, s_3\}$ 은 에르고드적 집합이다. 특히 에르고드적 집합은 $s_2 \to s_2$, $s_3 \to s_3$ 이 되므로 순회적이다.

연습문제 5

5.1 추이도식이 다음과 같은 마르코프체인을 생각하자.

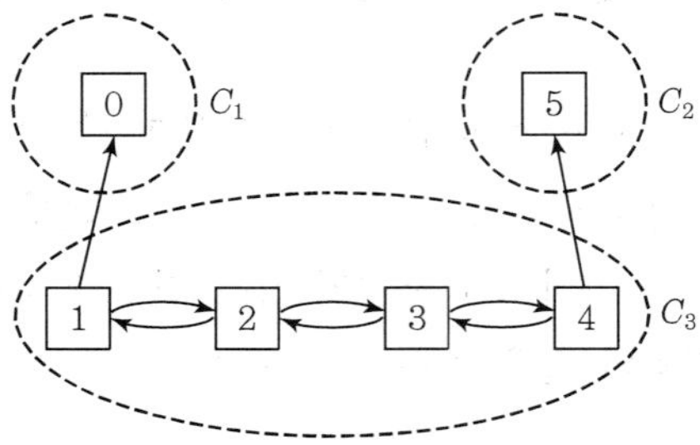

성분은 다음과 같이 3개이다.

$$C_1 = \{0\},\ \ C_2 = \{5\},\ \ C_3 = \{1, 2, 3, 4\}$$

C_1, C_2, C_3 의 각 성분을 분류하라.

5.2 [예제 5.1]의 $C_1 = \{1,2,3,4\}$, $C_2 = \{5\}$, $C_3 = \{6,7\}$ 에서 C_1, C_2, C_3 주기를 구하라.

5.3 [예제 5.3]의 성분 $C_1 = \{1,2,3\}$, $C_2 = \{4\}$, $C_3 = \{5\}$ 에서 C_1, C_2, C_3 주기를 구하라.

5.4 [예제 5.4]의

$$M(1) = \{0, 3, 5, 6, 8, 9, 10, 11, \cdots\}$$

$$M(3) = \{0, 5, 8, 10, 11, 13, 14, 15, \cdots\}$$

$$M(1,2) = \{1, 4, 6, 7, 9, 10, 11, \cdots\}$$

$$M(3,1) = \{3, 6, 8, 9, 11, 12, 13, \cdots\}$$

$$M(2,5) = \{1, 3, 4, 6, 7, 8, 9, 10, \cdots\}$$

에서 $M(2)$, $M(4)$, $M(5)$, $M(1,3)$, $M(1,4)$, $M(1,5)$, $M(2,1)$, $M(2,3)$, $M(2,4)$ 를 구하라.

5.5 [예제 5.5]에서 $M(7), M(8), M^*(7), M^*(8)$ 을 구하라.

5.6 다음과 같은 추이도식을 갖는 마르코프체인은 어떠한 형태인가?

(1)

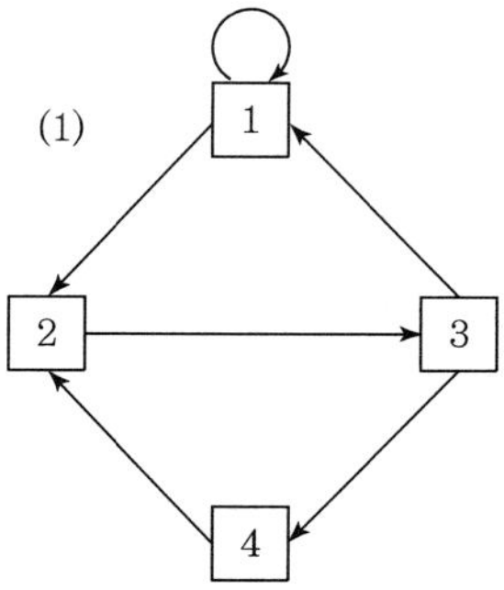

(2)

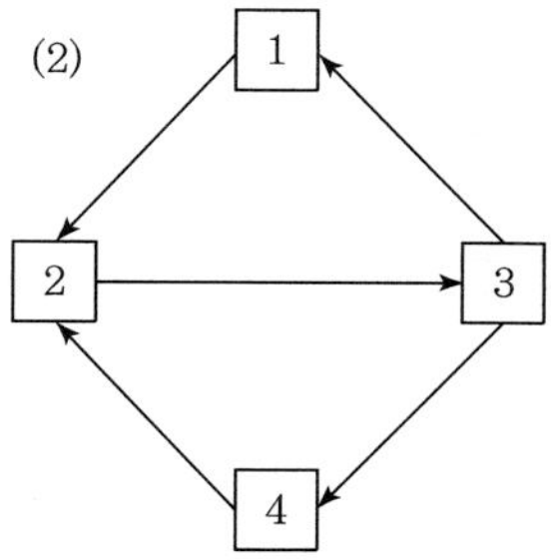

(3)

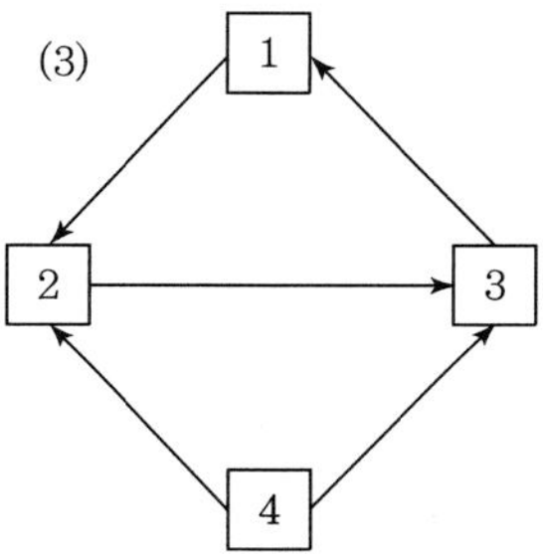

(4)

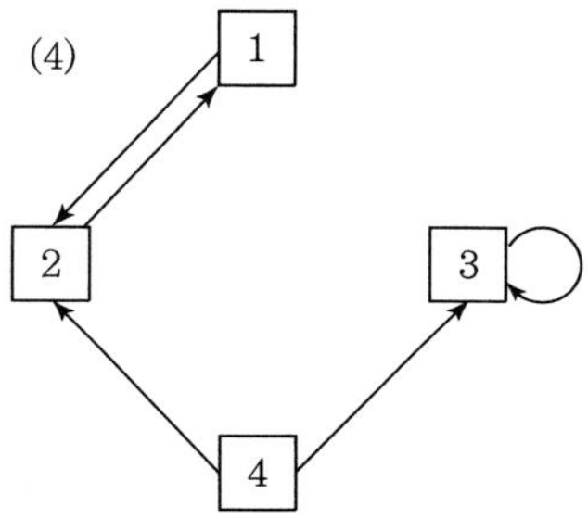

6장

에르고드적 체인

이 장에서는 에르고드적 체인 즉 성분이 하나 뿐인 마르코프체인에 대해서 다루어보고자 한다. 주기적인 경우와 비주기적인 경우로 나누어서 설명하기로 하자.

6.1 정칙체인

정칙체인이란 비주기적 즉 주기 d가 1과 같은 에르고드적 체인이다.

5장의 [정리 5.3]을 $d=1$ 인 경우에 적용하여 보면 $M(i)$, $M(i,j)$ 는 어떤 값보다 큰 자연수를 모두 포함하는 것이 알려져 있다. 상태공간 S는 유한집합이므로 $M(i)$, $M(i,j)$ 로 표시되는 집합도 전부 유한개뿐이 없다. 따라서 적당한 자연수 N을 취하면 임의의 $M(i), M(i,j)$ 는 집합

$$\{m \mid m \geq N,\ m\text{은 자연수}\} \tag{6.1}$$

을 포함하게 할 수 있다. 이것은 $m \geq N$이면 임의의 i, j 에 대해서

$$p_{ij}(m) > 0 \tag{6.2}$$

인 것을 의미한다.

이것을 추이확률행렬을 써서 표시하면 $m \geq N$일 때

$$\boldsymbol{P}^m > 0 \tag{6.3}$$

인 것이다.

역으로 식(6.2)가 성립하면 $\boldsymbol{P}$를 추이확률행렬로 갖는 마르코프체인은 정칙체인이다.

왜냐하면 [i]의 주기 $d(i)$ 가 1과 같지 않으면 $M(i)$ 는 $d(i)$ 의 배수만이 포함되므로 m 이 $d(i)$ 의 배수가 아니면 $p_{ii}(m)=0$ 으로 되어 식(6.2)가 성립하지 않는다. 또한 일시적 상태 [j]를 포함하고 있다 하면 재귀적 상태 [i]로부터는 [j]로 이동되지 않으므로 $p_{ii}(m)=0$ 이 되어 식(6.2)가 성립되지 않기 때문이다.

다시 식(6.3)은 다음과 같이 표현할 수도 있다.

「 적당한 자연수 N을 취하면 $\boldsymbol{P}^N > 0$ 」

이것은 만일 $\boldsymbol{P}^N > 0$ 이라 하면

$$\boldsymbol{P}\cdot\boldsymbol{P}^N=\boldsymbol{P}^{N+1}$$

이 된다. 따라서

$$p_{ij}(N+1)=p_{i1}p_{1j}(N)+p_{i2}p_{2j}(N)+\cdots+p_{in}p_{nj}(N)$$

이 성립한다. 여기서

$$p_{i1}+p_{i2}+\cdots+p_{in}=1,\quad p_{ik}\geq 0\quad (k=1,2,\cdots,n)$$

이므로 $p_{i1}, p_{i2}, \cdots, p_{in}$ 중에는 적어도 하나의 양수인 것이 있다.

그것을 p_{il} 이라 하면

$$p_{ij}(N+1)\geq p_{il}p_{lj}(N)>0$$

이므로

$$\boldsymbol{P}^{N+1}>0$$

이 된다. 동일하게 하여 $\boldsymbol{P}^{N+2}>0,\ \boldsymbol{P}^{N+3}>0,\cdots$ 이 얻어지므로 식(6.3)이 성립한다.

정리 6.1

확률행렬 $\boldsymbol{P}$가 정칙체인의 추이확률행렬이 되기 위한 필요충분조건은 적당한 자연수 N을 취하면

$$\boldsymbol{P}^N>0$$

이 성립하는 것이다.

다음으로 $\lim_{m\to\infty} \boldsymbol{P}^m$ 을 구해보자. 상태가 2개인 체인 중에서 정칙인 것은 4.3절에 [6], [7], [8]의 경우로서 이 경우에는

$$\lim_{m\to\infty} \boldsymbol{P}^m = \lim_{m\to\infty} \begin{pmatrix} 1-p & p \\ q & 1-q \end{pmatrix}^m = \begin{pmatrix} \dfrac{q}{p+q} & \dfrac{p}{p+q} \\ \dfrac{q}{p+q} & \dfrac{p}{p+q} \end{pmatrix}$$

이었다. 이 우변의 행렬은 특별한 형태를 하고 있으며 제 1행과 제 2행의 대응하는 성분이 같게 되어 있다.

동일하게 하면 일반적인 경우에도 성립한다. 즉 정칙체인에서는

$$\lim_{m\to\infty} \boldsymbol{P}^m = \begin{pmatrix} a_1 & a_2 & \cdots & a_n \\ a_1 & a_2 & \cdots & a_n \\ \vdots & \vdots & & \vdots \\ a_1 & a_2 & \cdots & a_n \end{pmatrix}$$

이 되는 것을 알 수 있다. 이것을 증명하기 위해서는 행렬의 2, 3가지 성질을 살펴볼 필요가 있다.

먼저 확률행렬 $\boldsymbol{P}$와 2개의 열벡터 $\boldsymbol{\xi}=(x_i)$, $\boldsymbol{\eta}=(y_i)$ 사이에 다음 관계가 성립한다.

$$\boldsymbol{P\xi}=\boldsymbol{\eta}: \begin{pmatrix} p_{11} & p_{12} & \cdots & p_{1n} \\ p_{21} & p_{22} & \cdots & p_{2n} \\ \vdots & \vdots & \vdots & \vdots \\ p_{n1} & p_{n2} & \cdots & p_{nn} \end{pmatrix} \begin{pmatrix} x_1 \\ x_2 \\ \vdots \\ x_n \end{pmatrix} = \begin{pmatrix} y_1 \\ y_2 \\ \vdots \\ y_n \end{pmatrix}$$

즉

$$p_{i1}x_1 + p_{i2}x_2 + \cdots + p_{in}x_n = y_i \quad (i=1,2,\cdots,n) \tag{6.4}$$

이 된다. $\boldsymbol{\xi}$의 요소 중에서 최대인 것을 $\overline{x}$, 최소인 것을 $\underline{x}$, $\boldsymbol{\eta}$의 요소 중에서 최대인 것을 $\overline{y}$, 최소인 것을 $\underline{y}$ 라 하면

$$\begin{aligned}(p_{i1}+p_{i2}+\cdots+p_{in})\underline{x} &\le p_{i1}x_1+p_{i2}x_2+\cdots+p_{in}x_n \\ &\le (p_{i1}+p_{i2}++p_{in})\overline{x}\end{aligned}$$

이므로 다음이 성립된다.

$$\underline{x} \le y_i \le \overline{x}$$

여기서 i 는 1부터 n 까지의 정수 중에 어느 것이든 관계없으므로

$$\underline{x} \leq \underline{y} \leq \overline{y} \leq \overline{x} \tag{6.5}$$

이 된다. 이 식(6.5)는 임의의 확률행렬 $\boldsymbol{P}$ 와 임의의 벡터 $\boldsymbol{\xi}, \boldsymbol{\eta}$ 에 관해서 성립한다.

그런데 $\lim \boldsymbol{P}^m$ 을 구하기 위해서는 $\boldsymbol{P} > 0$ 이라 하고 $\boldsymbol{P}$ 의 요소 중 최소인 것을 θ, 그리고 θ 가 포함되어 있는 열을 제 i 열이라 하면

$$0 < n\theta \leq p_{i1} + p_{i2} + \cdots + p_{in} = 1$$

이므로

$$0 < \theta \leq \frac{1}{n} \leq \frac{1}{2}, \quad 0 \leq 1 - 2\theta < 1 \tag{6.6}$$

이 된다.

식(6.4)의 좌변의 x_i 중에서 $\underline{x}$ 와 같은 것은 그대로 두고, 그 이외의 x_i 를 모두 $\overline{x}$ 로 치환하면 식(6.4)의 좌변은 다음과 같이 표시된다.

$$s\underline{x} + (1 - s)\overline{x}$$

여기서 s 는 $\boldsymbol{P}$ 의 제 i 열의 요소를 몇 개 더한 것이고, θ 는 $\boldsymbol{P}$ 의 요소 중에 최소의 것이므로

$$\theta \leq s \leq 1$$

이 성립된다.

다음 식(6.4)의 좌변의 x_i 중에서 $\overline{x}$ 와 같은 것은 그대로 두고 그 이외의 x_i 를 모두 $\underline{x}$ 로 치환하면 식(6.4)의 좌변은 다음과 같이 표시된다.

$$u\overline{x} + (1 - u)\underline{x} \quad (\theta \leq u \leq 1)$$

따라서

$$u\overline{x} + (1 - u)\underline{x} \leq y_i \leq s\underline{x} + (1 - s)\overline{x}$$

이므로 다음이 성립된다.

$$u\overline{x} + (1 - u)\underline{x} \leq \underline{y} \leq \overline{y} \leq s\underline{x} + (1 - s)\overline{x} \tag{6.7}$$

여기서 식(6.7)의 양끝에 있는 식을 변형하면

$$u\overline{x}+(1-u)\underline{x}=\underline{x}+u(\overline{x}-\underline{x})\geq\underline{x}+\theta(\overline{x}-\underline{x})$$
$$s\underline{x}+(1-s)\overline{x}=\overline{x}-s(\overline{x}-\underline{x})\leq\overline{x}-\theta(\overline{x}-\underline{x})$$

이므로

$$\underline{x}+\theta(\overline{x}-\underline{x})\leq\underline{y}\leq\overline{y}\leq\overline{x}-\theta(\overline{x}-\underline{x})$$

이 된다. 따라서

$$\overline{y}-\underline{y}\leq\{\overline{x}-\theta(\overline{x}-\underline{x})\}-\{\underline{x}+\theta(\overline{x}-\underline{x})\}$$

이 되고, 우변을 정리하여 식(6.6)을 사용하면 다음 결과를 얻게 된다.

$$\overline{y}-\underline{y}\leq(1-2\theta)(\overline{x}-\underline{x}),\quad 0\leq 1-2\theta<1 \tag{6.8}$$

정리 6.2

정칙체인의 확률행렬을 $\boldsymbol{P}$라 하면

① $m\to\infty$ 일 때 $\boldsymbol{P}^m$ 은 확률행렬 $\boldsymbol{A}$ 에 수렴한다.

② $\boldsymbol{A}$ 의 각 행은 동일한 확률벡터이고, $\boldsymbol{A}$ 의 요소는 모두 양수이다.

증명 $\boldsymbol{P}^m(m=0,1,2,\cdots)$ 의 제 j 열을 $\rho_j(m)$ 으로 두면

$$\boldsymbol{P}^m=(\rho_1(m),\rho_2(m),\cdots,\rho_n(m))$$
$$\boldsymbol{P}^{m+1}=(\rho_1(m+1),\rho_2(m+1),\cdots,\rho_n(m+1))$$

이고 $\boldsymbol{P}^{m+1}=\boldsymbol{P}\boldsymbol{P}^m$ 이므로 행렬의 곱의 정의로부터

$$(\rho_1(m+1),\rho_2(m+1),\cdots,\rho_n(m+1))=(\boldsymbol{P}\rho_1(m),\boldsymbol{P}\rho_2(m),\cdots,\boldsymbol{P}\rho_n(m))$$

이므로

$$\boldsymbol{P}\rho_j(m)=\rho_j(m+1)\quad(j=1,2,\cdots,n)$$

과 같은 관계가 성립한다. *

벡터 $\rho_j(m)$ 의 요소 중에서 최대의 것을 $\overline{a}_j(m)$, 최소의 것을 $\underline{a}_j(m)$ 으로 둘 때 수열 $\{\overline{a}_j(m)\}$, $\{\underline{a}_j(m)\}$ 을 생각하자. $m\to\infty$ 로 할 때 이 2개의 수열이 동일한 극한값

에 수렴하는 것을 설명하면 된다.

식(6.5)로부터

$$\underline{a}_j(m) \leq \underline{a}_j(m+1) \leq \overline{a}_j(m+1) \leq \overline{a}_j(m)$$

이 되고,

$$\underline{a}_j(0) \leq \underline{a}_j(1) \leq \underline{a}_j(2) \leq \cdots \leq \overline{a}_j(2) \leq \overline{a}_j(1) \leq \overline{a}_j(0) \tag{6.9}$$

이 성립하므로 수열 $\{\underline{a}_j(m)\}$ 은 단조증가 수열이고 수열 $\{\overline{a}_j(m)\}$ 은 단조감소수열이 되어 다 같이 수렴한다.

먼저 $\boldsymbol{P} > 0$ 인 경우에 수열 $\{\underline{a}_j(m)\}$ 과 수열 $\{\overline{a}_j(m)\}$ 의 극한값이 같은 것을 증명하기로 한다.

$\boldsymbol{P}$ 의 요소 중에서 최소인 것을 θ 라 하면 식(6.6)과 식(6.8)로부터

$$\overline{a}_j(m+1) - \underline{a}_j(m+1) \leq (1-2\theta)(\overline{a}_j(m) - \underline{a}_j(m)) \tag{6.10}$$

$$0 \leq 1-2\theta < 1$$

을 얻게 된다. 단 $\boldsymbol{P}^0 = \boldsymbol{I}$이므로 $\overline{a}_j(0) = 1$, $\underline{a}_j(0) = 0$ 으로 한다. 식(6.10)에서 $m = 0, 1, 2, \cdots$ 로 두면

$$\overline{a}_j(1) - \underline{a}_j(1) \leq (1-2\theta)(\overline{a}_j(0) - \underline{a}_j(0)) = (1-2\theta)$$

$$\overline{a}_j(2) - \underline{a}_j(2) \leq (1-2\theta)(\overline{a}_j(1) - \underline{a}_j(1)) \leq (1-2\theta)^2$$

$$\overline{a}_j(3) - \underline{a}_j(3) \leq (1-2\theta)(\overline{a}_j(2) - \underline{a}_j(2)) \leq (1-2\theta)^3$$

$$\vdots$$

이 되므로 일반적으로

$$0 < \overline{a}_j(m) - \underline{a}_j(m) \leq (1-2\theta)^m \tag{6.11}$$

과 같이 된다. $0 \leq 1-2\theta < 1$ 이므로 $m \to \infty$ 이면 이 부등식의 우변은 0에 수렴하여

$$\lim_{m \to \infty} \{\overline{a}_j(m) - \underline{a}_j(m)\} = 0$$

이므로

$$\lim_{m\to\infty} \underline{a}_j(m) = \lim_{m\to\infty} \overline{a}_j(m)$$

이 된다. 이 극한값을 a_j 로 두면

$$\underline{a}_j(m) \le p_{ij}(m) \le \overline{a}_j(m) \quad (i = 1, 2, \cdots, n)$$

에 의하여

$$\lim_{m\to\infty} p_{ij}(m) = a_j \quad (i = 1, 2, \cdots, n)$$

이다. 또한 $\boldsymbol{P} > 0$ 과 같은 가정으로부터 $\underline{a}(1) > 0$ 이 되므로 $a_j > 0$ 이고, 추이확률행렬의 성질로부터

$$p_{i1}(m) + p_{i2}(m) + \cdots + p_{in}(m) = 1 \quad (i = 1, 2, \cdots, n)$$

이므로

$$a_1 + a_2 + \cdots + a_n = 1$$

이 된다. 이로서 $\boldsymbol{P} > 0$ 인 경우가 증명되었다.

다음 $\boldsymbol{P}$ 의 요소 중에 0이 있는 경우를 증명하여 보자. 이 경우에도 식(6.9)가 성립하므로 수열 $\{\overline{a}_j(m)\}$ 은 단조감소수열이고 수열 $\{\underline{a}_j(m)\}$ 은 단조증가수열로서 다 같이 수렴한다.

[정리 6.1]로부터 $\boldsymbol{P}^N > 0$ 과 같은 자연수 N 이 존재한다. 여기서 $\boldsymbol{P}^N$ 의 요소 중에서 최소인 것을 θ' 로 두면 증명의 전반부에 있어서 $\boldsymbol{P}$ 대신 $\boldsymbol{P}^N$ 으로 치환함으로써

$$0 \le \overline{a}_j(kN) - \underline{a}_j(kN) \le (1 - 2\theta')^k \tag{6.12}$$

$$0 \le 1 - 2\theta' < 1$$

이 얻어진다. 따라서 단조수열 $\{\overline{a}_j(m)\}$, $\{\underline{a}_j(m)\}$ 은 같은 극한값에 수렴하는 부분열 $\{\overline{a}_j(kN)\}$, $\{\underline{a}_j(kN)\}$ 을 포함하게 됨으로 $\{\overline{a}_j(m)\}$ 과 $\{\underline{a}_j(m)\}$ 은 각각 같은 극한값에 수렴하게 된다. 이로써 앞에서와 같이 증명된다.

다음으로 $\boldsymbol{P}^m$ 의 극한인 $\boldsymbol{A}$ 의 성질을 살펴보기로 하자. 이후

$$\boldsymbol{w} = (a_1, a_2, \cdots, a_n)$$

으로 둔다. $\boldsymbol{w}$ 는 확률벡터로서 [정리 6.2]로부터 $\boldsymbol{A}$ 의 각 행은 모두 $\boldsymbol{w}$ 와 같다.

정리 6.3

정칙체인의 추이확률행렬 $\boldsymbol{P}$라 하면

① 임의의 확률벡터 π에 대해서

$$\lim_{m\to\infty} \pi\boldsymbol{P}^m = \pi\boldsymbol{A} = \boldsymbol{w}$$

② 임의의 확률행렬 $\boldsymbol{T}$에 대해서 $\boldsymbol{TA}$의 각 행은 모두 $\boldsymbol{w}$와 같다.

③ $\boldsymbol{PA} = \boldsymbol{AP} = \boldsymbol{A}$, $\boldsymbol{A}^2 = \boldsymbol{A}$

④ $\boldsymbol{w}$는 $\xi\boldsymbol{P} = \xi$을 만족하는 단 하나의 확률벡터이다.

증명 ① $\lim_{m\to\infty}\pi\boldsymbol{P}^m = \pi\boldsymbol{A}$는 명백하다. $\pi = (q_i)$로 두면

$$\pi\boldsymbol{A} = (q_1, \cdots, q_n)\begin{pmatrix} a_1 \cdots a_n \\ \vdots \quad \vdots \\ a_1 \cdots a_n \end{pmatrix}$$

이 된다. 이 벡터의 j번째의 요소는

$$q_1a_j + q_2a_j + \cdots + q_na_j = (q_1 + q_2 + \cdots + q_n)a_j = 1 \cdot a_j = a_j$$

이므로 $\pi\boldsymbol{A} = \boldsymbol{w}$가 된다.

② $\boldsymbol{T}$의 제 i행을 τ_i로 두면 ①에 의하여 다음 결과가 얻어진다.

$$\boldsymbol{TA} = \begin{pmatrix} \tau_1 \\ \tau_2 \\ \vdots \\ \tau_m \end{pmatrix}\boldsymbol{A} = \begin{pmatrix} \tau_1\boldsymbol{A} \\ \tau_2\boldsymbol{A} \\ \vdots \\ \tau_m\boldsymbol{A} \end{pmatrix} = \begin{pmatrix} \boldsymbol{w} \\ \boldsymbol{w} \\ \vdots \\ \boldsymbol{w} \end{pmatrix}$$

③ 다음 식에서 $m \to \infty$로 하면 구하는 결과가 얻어진다.

$$\boldsymbol{PP}^m = \boldsymbol{P}^m\boldsymbol{P} = \boldsymbol{P}^{m+1}, \quad \boldsymbol{P}^m\boldsymbol{P}^m = \boldsymbol{P}^{2m}$$

④ $\xi\boldsymbol{P} = \xi$을 만족하는 임의의 확률벡터를 $\boldsymbol{\alpha}$라 하면

$$\boldsymbol{\alpha P} = \boldsymbol{\alpha}$$

이므로

$$\boldsymbol{\alpha P}^m = \boldsymbol{\alpha}$$

가 된다. 여기서 $m \to \infty$로 두면 ①로부터

$$\lim_{m\to\infty}\boldsymbol{\alpha P}^m = \boldsymbol{\alpha A} = \boldsymbol{w}$$

이므로 $\boldsymbol{\alpha} = \boldsymbol{w}$가 된다. *

[정리 6.3]의 ④에 의하여 확률벡터 $\boldsymbol{w}$를 구하기 위해서는 $\xi\boldsymbol{P}=\xi$를 만족하는 확률벡터를 구하면 된다.

예제 6.1

다음 추이확률행렬 $\boldsymbol{P}$에 대해서 $\boldsymbol{w}$와 $\boldsymbol{A}$를 구하라.

$$\boldsymbol{P}=\begin{pmatrix} \frac{1}{2} & \frac{1}{3} & \frac{1}{6} \\ \frac{3}{4} & 0 & \frac{1}{4} \\ 0 & 1 & 0 \end{pmatrix}$$

| 풀이 | 다음의 추이도식으로부터 이것은 정칙인 체인이다.

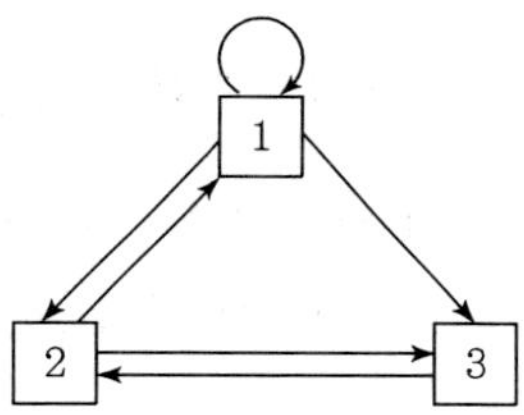

$\boldsymbol{w}=(a_1, a_2, a_3)$로 두면

$$(a_1, a_2, a_3)\begin{pmatrix} \frac{1}{2} & \frac{1}{3} & \frac{1}{6} \\ \frac{3}{4} & 0 & \frac{1}{4} \\ 0 & 1 & 0 \end{pmatrix}=(a_1, a_2, a_3)$$

이므로

$$\frac{1}{2}a_1+\frac{3}{4}a_2=a_1 \qquad \cdots①$$

$$\frac{1}{3}a_1+a_3=a_2 \qquad \cdots②$$

$$\frac{1}{6}a_1+\frac{1}{4}a_2=a_3 \qquad \cdots③$$

$$a_1+a_2+a_3=1 \qquad \cdots④$$

이 된다. ④는 $\boldsymbol{w}$가 확률벡터이기 위한 조건이다. ①, ②, ③으로부터는 다음과 같은 a_1, a_2, a_3의 비 밖에 알 수 없다.

$$a_1 : a_2 : a_3 = 3 : 2 : 1$$

이 비와 ④로부터 다음과 같이 $\boldsymbol{w}$를 얻을 수 있다.

$$w = (a_1, a_2, a_3) = \left(\frac{1}{2}, \frac{1}{3}, \frac{1}{6}\right)$$

따라서 $\boldsymbol{A}$는 다음과 같다.

$$\boldsymbol{A} = \begin{pmatrix} \frac{1}{2} & \frac{1}{3} & \frac{1}{6} \\ \frac{1}{2} & \frac{1}{3} & \frac{1}{6} \\ \frac{1}{2} & \frac{1}{3} & \frac{1}{6} \end{pmatrix}$$

상태의 개수 n이 2와 같으며 정칙인 체인에서는

$$\boldsymbol{P}^m = \boldsymbol{A} + c^m \boldsymbol{B} = \boldsymbol{A} + (c\boldsymbol{B})^m \quad (-1 < c < 1, \quad m = 1, 2, \cdots)$$

와 같은 형태로 표시할 수 있으나 일반적인 n에 대해서는 이와 같은 간단한 형태로 표시할 수가 없다. 그러나 $m \to \infty$로 할 때의 $\boldsymbol{P}^m$의 점근적인 성질을 이용한 다음과 같은 결과가 있다.

정리 6.4

정칙체인에 있어서는

$$\boldsymbol{P} = \boldsymbol{A} + \boldsymbol{Q} \quad (\lim_{m \to \infty} \boldsymbol{P}^m = \boldsymbol{A})$$

로 두면

① $\boldsymbol{P}^m = \boldsymbol{A} + \boldsymbol{Q}^m, \quad \boldsymbol{A}\boldsymbol{Q}^m = \boldsymbol{Q}^m\boldsymbol{A} = 0 \quad (m = 1, 2, \cdots)$

② $\boldsymbol{Q}^m$의 각 행의 요소의 합은 0이다.

③ $\boldsymbol{Q}^m = (q_{ij}(m))$으로 두면 다음 부등식을 만족하는 i, j, m에 무관한 정수 b, r이 존재한다.

$$|q_{ij}(m)| \leq br^m \quad (b > 0, \ 0 \leq r < 1, \ m = 1, 2, \cdots)$$

증명 ① 먼저

$$(\boldsymbol{P} - \boldsymbol{A})^m = \boldsymbol{P}^m - \boldsymbol{A} \tag{6.13}$$

를 증명하자. $m = 1$일 때는 명백히 성립한다.

$m = k$일 때 성립한다고 하면

$$(\boldsymbol{P}-\boldsymbol{A})^k=\boldsymbol{P}^k-\boldsymbol{A}$$

이므로

$$\begin{aligned}(\boldsymbol{P}-\boldsymbol{A})^{k+1}&=(\boldsymbol{P}^k-\boldsymbol{A})(\boldsymbol{P}-\boldsymbol{A})\\&=(\boldsymbol{P}^k-\boldsymbol{A})\boldsymbol{P}-(\boldsymbol{P}^k-\boldsymbol{A})\boldsymbol{A}\\&=\boldsymbol{P}^{k+1}-\boldsymbol{A}\end{aligned}$$

이 된다. 따라서 $m=k+1$ 일 때도 성립하므로 식(6.13)은 모든 자연수 m에 대해서 성립한다. $\boldsymbol{P}-\boldsymbol{A}=\boldsymbol{Q}$로부터

$$\boldsymbol{Q}^m=\boldsymbol{P}^m-\boldsymbol{A}$$

이므로

$$\boldsymbol{P}^m=\boldsymbol{A}+\boldsymbol{Q}^m$$

이 된다. 또한 다음이 성립된다.

$$\begin{aligned}\boldsymbol{A}\boldsymbol{Q}^m&=\boldsymbol{A}(\boldsymbol{P}^m-\boldsymbol{A})=0\\\boldsymbol{Q}^m\boldsymbol{A}&=(\boldsymbol{P}^m-\boldsymbol{A})\boldsymbol{A}=0\end{aligned}$$

② $\boldsymbol{\epsilon}$을 모든 요소가 1인 열벡터라 하면 $\boldsymbol{P}$, $\boldsymbol{A}$는 확률행렬이므로

$$\boldsymbol{P}^m\boldsymbol{\epsilon}=\boldsymbol{\epsilon},\quad \boldsymbol{A}\boldsymbol{\epsilon}=\boldsymbol{\epsilon}$$

이 된다. 따라서

$$\boldsymbol{Q}^m\boldsymbol{\epsilon}=(\boldsymbol{P}^m-\boldsymbol{A})\boldsymbol{\epsilon}=\boldsymbol{P}^m\boldsymbol{\epsilon}-\boldsymbol{A}\boldsymbol{\epsilon}=\boldsymbol{\epsilon}-\boldsymbol{\epsilon}=\begin{pmatrix}0\\0\\\vdots\\0\end{pmatrix}$$

이 된다. 이것은 $\boldsymbol{Q}^m$의 각 행의 요소의 합은 0인 것을 나타낸다.

③ [정리 6.2]의 증명에서와 같이 $\boldsymbol{P}^m$의 제 j열의 요소 중에서 최대인 것을 $\overline{a}_j(m)$, 최소인 것을 $\underline{a}_j(m)$으로 두면

$$\begin{aligned}\underline{a}_j(m)&\le p_{ij}(m)\le\overline{a}_j(m)\\\underline{a}_j(m)&\le a_j\le\overline{a}_j(m)\end{aligned}$$

이므로

$$0\le|p_{ij}(m)-a_j|\le\overline{a}_j(m)-\underline{a}_j(m)$$

이 된다. 그런데 $q_{ij}(m)=p_{ij}(m)-a_j$이므로

$$0 \leq |q_{ij}(m)| \leq \overline{a}_j(m) - \underline{a}_j(m) \tag{6.14}$$

이 된다. $\boldsymbol{P} > 0$ 라 하고 $\boldsymbol{P}$의 요소 중에서 최소인 것을 θ 라 하면 식(6.11)에 의하여

$$0 \leq \overline{a}_j(m) - \underline{a}_j(m) \leq (1-2\theta)^m$$

이므로, $1-2\theta = r$ 로 두면 $0 \leq r < 1$에서

$$0 \leq |q_{ij}(m)| \leq r^m$$

이 된다. ✲

다음으로 $\boldsymbol{P}$의 요소 중에 0이 있는 경우에는 $\boldsymbol{P}^N > 0$ 을 만족하는 자연수 N을 취하고 $\boldsymbol{P}^N$의 요소 중에서 최소인 것을 θ' 로 두면 식(6.6)을 유도한 것과 마찬가지로

$$0 \leq 1 - 2\theta' < 1$$

이 되는데 좌측의 부등식에서 등호가 성립하는 것은 θ' 가 $\dfrac{1}{2}$ 과 같은 때이다. 이 경우에는

$$\boldsymbol{P}^N = \begin{pmatrix} \frac{1}{2} & \frac{1}{2} \\ \frac{1}{2} & \frac{1}{2} \end{pmatrix}$$

과 같이 되는데 4.2절의 [예제 4.1]로부터

$$\boldsymbol{P} = \begin{pmatrix} \frac{1}{2} & \frac{1}{2} \\ \frac{1}{2} & \frac{1}{2} \end{pmatrix}$$

로 되니까 $\boldsymbol{P} > 0$ 이 경우가 된다. 따라서 $\theta' < \dfrac{1}{2}$ 로 하여도 된다.

$(1-2\theta')^{\frac{1}{N}} = r$ 로 두면 $0 < r < 1$ 이고 식(6.12)로부터

$$0 \leq \overline{a}_j(kN) - \underline{a}_j(kN) \leq r^{kN}$$

이므로 m 을 N 으로 나눈 몫을 k, 나머지를 s 라 하면

$$m = kN + s, \quad 0 \leq s < N$$

이고 수열 $\left\{\overline{a}_j(m) - \underline{a}_j(m)\right\}$ 은 단조감소수열이므로 식(6.14)로부터

$$\begin{aligned} 0 \le |q_{ij}(m)| &\le \bar{a}_j(m) - \underline{a}_j(m) \\ &\le \bar{a}_j(kN) - \underline{a}_j(kN) \\ &\le r^{kN} = r^{m-s} \\ &\le r^{m-(N-1)} = \frac{r^m}{r^{N-1}} \end{aligned}$$

이 된다. 따라서 $b = 1/r^{N-1}$ 로 두면

$$0 \le |q_{ij}(m)| \le br^m$$

이 되는데 이것은 $\boldsymbol{P} > 0$ 인 경우를 포함한다. 이로써 ③이 증명된다.

[정리 6.3]과 [정리 6.4]로부터

$$\boldsymbol{P}^m = \boldsymbol{A} + \boldsymbol{Q}^m$$

으로 표시했을 때 $\lim_{m \to \infty} \boldsymbol{Q}^m = 0$ 이므로 $\boldsymbol{A}$ 가 $\boldsymbol{P}^m$ 의 주요부분이고, $\boldsymbol{Q}^m$ 은 $\boldsymbol{A}$ 로부터 차이를 나타내는 것으로 볼 수 있다. m 값이 충분히 크면 $\boldsymbol{P}^m$ 의 점근적인 성질은 $\boldsymbol{A}$ 에 의해서 표시된다. 더욱 $\boldsymbol{A}$ 의 각 행이 같으므로 $\boldsymbol{A}$ 는 독립시행의 추이확률행렬로 볼 수 있다.

예제 6.2

여러 회사에서 생산되고 있는 컴퓨터를 판매하고 있는 매장에서 A회사 컴퓨터의 재고가 3대를 넘지 않도록 제한시키는 정책을 시행하고 있다. 그리고 이 컴퓨터 매장은 주말에 재고가 0이 될 때에만 컴퓨터 3대를 주문하고 있으며 인터넷으로 주문하여 다음 월요일에 3대를 보충하게 된다. 주말에 재고가 있을 경우 컴퓨터 1대당 1,000원의 재고유지비가 든다. A회사 컴퓨터를 판매할 경우 1대당 30,000원의 이익이 발생하고 있으며, 과거의 판매실적으로부터 작성한 판매 확률분포는 다음과 같다.

〈표 6.1〉 판매 확률분포

판매량(상태)	확률
0	$\frac{1}{10}$
1	$\frac{3}{10}$
2	$\frac{4}{10}$
3	$\frac{2}{10}$

위의 자료를 이용하여 주말에 컴퓨터를 0대, 1대, 2대, 그리고 3대를 가지고 있을 확률과 이 컴퓨터 매장의 평균 이익을 구하라.

| 풀이 | 상태공간은

$$S=\{0,1,2,3\}$$

이다.

주말에 A회사 컴퓨터 재고가 0일 경우 컴퓨터 3대를 주문하기 때문에 주말까지 3대가 판매되어 재고가 주말에 0이 되는 상태 [0]이 될 확률은 $\frac{2}{10}$ 가 된다. 그리고 다음 주에 컴퓨터 3대 중 2대를 판매하여 상태 [1]로 가게 될 확률은 $\frac{4}{10}$ 가 된다. 또한 컴퓨터 3대 중 1대를 판매하여 상태 [0]으로부터 상태 [2]로 가게 될 확률은 $\frac{3}{10}$ 이 되고, 주중에 컴퓨터를 1대도 판매하지 못해서 컴퓨터 3대가 그대로 남아 있을 확률은 $\frac{1}{10}$ 이다.

주말에 컴퓨터 재고가 1대일 경우 주문하지 않을 것이며, 수요가 1대 이상 2대 또는 3대가 된다고 하더라도 결국 가지고 있는 재고는 1대 뿐이므로 1대 밖에 판매하지 못하게 된다. 따라서 컴퓨터 1대를 판매할 확률은 1대 이상의 수요가 있을 확률 0.9(=0.3+0.4+0.2)와 같게 된다. 다음 주말에 상태 [1]이 되는 것은 일주일 동안 1대의 컴퓨터도 판매하지 못하는 경우로써 확률은 0.1(=1−0.9)이다. 그리고 나머지 확률은 상태 [1]에서 상태 [2]와 [3]으로 갈 수 없기 때문에 0이 된다. 마찬가지 방법으로 나머지 확률들을 구하여 다음과 같은 추이확률행렬 $\boldsymbol{P}$를 얻을 수 있다.

$$\boldsymbol{P}=\begin{pmatrix} \frac{2}{10} & \frac{4}{10} & \frac{3}{10} & \frac{1}{10} \\ \frac{9}{10} & \frac{1}{10} & 0 & 0 \\ \frac{6}{10} & \frac{3}{10} & \frac{1}{10} & 0 \\ \frac{2}{10} & \frac{4}{10} & \frac{3}{10} & \frac{1}{10} \end{pmatrix}$$

$\boldsymbol{w}=\{a_0,a_1,a_2,a_3\}$ 로 두면

$$(a_0,a_1,a_2,a_3)\begin{pmatrix} \frac{2}{10} & \frac{4}{10} & \frac{3}{10} & \frac{1}{10} \\ \frac{9}{10} & \frac{1}{10} & 0 & 0 \\ \frac{6}{10} & \frac{3}{10} & \frac{1}{10} & 0 \\ \frac{2}{10} & \frac{4}{10} & \frac{3}{10} & \frac{1}{10} \end{pmatrix}=(a_0,a_1,a_2,a_3)$$

이므로

$$\frac{2}{10}a_0 + \frac{9}{10}a_1 + \frac{6}{10}a_2 + \frac{2}{10}a_3 = a_0$$

$$\frac{4}{10}a_0 + \frac{1}{10}a_1 + \frac{3}{10}a_2 + \frac{4}{10}a_3 = a_1$$

$$\frac{3}{10}a_0 + \frac{1}{10}a_2 + \frac{3}{10}a_3 = a_2$$

$$\frac{1}{10}a_0 + \frac{1}{10}a_3 = a_3$$

$$a_0 + a_1 + a_2 + a_3 = 1$$

이 된다. 이들로부터 다음을 얻을 수 있다.

$$a_0 = \frac{81}{170},\ a_1 = \frac{5}{17},\ a_2 = \frac{3}{17},\ a_3 = \frac{9}{170}$$

다음으로 이 컴퓨터 매장의 기대이익을 구하기 위하여 상태별 순 이익을 계산해 보면 다음과 같다.

〈표 6.2〉 상태변화에 따른 순 이익금(단위:원)

상태	0	1	2	3
0	90,000	59,000	28,000	−3,000
1	30,000	−1,000		
2	60,000	29,000	−2,000	
3	90,000	59,000	28,000	−3,000

추이확률행렬과 각 상태별 이익금을 곱해서 각 상태별 기대이익을 구해보면 다음과 같다.

상태 [0] : $90{,}000 \times \frac{2}{10} + 59{,}000 \times \frac{4}{10} + 28{,}000 \times \frac{3}{10} - 3{,}000 \times \frac{1}{10} = 49{,}700$

상태 [1] : $30{,}000 \times \frac{9}{10} - 1{,}000 \times \frac{1}{10} = 26{,}900$

상태 [2] : $60{,}000 \times \frac{6}{10} + 29{,}000 \times \frac{3}{10} - 2{,}000 \times \frac{1}{10} = 44{,}500$

상태 [3] : $90{,}000 \times \frac{2}{10} + 59{,}000 \times \frac{4}{10} + 28{,}000 \times \frac{3}{10} - 3{,}000 \times \frac{1}{10} = 49{,}700$

이 컴퓨터 매장의 주당 기대이익은 각 상태별 기대이익과 이에 상응하는 a_0, a_1, a_2, a_3를 각각 곱한 금액의 합계로 다음과 같다.

$$49{,}700 \times \frac{81}{170} + 26{,}900 \times \frac{5}{17} + 44{,}500 \times \frac{3}{17} + 49{,}700 \times \frac{9}{170} = 42{,}077\ (\text{원})$$

예제 6.3

현재 국내에는 3가지 커피가 판매되고 있는 데, 한 커피 사용자가 다음번에 다른 커피를 선택할 확률이 다음과 같다.

〈표 6.3〉 선택확률

	A	B	C
A	$\frac{7}{10}$	$\frac{2}{10}$	$\frac{1}{10}$
B	$\frac{1}{10}$	$\frac{8}{10}$	$\frac{1}{10}$
C	$\frac{2}{10}$	$\frac{3}{10}$	$\frac{5}{10}$

이 때, 각 제품의 장기시장점유율을 구하라.

| 풀이 |

$$(a_1, a_2, a_3)\begin{pmatrix} \frac{7}{10} & \frac{2}{10} & \frac{1}{10} \\ \frac{1}{10} & \frac{8}{10} & \frac{1}{10} \\ \frac{2}{10} & \frac{3}{10} & \frac{5}{10} \end{pmatrix} = (a_1, a_2, a_3)$$

이므로

$$\begin{gathered} \frac{7}{10}a_1 + \frac{1}{10}a_2 + \frac{2}{10}a_3 = a_1 \\ \frac{2}{10}a_1 + \frac{8}{10}a_2 + \frac{3}{10}a_3 = a_2 \\ \frac{1}{10}a_1 + \frac{1}{10}a_2 + \frac{5}{10}a_3 = a_3 \\ a_1 + a_2 + a_3 = 1 \end{gathered}$$

이 된다. 이들로부터 다음을 얻을 수 있다.

$$a_1 = \frac{1}{6},\ a_2 = \frac{7}{24},\ a_3 = \frac{13}{24}$$

따라서 A제품의 장기시장 점유율은 16.7%, B제품의 장기시장 점유율은 29.2%, C제품의 장기시장점유율은 54.1%이다.

6.2 평균도달, 평균재귀 및 평균방문시간

상태가 2개인 정칙인 체인에 대해서는 4.3절에서 구한 바와 같이 $f_{ij}^* = g_{ij} = 1$ 로 되었으나, 일반적인 경우에도 이것이 성립하는 것을 증명하여 보자.

정리 6.5

정칙체인에 있어서는 $f_{ij}^* = g_{ij} = 1$ 이다.

증명 먼저 $\boldsymbol{P} = (p_{ij}) > 0$ 인 경우를 생각하자. $\boldsymbol{P}$ 의 요소 p_{ij} 의 최소값을 θ 로 둔다.

$$f_{ij}^* = \sum_{m=1}^{\infty} f_{ij}(m) = \lim_{m\to\infty}\{f_{ij}(1) + f_{ij}(2) + \cdots + f_{ij}(m)\}$$

이므로

$$\lim_{m\to\infty}[1 - \{f_{ij}(1) + f_{ij}(2) + \cdots + f_{ij}(m)\}] = 0$$

을 증명하면 된다.

$f_{ij}(m)$ 은 i 로부터 출발하여 m 단계째에 처음으로 ⓙ가 되는 확률이다. 따라서

$$f_{ij}(1) + f_{ij}(2) + \cdots f_{ij}(m)$$

은 ⓘ로부터 출발하여 m 단계째까지에 ⓙ를 통과하는 확률을 나타내며

$$1 - \{f_{ij}(1) + f_{ij}(2) + \cdots + f_{ij}(m)\} \tag{6.15}$$

은 ⓘ로부터 출발하여 m 단계째까지 ⓙ를 통과하지 않는 확률을 나타낸다.

식(6.15)를 $u_i^j(m)$ 으로 두고 이 값을 구해보기로 하자. ⓘ로부터 출발하여 ⓙ를 통과하지 않고서 m 단계째에 ⓚ로 되는 확률을 $w_{ik}^j(m)$ 으로 두자. 그러면

$$u_i^j(m) = \sum_{k \neq j} w_{ik}^j(m) \tag{6.16}$$

과 같이 된다.

상태 ⓚ로부터 1단계에서 ⓙ로 갈 수 없는 확률은

$$1 - p_{kj} \leq 1 - \theta$$

가 된다. 그런데 $m \geq 2$ 일 때

$$u_i^j(m) = \sum_{k \neq j} w_{ik}^j(m-1)(1 - p_{kj})$$

$$\leq \left\{ \sum_{k \neq j} w_{ik}^{j}(m-1) \right\} (1-\theta)$$

가 되므로 식(6.16)으로부터

$$u_i^j(m) \leq u_i^j(m-1)(1-\theta) \quad (m \geq 2) \tag{6.17}$$

이 된다. 명백히

$$u_i^j(1) = 1 - p_{ij} \leq 1 - \theta$$

이므로 식(6.17)의 m 에 2,3,$\cdots$ 을 대입하면

$$u_i^j(2) \leq u_i^j(1)(1-\theta) \leq (1-\theta)^2$$

$$u_i^j(3) \leq u_i^j(2)(1-\theta) \leq (1-\theta)^3$$

$$\vdots$$

이 된다. 일반적으로

$$u_i^j(m) \leq (1-\theta)^m$$

이 된다. 따라서 식(6.15)를 대입하면

$$0 \leq 1 - \{f_{ij}(1) + f_{ij}(2) + \cdots + f_{ij}(m)\} \leq (1-\theta)^m$$

이 된다. 여기서 $m \to \infty$ 로 두면

$$0 \leq 1 - f_{ij}^* \leq 0$$

이 되므로 $f_{ij}^* = 1$ 이다.

또한 3.4절의 [공식 3.4]로부터 $g_{ij} = 1$ 을 얻을 수 있다.

다음 $\boldsymbol{P}$의 요소 중에 0이 포함되어 있는 경우에는 $\boldsymbol{P}^N > 0$ 이 되는 자연수 N을 취하고 $\boldsymbol{P}^N$의 요소 중 최소값을 θ' 로 둔다.

$\boldsymbol{P}^N = \tilde{\boldsymbol{P}}$로 두고 $\tilde{\boldsymbol{P}}$를 추이확률행렬로 하는 마르코프체인에 있어서 $\boxed{i}$로부터 출발하여 k 단계째까지 $\boxed{j}$를 통과하지 않는 확률을 $\widetilde{u_i^j}(k)$ 로 두면 앞에서와 같이

$$\widetilde{u_i^j}(k) \leq (1-\theta')^k \tag{6.18}$$

이다.

처음의 마르코프체인으로 돌아가서 생각하면 식(6.18)의 좌변은 $t=1$ 로부터 $t=kN$사이에서 $t=N, 2N, \cdots, kN$일 때에 $\boxed{j}$를 통과하지 않는 확률을 표시한다. t가 N의 배수가 아니면 $\boxed{j}$를 통과하는지 알 수 없다. 따라서

$$u_i^j(kN) \leq \widetilde{u_i^j}(k)$$

이므로 식(6.18)에 의하여

$$u_i^j(kN) \leq (1-\theta')^k$$

와 같이 되고 수열 $\{u_i^j(m)\}$ 은 단조감소수열이므로

$$\lim_{m \to \infty} u_i^j(m) = 0$$

이 되므로 $f_{ij}^* = 1$ 이다. $g_{ij} = 1$ 도 앞에서와 같이 증명된다. ✲

예제 6.4

다음 추이확률행렬에서 $u_1^2(2)$ 를 구하라.

$$\boldsymbol{P} = \begin{pmatrix} p_{11} & p_{12} & p_{13} \\ p_{21} & p_{22} & p_{23} \\ p_{31} & p_{32} & p_{33} \end{pmatrix} > 0$$

| 풀이 |

$$\begin{aligned} u_1^2(2) &= 1 - \{f_{12}(1) + f_{12}(2)\} \\ &= w_{11}^2(2) + w_{13}^2(2) \\ &= (p_{11}p_{11} + p_{13}p_{31}) + (p_{11}p_{13} + p_{13}p_{33}) \\ &= p_{11}(p_{11} + p_{13}) + p_{13}(p_{31} + p_{33}) \\ &= w_{11}^2(1)(p_{11} + p_{13}) + w_{13}^2(1)(p_{31} + p_{33}) \\ &\leq \{w_{11}^2(1) + w_{13}^2(1)\}(1-\theta) \\ &= u_1^2(1-\theta) = (p_{11} + p_{13})(1-\theta) \leq (1-\theta)^2 \end{aligned}$$

[정리 6.5]에서 $f_{ij}^* = 1$ 이라고 하는 것은 [i]로부터 출발하였을 때 [j]를 적어도 1회 통과하는 것을 나타내고, $g_{ij} = 1$ 이라고 하는 것은 [i]로부터 출발하였을 때 [j]를 무한회 통과하는 것이 확실하다는 것을 나타낸다.

그런데 [i]로부터 [j]에 도달하는데 필요로 하는 단계의 수의 평균 즉 평균도달시간에 대해서는 다음 정리가 성립한다.

정리 6.6

정칙체인에 있어서 [i]로부터 [j]에의 평균도달시간 h_{ij} 는 다음 관계식을 만족한다.

$$h_{ij} = 1 + \sum_{k \neq j} p_{ik} h_{kj} \tag{6.19}$$

증명 h_{ij} 의 정의는 다음과 같다.

$$h_{ij} = \sum_{m=1}^{\infty} m f_{ij}(m)$$

3.4절의 [공식 3.1]에 의하여

$$\begin{aligned} f_{ij}(1) &= p_{ij} \\ f_{ij}(2) &= \sum_{k \neq j} p_{ik} f_{kj}(1) \\ f_{ij}(3) &= \sum_{k \neq j} p_{ik} f_{kj}(2) \\ &\vdots \\ f_{ij}(m) &= \sum_{k \neq j} p_{ik} f_{kj}(m-1) \quad (m \geq 2) \end{aligned}$$

이 된다. 그런데 $m \geq 2$ 일 때

$$(m-1) f_{ij}(m) = (m-1) \sum_{k \neq j} p_{ik} f_{kj}(m-1)$$

이므로

$$m f_{ij}(m) = f_{ij}(m) + \sum_{k \neq j} p_{ik} \{(m-1) f_{kj}(m-1)\}$$

이 된다. 따라서

$$\begin{aligned} \sum_{m=1}^{\infty} m f_{ij}(m) &= f_{ij}(1) + \sum_{m=2}^{\infty} f_{ij}(m) + \sum_{m=2}^{\infty} \sum_{k \neq j} p_{ik} \{(m-1) f_{kj}(m-1)\} \\ &= \sum_{m=1}^{\infty} f_{ij}(m) + \sum_{k \neq j} p_{ik} \left\{ \sum_{m=1}^{\infty} m f_{kj}(m) \right\} \end{aligned}$$

이므로

$$h_{ij} = f_{ij}^{*} + \sum_{k \neq j} p_{ik} h_{kj}$$

이 된다. [정리 6.5]에 의하여 $f_{ij}^{*} = 1$ 이므로

$$h_{ij} = 1 + \sum_{k \neq j} p_{ik} h_{kj}$$

이다. ✲

예제 6.5

다음 추이확률행렬에서 $h_{11}, h_{21}, h_{31}, h_{41}$ 을 구하라.

$$\boldsymbol{P}=\begin{pmatrix} \frac{1}{4} & \frac{1}{4} & \frac{1}{4} & \frac{1}{4} \\ 1 & 0 & 0 & 0 \\ 0 & \frac{1}{3} & \frac{1}{3} & \frac{1}{3} \\ 0 & 0 & 1 & 0 \end{pmatrix}$$

| 풀이 | $j=1$ 로 두고 식(6.19)에 의하여 $h_{i1}(i=1,2,3,4)$ 를 써보면,

$$h_{11}=1+p_{12}h_{21}+p_{13}h_{31}+p_{14}h_{41} \qquad \cdots①$$
$$h_{21}=1+p_{22}h_{21}+p_{23}h_{31}+p_{24}h_{41} \qquad \cdots②$$
$$h_{31}=1+p_{32}h_{21}+p_{33}h_{31}+p_{34}h_{41} \qquad \cdots③$$
$$h_{41}=1+p_{42}h_{21}+p_{43}h_{41}+p_{44}h_{41} \qquad \cdots④$$

이 되므로, ②, ③, ④는 h_{21}, h_{31}, h_{41} 에 관한 연립 1차 방정식이다. 이것을 풀어서 ①에 대입하면 h_{11} 이 얻어진다. p_{ij} 의 구체적인 값을 대입하면

$$h_{11}=1+\frac{1}{4}h_{21}+\frac{1}{4}h_{31}+\frac{1}{4}h_{41}$$
$$h_{21}=1$$
$$h_{31}=1+\frac{1}{3}h_{21}+\frac{1}{3}h_{31}+\frac{1}{3}h_{41}$$
$$h_{41}=1+h_{31}$$

이 되므로, 이것을 풀면 다음과 같이 얻어진다.

$$h_{11}=4,\ h_{21}=1,\ h_{31}=5,\ h_{41}=6$$

특히 평균재귀시간 h_{jj} 에 대해서는 다음이 성립한다.

정리 6.7

정칙체인에 있어서는 평균재귀시간은 다음과 같이 표현된다.

$$h_{jj}=\frac{1}{a_j} \quad (j=1,2,\cdots,n)$$

증명 [정리 6.6]의 식(6.19)를 변형하면 다음과 같다.

$$h_{ij}=1+\sum_{k=1}^{n}p_{ik}h_{kj}-p_{ij}h_{jj}$$

이 양변에 a_i를 곱하고 i에 대해서 i부터 n까지 더하면

$$\sum_{i=1}^{n}a_ih_{ij}=\sum_{i=1}^{n}a_i+\sum_{i=1}^{n}\sum_{k=1}^{n}a_ip_{ik}h_{kj}-\left(\sum_{i=1}^{n}a_ip_{ij}\right)h_{jj}$$

이 되고, 이 우변의 각 항을 계산하면

$$\sum_{i=1}^{n}a_i=1 \quad (w=(a_i)\text{는 확률벡터})$$

$$\begin{aligned}\sum_{i=1}^{n}\sum_{k=1}^{n}a_ip_{ik}h_{kj}&=\sum_{k=1}^{n}\left(\sum_{i=1}^{n}a_ip_{ik}\right)h_{kj}\\&=\sum_{k=1}^{n}a_kh_{kj} && \text{([정리 6.3]의 ③)}\\&=\sum_{i=1}^{n}a_ih_{ij} && \text{(}\textstyle\sum\text{ 의 의미로부터)}\end{aligned}$$

$$\left(\sum_{i=1}^{n}a_ip_{ij}\right)h_{jj}=a_jh_{jj} \qquad \text{([정리 6.3]의 ③)}$$

이므로

$$\sum_{i=1}^{n}a_ih_{ij}=1+\sum_{i=1}^{n}a_ih_{ii}-a_jh_{jj}$$

이 된다. 따라서

$$0=1-a_jh_{jj}$$

이 되므로 다음이 성립된다.

$$h_{jj}=\frac{1}{a_j}$$ ✲

평균방문시간 v_{ij}에 대하여는 다음 정리가 성립한다.

정리 6.8

정칙체인에 있어서는 평균방문시간 v_{ij}는 다음과 같이 표현된다.

$$v_{ij}=a_j,\quad \boldsymbol{V}=(v_{ij})=\boldsymbol{A}$$

증명 평균방문시간 v_{ij} 에 대해서 다음이 성립한다.

$$v_{ij} = \lim_{m\to\infty} \frac{1}{m}\{p_{ij}(1) + p_{ij}(2) + \cdots + p_{ij}(m)\}$$

그런데 [정리 6.2]에 의하여

$$\lim_{m\to\infty} p_{ij}(m) = a_j$$

이다. 따라서 극한값의 정리에 의하여

$$v_{ij} = a_j$$

이다. 그리고

$$\boldsymbol{V} = (v_{ij}) = \boldsymbol{A}$$

는 위에서부터 쉽게 알 수 있다. *

6.3 주기적 체인

주기가 $d(\geq 2)$ 인 에르고드적 체인에 대해서 고찰하여 보자. 에르고드적 체인은 성분이 하나뿐인 데 이것을 C라 하자. 5.2절 [정리 5.2]에 의하면 집합 $M(i, j)$ 에 속하는 임의의 자연수를 d로 나눈 나머지는 같다고 되어 있다. 여기서 어떤 상태 $\boxed{i}$를 기초로 하여 $M(i, j) = \{m \mid p_{ij}(m) > 0\}$ 에 속하는 자연수를 d로 나눈 나머지가 같은 상태 $\boxed{j}$를 하나로 하면 C를 분할할 수가 있다. 즉 어떤 자연수를 d로 나눈 나머지는

$$0, 1, 2, \cdots, d-1$$

중에 어느 것이 되므로 $p_{ij}(m) > 0$ 이 되는 m 을 d로 나눈 나머지가 r로 되는 상태 $\boxed{j}$ 의 집합을 D_r 로 두면

$$C = D_0 \bigcup D_1 \bigcup \cdots \bigcup D_{d-1}, \quad D_i \bigcap D_j = \varnothing \ \ (i \neq j)$$

와 같이 할 수 있고, 한편 1단계마다 상태는

$$D_0 \to D_1 \to D_2 \to \cdots \to D_{d-1} \to D_0$$

과 같이 이동해 간다. 이 $D_0, D_1, \cdots, D_{d-1}$ 을 순회성분이라 한다.

추이확률행렬 $\boldsymbol{P}$에 있어서 상태의 배열을 적당히 바꾸면 $\boldsymbol{P}$를 다음과 같은 모양으로 표시할 수 있다.

	D_0	D_1	D_2	$\cdots$	D_{d-2}	D_{d-1}
D_0	0		0	$\cdots$	0	0
D_1	0	0		$\cdots$	0	0
$\vdots$	$\vdots$	$\vdots$	$\vdots$	$\vdots$	$\vdots$	$\vdots$
D_{d-2}	0	0	0	0	0	
D_{d-1}		0	0	0	0	0

예제 6.6

다음 추이확률행렬을 순회성분으로 나누어라.

$$\boldsymbol{P} = \begin{array}{c} \\ \boxed{1} \\ \boxed{2} \\ \boxed{3} \\ \boxed{4} \end{array} \begin{array}{c} \begin{matrix} \boxed{1} & \boxed{2} & \boxed{3} & \boxed{4} \end{matrix} \\ \begin{pmatrix} 0 & 1 & 0 & 0 \\ \frac{1}{2} & 0 & \frac{1}{2} & 0 \\ 0 & \frac{1}{2} & 0 & \frac{1}{2} \\ 0 & 0 & 1 & 0 \end{pmatrix} \end{array}$$

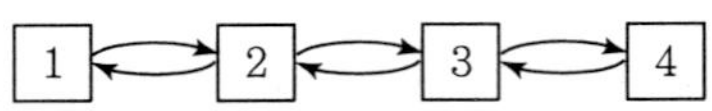

| 풀이 | 주기는 2이고, $\boxed{1}$을 기초로 하여 생각하면

$$D_0 = \{\boxed{1}, \boxed{3}\}, \quad D_1 = \{\boxed{2}, \boxed{4}\}$$

이고, $\boldsymbol{P}$, $\boldsymbol{P}^2$는 다음과 같이 표시된다.

$$\boldsymbol{P} = \begin{array}{c} \\ \boxed{1} \\ \boxed{3} \\ \boxed{2} \\ \boxed{4} \end{array} \begin{array}{c} \begin{matrix} \boxed{1} & \boxed{3} & \boxed{2} & \boxed{4} \end{matrix} \\ \left(\begin{array}{cc:cc} 0 & 0 & 1 & 0 \\ 0 & 0 & \frac{1}{2} & \frac{1}{2} \\ \hdashline \frac{1}{2} & \frac{1}{2} & 0 & 0 \\ 0 & 1 & 0 & 0 \end{array}\right) \end{array}, \quad \boldsymbol{P}^2 = \begin{array}{c} \\ \boxed{1} \\ \boxed{3} \\ \boxed{2} \\ \boxed{4} \end{array} \begin{array}{c} \begin{matrix} \boxed{1} & \boxed{3} & \boxed{2} & \boxed{4} \end{matrix} \\ \left(\begin{array}{cc:cc} \frac{1}{2} & \frac{1}{2} & 0 & 0 \\ \frac{1}{4} & \frac{3}{4} & 0 & 0 \\ \hdashline 0 & 0 & \frac{3}{4} & \frac{1}{4} \\ 0 & 0 & \frac{1}{2} & \frac{1}{2} \end{array}\right) \end{array}$$

예제 6.7

다음 추이확률행렬을 순회성분으로 나누고 $\boldsymbol{P}^2$, $\boldsymbol{P}^3$을 구하라.

$$
\begin{array}{c|cccc}
 & \boxed{1} & \boxed{2} & \boxed{3} & \boxed{4} \\
\end{array}
$$

$$
P = \begin{array}{c} \boxed{1} \\ \boxed{2} \\ \boxed{3} \\ \boxed{4} \end{array}
\begin{pmatrix}
0 & \frac{1}{3} & 0 & \frac{2}{3} \\
0 & 0 & 1 & 0 \\
1 & 0 & 0 & 0 \\
0 & 0 & 1 & 0
\end{pmatrix}
$$

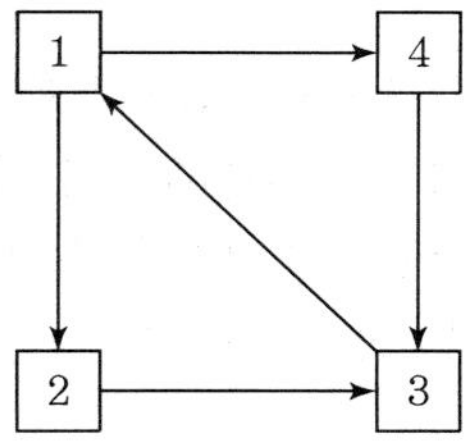

| 풀이 | 주기는 3이고 $\boxed{1}$을 기초로 하여 생각하면

$$D_0 = \{\boxed{1}\},\ \ D_1 = \{\boxed{2}, \boxed{4}\},\ \ D_2 = \{\boxed{3}\}$$

이고 $\boldsymbol{P}, \boldsymbol{P}^2, \boldsymbol{P}^3$ 은 다음과 같이 표시된다.

$$
\boldsymbol{P} = \begin{array}{c} \\ \boxed{1} \\ \boxed{2} \\ \boxed{4} \\ \boxed{3} \end{array}
\begin{array}{c}
\begin{array}{cccc} \boxed{1} & \boxed{2} & \boxed{4} & \boxed{3} \end{array} \\
\left(\begin{array}{c|cc|c}
0 & \frac{1}{3} & \frac{2}{3} & 0 \\ \hline
0 & 0 & 0 & 1 \\
0 & 0 & 0 & 1 \\ \hline
1 & 0 & 0 & 0
\end{array}\right)
\end{array},\quad
\boldsymbol{P}^2 = \left(\begin{array}{c|cc|c}
0 & 0 & 0 & 1 \\ \hline
1 & 0 & 0 & 0 \\
1 & 0 & 0 & 0 \\ \hline
0 & \frac{1}{3} & \frac{2}{3} & 0
\end{array}\right),\quad
\boldsymbol{P}^3 = \left(\begin{array}{c|cc|c}
1 & 0 & 0 & 0 \\ \hline
0 & \frac{1}{3} & \frac{2}{3} & 0 \\
0 & \frac{1}{3} & \frac{2}{3} & 0 \\ \hline
0 & 0 & 0 & 1
\end{array}\right)
$$

순회성분이 $D_0, D_1, \cdots, D_{d-1}$ 인 일반적인 $\boldsymbol{P}$에 대해서는 다음과 같이 표시할 수 있다.

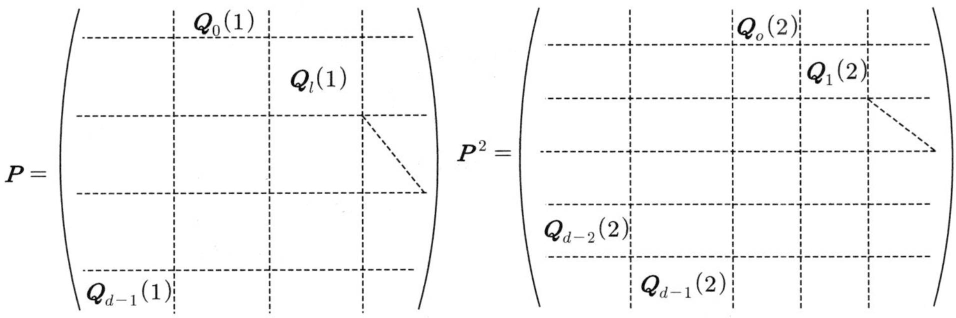

$$\vdots$$

$$P^d = \left(\begin{array}{c:c:c:c} Q_0(d) & & & \\ \hdashline & Q_1(d) & & \\ \hdashline & & \ddots & \\ \hdashline & & & Q_{d-1}(d) \end{array}\right)$$

P, P^2, P^d 에서 요소가 0인 부분은 공란으로 두었다.

주기적 체인에서는 요소가 0인 부분과 0이 아닌 부분이 순회적으로 표시되므로 P^m 에서 $m \to \infty$ 으로 하였을 때의 극한은 존재하지 않는다.

그러나 평균방문시간 v_{ij} 는 존재한다. 즉

$$V = \lim_{m \to \infty} \frac{1}{m}(P + P^2 + \cdots + P^m) \tag{6.20}$$

은 존재한다. 정칙체인에 대해서는 6.2절의 [정리 6.8]에 의하여 $V = A = \lim_{m \to \infty} P^m$ 인 사실을 알고 있다.

앞으로 간단하게 하기 위하여 $d = 3$ 으로 두고 식(6.20)을 만족하는 V가 존재하는 것을 증명하기로 하자.

$$P = \left(\begin{array}{c:c:c} & Q_0 & \\ \hdashline & & Q_1 \\ \hdashline Q_2 & & \end{array}\right)$$ (여기서 공란은 0이다. 이하 동일하다.)

로 두면, P^2 과 P^3 은 다음과 같다.

$$P^2 = \left(\begin{array}{c:c:c} & & Q_0Q_1 \\ \hdashline Q_1Q_2 & & \\ \hdashline & Q_2Q_0 & \end{array}\right)$$

$$P^3 = \left(\begin{array}{c:c:c} Q_0Q_1Q_2 & & \\ \hdashline & Q_1Q_2Q_0 & \\ \hdashline & & Q_2Q_0Q_1 \end{array}\right)$$

먼저 P^3 에 있는 행렬 $Q_0Q_1Q_2$ 에 주목하여 보자. 이것이 확률행렬인 것은 명백하다. 여기서 주기는 3이므로 P^3 에 의해서 D_0 에 속하는 상태는 D_0 에 속하는 상태로 이동한다. 따라서 $Q_0Q_1Q_2$ 는 D_0 을 상태공간으로 하는 마르코프체인의 추이확률행렬로 볼 수 있다. 어떤 상태 $\boxed{i}$에 대해서

$$M(i)=\{m \mid p_{ii}(m)>0\}, \quad \widetilde{M}(i)=\{k \mid p_{ii}(3k)>0\}$$

이라 하면 $M(i)$ 에 포함되는 정수의 최대공약수는 3이므로 $\widetilde{M}(i)$ 는 $M(i)$ 에 포함되는 정수를 3으로 나눈 정수로 이루어지고 $\widetilde{M}(i)$ 에 포함되는 정수의 최대공약수는 1이다. 이것은 $\boldsymbol{Q}_0\boldsymbol{Q}_1\boldsymbol{Q}_2$ 가 정칙체인의 추이확률행렬로 되어 있음을 의미한다. 동일하게 $\boldsymbol{Q}_1\boldsymbol{Q}_2\boldsymbol{Q}_0$, $\boldsymbol{Q}_2\boldsymbol{Q}_0\boldsymbol{Q}_1$ 도 정칙체인의 추이확률행렬로 되어 있다.

여기서 6.1절의 [정리 6.2]에 의하여

$$\lim_{k\to\infty}(\boldsymbol{Q}_0\boldsymbol{Q}_1\boldsymbol{Q}_2)^k=\boldsymbol{A}_0$$

$$\lim_{k\to\infty}(\boldsymbol{Q}_1\boldsymbol{Q}_2\boldsymbol{Q}_0)^k=\boldsymbol{A}_1$$

$$\lim_{k\to\infty}(\boldsymbol{Q}_2\boldsymbol{Q}_0\boldsymbol{Q}_1)^k=\boldsymbol{A}_2$$

로 두면 이것은 모두 그 요소가 양수인 확률행렬로서

$$\lim_{k\to\infty}\boldsymbol{P}^{3k}=\begin{pmatrix}\boldsymbol{A}_0 & & \\ & \boldsymbol{A}_1 & \\ & & \boldsymbol{A}_2\end{pmatrix}$$

가 된다. 이 우변을 $\widetilde{\boldsymbol{A}}$ 로 표시하면 [정리 6.8]에 의하여

$$\begin{aligned}&\lim_{k\to\infty}\frac{1}{k}(\boldsymbol{P}^3+\boldsymbol{P}^6+\cdots+\boldsymbol{P}^{3k})\\ &=\lim_{k\to\infty}\frac{1}{k}\begin{pmatrix}\sum_{i=1}^{k}(\boldsymbol{Q}_0\boldsymbol{Q}_1\boldsymbol{Q}_2)^i & & \\ & \sum_{i=1}^{k}(\boldsymbol{Q}_1\boldsymbol{Q}_2\boldsymbol{Q}_0)^i & \\ & & \sum_{i=1}^{k}(\boldsymbol{Q}_2\boldsymbol{Q}_0\boldsymbol{Q}_1)^i\end{pmatrix}\\ &=\begin{pmatrix}\boldsymbol{A}_0 & & \\ & \boldsymbol{A}_1 & \\ & & \boldsymbol{A}_2\end{pmatrix}=\widetilde{\boldsymbol{A}}\end{aligned}$$

로 된다. 또한

$$\begin{aligned}\lim_{k\to\infty}\frac{1}{k}(\boldsymbol{I}+\boldsymbol{P}^3+\boldsymbol{P}^6+\cdots+\boldsymbol{P}^{3(k-1)})&=\lim_{k\to\infty}\frac{1}{k}(\boldsymbol{P}^3+\boldsymbol{P}^6+\cdots+\boldsymbol{P}^{3k}+(\boldsymbol{I}-\boldsymbol{P}^{3k}))\\ &=\widetilde{\boldsymbol{A}}+\lim_{k\to\infty}\frac{1}{k}(\boldsymbol{I}-\boldsymbol{P}^{3k})\end{aligned}$$

로 되는데 $\boldsymbol{I}$나 $\boldsymbol{P}^{3k}$도 확률행렬이므로 그 성분은 유계이다. 따라서

$$\lim_{k\to\infty}\frac{1}{k}(\boldsymbol{I}-\boldsymbol{P}^{3k})=0$$

이므로

$$\lim_{k\to\infty}\frac{1}{k}(\boldsymbol{I}+\boldsymbol{P}^{3}+\boldsymbol{P}^{6}+\cdots+\boldsymbol{P}^{3(k-1)})=\widetilde{\boldsymbol{A}} \tag{6.21}$$

와 같다. 한편

$$\boldsymbol{V}(m)=\frac{1}{m}(\boldsymbol{P}+\boldsymbol{P}^{2}+\cdots+\boldsymbol{P}^{m})$$

으로 둘 때 특히 $\boldsymbol{V}(3)=\boldsymbol{R}$로 두면

$$\begin{aligned}\boldsymbol{V}(3k)&=\frac{1}{3k}\{(\boldsymbol{P}+\boldsymbol{P}^{2}+\boldsymbol{P}^{3})+(\boldsymbol{P}^{4}+\boldsymbol{P}^{5}+\boldsymbol{P}^{6})+\cdots+(\boldsymbol{P}^{3k-2}+\boldsymbol{P}^{3k-1}+\boldsymbol{P}^{3k})\}\\&=\boldsymbol{R}\cdot\frac{1}{k}(\boldsymbol{I}+\boldsymbol{P}^{3}+\boldsymbol{P}^{6}+\cdots+\boldsymbol{P}^{3(k-1)})\end{aligned}$$

이 된다. 따라서 식(6.21)에 의하여

$$\lim_{k\to\infty}\boldsymbol{V}(3k)=\boldsymbol{R}\widetilde{\boldsymbol{A}}$$

이 된다. 또한

$$\begin{aligned}\boldsymbol{V}(3k-1)&=\frac{1}{3k-1}\{(\boldsymbol{P}+\boldsymbol{P}^{2}+\boldsymbol{P}^{3})+(\boldsymbol{P}^{4}+\boldsymbol{P}^{5}+\boldsymbol{P}^{6})+\cdots+(\boldsymbol{P}^{3k-2}+\boldsymbol{P}^{3k-1})\}\\&=\frac{3k}{3k-1}\boldsymbol{V}(3k)-\frac{1}{3k-1}\boldsymbol{P}^{3k}\end{aligned}$$

$$\begin{aligned}\boldsymbol{V}(3k-2)&=\frac{1}{3k-2}\{(\boldsymbol{P}+\boldsymbol{P}^{2}+\boldsymbol{P}^{3})+(\boldsymbol{P}^{4}+\boldsymbol{P}^{5}+\boldsymbol{P}^{6})+\cdots+(\boldsymbol{P}^{3k-2})\}\\&=\frac{3k}{3k-2}\boldsymbol{V}(3k)-\frac{1}{3k-2}(\boldsymbol{P}^{3k-1}+\boldsymbol{P}^{3k})\end{aligned}$$

이 된다. 또한 행렬 $\boldsymbol{P}^{3k}$, $\boldsymbol{P}^{3k-1}+\boldsymbol{P}^{3k}$의 성분은 유계이므로

$$\lim_{k\to\infty}\frac{1}{3k-1}\boldsymbol{P}^{3k}=0,\quad \lim_{k\to\infty}\frac{1}{3k-2}(\boldsymbol{P}^{3k-1}+\boldsymbol{P}^{3k})=0$$

이 된다. 따라서

$$\lim_{k\to\infty}\boldsymbol{V}(3k-1)=\boldsymbol{R}\widetilde{\boldsymbol{A}},\quad \lim_{k\to\infty}\boldsymbol{V}(3k-2)=\boldsymbol{R}\widetilde{\boldsymbol{A}}$$

이 된다.

이상으로부터

$$\{\boldsymbol{V}(m)\}=\{\boldsymbol{V}(1),\boldsymbol{V}(2),\boldsymbol{V}(3),\cdots\}$$

의 3개의 부분열

$$\begin{aligned}&\{\boldsymbol{V}(3k)\}=\{\boldsymbol{V}(3),\boldsymbol{V}(6),\cdots\}\\&\{\boldsymbol{V}(3k-1)\}=\{\boldsymbol{V}(2),\boldsymbol{V}(5),\cdots\}\\&\{\boldsymbol{V}(3k-2)\}=\{\boldsymbol{V}(1),\boldsymbol{V}(4),\cdots\}\end{aligned}$$

는 모두 동일한 극한 $\boldsymbol{R}\widetilde{\boldsymbol{A}}$에 수렴하는 것을 알 수 있으므로 $\{\boldsymbol{V}(m)\}$은 역시 $\boldsymbol{R}\widetilde{\boldsymbol{A}}$에 수렴한다. 따라서

$$\boldsymbol{V}=\lim_{m\to\infty}\boldsymbol{V}(m)$$

이 존재한다.

예제 6.8

[예제 6.6]에서 $\boldsymbol{V}$를 구하라.

| 풀이 | 주기 $d=2$이다.

$$\boldsymbol{P}=\left(\begin{array}{c|c}\boldsymbol{0}&\boldsymbol{Q}_0\\\hline\boldsymbol{Q}_1&\boldsymbol{0}\end{array}\right)=\left(\begin{array}{cc|cc}0&0&1&0\\0&0&\frac{1}{2}&\frac{1}{2}\\\hline\frac{1}{2}&\frac{1}{2}&0&0\\0&1&0&0\end{array}\right)$$

로 두면

$$\boldsymbol{P}=\left(\begin{array}{c|c}\boldsymbol{Q}_0\boldsymbol{Q}_1&\boldsymbol{0}\\\hline\boldsymbol{0}&\boldsymbol{Q}_1\boldsymbol{Q}_0\end{array}\right)=\left(\begin{array}{cc|cc}\frac{1}{2}&\frac{1}{2}&0&0\\\frac{1}{4}&\frac{3}{4}&0&0\\\hline0&0&\frac{3}{4}&\frac{1}{4}\\0&0&\frac{1}{2}&\frac{1}{2}\end{array}\right)$$

과 같이 된다.

[정리 6.3]에 의하여

$$\lim_{k\to\infty}(\boldsymbol{Q}_0\boldsymbol{Q}_1)^k=\lim_{k\to\infty}\begin{pmatrix}\frac{1}{2}&\frac{1}{2}\\\frac{1}{4}&\frac{3}{4}\end{pmatrix}^k=\begin{pmatrix}\frac{1}{3}&\frac{2}{3}\\\frac{1}{3}&\frac{2}{3}\end{pmatrix}=\boldsymbol{A}_0$$

$$\lim_{k\to\infty}(\boldsymbol{Q}_1\boldsymbol{Q}_0)^k=\lim_{k\to\infty}\begin{pmatrix}\frac{3}{4} & \frac{1}{4}\\ \frac{1}{2} & \frac{1}{2}\end{pmatrix}^k=\begin{pmatrix}\frac{2}{3} & \frac{1}{3}\\ \frac{2}{3} & \frac{1}{3}\end{pmatrix}=\boldsymbol{A}_1$$

이므로

$$\widetilde{\boldsymbol{A}}=\left(\begin{array}{c:c}\boldsymbol{A}_0 & \boldsymbol{0}\\ \hdashline \boldsymbol{0} & \boldsymbol{A}_1\end{array}\right)=\left(\begin{array}{cc:cc}\frac{1}{3} & \frac{2}{3} & 0 & 0\\ \frac{1}{3} & \frac{2}{3} & 0 & 0\\ \hdashline 0 & 0 & \frac{2}{3} & \frac{1}{3}\\ 0 & 0 & \frac{2}{3} & \frac{1}{3}\end{array}\right)$$

이 된다. 그리고

$$\begin{aligned}\boldsymbol{R}=\boldsymbol{V}(2)&=\frac{1}{2}(\boldsymbol{P}+\boldsymbol{P}^2)\\ &=\frac{1}{2}\left(\begin{array}{cc:cc}\frac{1}{2} & \frac{1}{2} & 1 & 0\\ \frac{1}{4} & \frac{3}{4} & \frac{1}{2} & \frac{1}{2}\\ \hdashline \frac{1}{2} & \frac{1}{2} & \frac{3}{4} & \frac{1}{4}\\ 0 & 1 & \frac{1}{2} & \frac{1}{2}\end{array}\right)=\left(\begin{array}{cc:cc}\frac{1}{4} & \frac{1}{4} & \frac{1}{2} & 0\\ \frac{1}{8} & \frac{3}{8} & \frac{1}{4} & \frac{1}{4}\\ \hdashline \frac{1}{4} & \frac{1}{4} & \frac{3}{8} & \frac{1}{8}\\ 0 & \frac{1}{2} & \frac{1}{4} & \frac{1}{4}\end{array}\right)\end{aligned}$$

이므로

$$\boldsymbol{V}=\boldsymbol{R}\widetilde{\boldsymbol{A}}=\begin{pmatrix}\frac{1}{6} & \frac{1}{3} & \frac{1}{3} & \frac{1}{6}\\ \frac{1}{6} & \frac{1}{3} & \frac{1}{3} & \frac{1}{6}\\ \frac{1}{6} & \frac{1}{3} & \frac{1}{3} & \frac{1}{6}\\ \frac{1}{6} & \frac{1}{3} & \frac{1}{3} & \frac{1}{6}\end{pmatrix}$$

이 된다.

예제 6.9

[예제 6.7]에서 행렬 $\boldsymbol{V}$를 구하라.

| 풀이 | 주기 $d=3$ 이다.

$$\boldsymbol{P}=\left(\begin{array}{c:c:c}0 & \boldsymbol{Q}_0 & 0\\ \hdashline 0 & 0 & \boldsymbol{Q}_1\\ \hdashline \boldsymbol{Q}_2 & 0 & 0\end{array}\right)=\left(\begin{array}{c:cc:c}0 & \frac{1}{3} & \frac{2}{3} & 0\\ \hdashline 0 & 0 & 0 & 1\\ 0 & 0 & 0 & 1\\ \hdashline 1 & 0 & 0 & 0\end{array}\right)$$

로 두면

$$P^2 = \left(\begin{array}{c:c:c} 0 & 0 & Q_0Q_1 \\ \hdashline Q_1Q_2 & 0 & 0 \\ \hdashline 0 & Q_2Q_0 & 0 \end{array}\right) = \left(\begin{array}{c:cc:c} 0 & 0 & 0 & 1 \\ \hdashline 1 & 0 & 0 & 0 \\ 1 & 0 & 0 & 0 \\ \hdashline 0 & \frac{1}{3} & \frac{2}{3} & 0 \end{array}\right)$$

$$P^3 = \left(\begin{array}{c:c:c} Q_0Q_1Q_2 & 0 & 0 \\ \hdashline 0 & Q_1Q_2Q_0 & 0 \\ \hdashline 0 & 0 & Q_2Q_0Q_1 \end{array}\right) = \left(\begin{array}{c:cc:c} 1 & 0 & 0 & 0 \\ \hdashline 0 & \frac{1}{3} & \frac{2}{3} & 0 \\ 0 & \frac{1}{3} & \frac{2}{3} & 0 \\ \hdashline 0 & 0 & 0 & 1 \end{array}\right)$$

이 된다. [정리 6.3]에 의하여

$$\lim_{k\to\infty}(Q_0Q_1Q_2)^k = \lim_{k\to\infty}(1)^k = (1) = A_0 \quad \text{(1행 1열의 행렬)}$$

$$\lim_{k\to\infty}(Q_1Q_2Q_0)^k = \lim_{k\to\infty}\begin{pmatrix} \frac{1}{3} & \frac{2}{3} \\ \frac{1}{3} & \frac{2}{3} \end{pmatrix}^k = \begin{pmatrix} \frac{1}{3} & \frac{2}{3} \\ \frac{1}{3} & \frac{2}{3} \end{pmatrix} = A_1$$

$$\lim_{k\to\infty}(Q_2Q_0Q_1)^k = \lim_{k\to\infty}(1)^k = (1) = A_2 \quad \text{(1행 1열의 행렬)}$$

이므로

$$\widetilde{A} = \left(\begin{array}{c:c:c} A_0 & & \\ \hdashline & A_1 & \\ \hdashline & & A_2 \end{array}\right) = \left(\begin{array}{c:cc:c} 1 & 0 & 0 & 0 \\ \hdashline 0 & \frac{1}{3} & \frac{2}{3} & 0 \\ 0 & \frac{1}{3} & \frac{2}{3} & 0 \\ \hdashline 0 & 0 & 0 & 1 \end{array}\right)$$

이 된다. 그리고

$$R = V(3) = \frac{1}{3}(P + P^2 + P^3) = \begin{pmatrix} \frac{1}{3} & \frac{1}{9} & \frac{2}{9} & \frac{1}{3} \\ \frac{1}{3} & \frac{1}{9} & \frac{2}{9} & \frac{1}{3} \\ \frac{1}{3} & \frac{1}{9} & \frac{2}{9} & \frac{1}{3} \\ \frac{1}{3} & \frac{1}{9} & \frac{2}{9} & \frac{1}{3} \end{pmatrix}$$

이 된다. 이 경우에는

$$V = R\widetilde{A} = R$$

이다.

이상의 [예제 6.8], [예제 6.9]에서는 행렬 $\boldsymbol{V}$의 각 행은 모두 같은 확률벡터이고 또한 각 요소는 양수이다. 즉 정칙인 경우의 $\boldsymbol{A}$와 같으며 이것은 일반적인 경우에도 성립한다. 다음으로 $d=3$인 경우에 대해서 증명하여 보자. 기호는 앞에서와 같이 쓰기로 한다.

$$\boldsymbol{R}=\frac{1}{3}(\boldsymbol{P}+\boldsymbol{P}^2+\boldsymbol{P}^3)=\frac{1}{3}\left(\begin{array}{c:c:c} \boldsymbol{Q}_0\boldsymbol{Q}_1\boldsymbol{Q}_2 & \boldsymbol{Q}_0 & \boldsymbol{Q}_0\boldsymbol{Q}_1 \\ \hdashline \boldsymbol{Q}_1\boldsymbol{Q}_2 & \boldsymbol{Q}_1\boldsymbol{Q}_2\boldsymbol{Q}_0 & \boldsymbol{Q}_1 \\ \hdashline \boldsymbol{Q}_2 & \boldsymbol{Q}_2\boldsymbol{Q}_0 & \boldsymbol{Q}_2\boldsymbol{Q}_0\boldsymbol{Q}_1 \end{array}\right)$$

[정리 6.2]에 의하여 행렬 $\boldsymbol{A}_0$의 각 행은 동일한 확률벡터이므로 이것을 w_0로 둔다. 동일하게 $\boldsymbol{A}_1$, $\boldsymbol{A}_2$의 각 행을 각각 w_1, w_2로 둔다. w_0, w_1, w_2의 각 성분은 양수이다.

$$\boldsymbol{V}=\boldsymbol{R}\widetilde{\boldsymbol{A}}=\frac{1}{3}\left(\begin{array}{c:c:c} \boldsymbol{Q}_0\boldsymbol{Q}_1\boldsymbol{Q}_2\boldsymbol{A}_0 & \boldsymbol{Q}_0\boldsymbol{A}_1 & \boldsymbol{Q}_0\boldsymbol{Q}_1\boldsymbol{A}_2 \\ \hdashline \boldsymbol{Q}_1\boldsymbol{Q}_2\boldsymbol{A}_0 & \boldsymbol{Q}_1\boldsymbol{Q}_2\boldsymbol{Q}_0\boldsymbol{A}_1 & \boldsymbol{Q}_1\boldsymbol{A}_2 \\ \hdashline \boldsymbol{Q}_2\boldsymbol{A}_0 & \boldsymbol{Q}_2\boldsymbol{Q}_0\boldsymbol{A}_1 & \boldsymbol{Q}_2\boldsymbol{Q}_0\boldsymbol{Q}_1\boldsymbol{A}_2 \end{array}\right) \tag{6.22}$$

행렬 $\boldsymbol{Q}_0\boldsymbol{Q}_1\boldsymbol{Q}_2$의 각 행은 확률벡터이므로 [정리 6.3]의 ②에 의하여 $\boldsymbol{Q}_0\boldsymbol{Q}_1\boldsymbol{Q}_2\boldsymbol{A}_0$의 각 행은 모두 w_0로 둔다. 동일하게 $\boldsymbol{Q}_1\boldsymbol{Q}_2\boldsymbol{A}_0$, $\boldsymbol{Q}_2\boldsymbol{A}_0$의 각 행도 w_0로 된다. 그리고 같은 방법에 의해서 $\boldsymbol{Q}_0\boldsymbol{A}_1$, $\boldsymbol{Q}_1\boldsymbol{Q}_2\boldsymbol{Q}_0\boldsymbol{A}_1$, $\boldsymbol{Q}_2\boldsymbol{Q}_0\boldsymbol{A}_1$의 각 행은 w_1과 같고, $\boldsymbol{Q}_0\boldsymbol{Q}_1\boldsymbol{A}_2$, $\boldsymbol{Q}_1\boldsymbol{A}_2$, $\boldsymbol{Q}_2\boldsymbol{Q}_0\boldsymbol{Q}_1\boldsymbol{A}_2$의 각 행은 w_2와 같다.

여기서

$$w=\frac{1}{3}(w_0 \ \vdots\ w_1 \ \vdots\ w_2)$$

로 두면 이 $\boldsymbol{w}$는 확률벡터이고 그 성분은 모두 양수이다. 그리고 식(6.22)에 의하여 $\boldsymbol{V}$의 각 행은 모두 $\boldsymbol{w}$와 같은 것을 알 수 있다. 즉 다음 정리가 얻어진다.

정리 6.9

주기가 d인 에르고드적 체인의 추이확률행렬을 $\boldsymbol{P}$라 하면

① $\boldsymbol{V}=\lim_{m\to\infty}\frac{1}{m}(\boldsymbol{P}+\boldsymbol{P}^2+\cdots+\boldsymbol{P}^m)$이 존재한다. $\boldsymbol{V}$는 확률행렬이다.

② $\boldsymbol{V}$의 각 행은 동일한 확률벡터이고 $\boldsymbol{V}$의 각 요소는 모두 양수이다.

그리고 [정리 6.3]과 같은 다음 정리가 성립한다.

정리 6.10

주기가 d 인 에르고드적 체인의 추이확률행렬을 $\boldsymbol{P}$ 라 하면

① 임의의 확률벡터 π 에 대해서

$$\lim_{m \to \infty} \pi \boldsymbol{V}(m) = \pi \boldsymbol{V} = \boldsymbol{w}$$

② 임의의 확률행렬 $\boldsymbol{T}$에 대해서 $\boldsymbol{TV}$의 각 행은 모두 $\boldsymbol{w}$와 같다.

③ $\boldsymbol{PV} = \boldsymbol{VP} = \boldsymbol{V}$, $\boldsymbol{V}^2 = \boldsymbol{V}$

④ $\boldsymbol{w}$ 는 $\xi \boldsymbol{P} = \xi$ 을 만족하는 단 하나의 확률벡터이다.

증명 ①, ②는 $\boldsymbol{V}$의 각 행이 동일한 확률벡터 $\boldsymbol{w}$ 인 것으로부터 명백히 성립한다.

③ ②에서 $\boldsymbol{T} = \boldsymbol{P}$, $\boldsymbol{T} = \boldsymbol{V}$로 두면

$$\boldsymbol{PV} = \boldsymbol{V}, \ \ \boldsymbol{V}^2 = \boldsymbol{V}$$

는 바로 얻어진다.

다음으로 $\boldsymbol{VP} = \boldsymbol{V}$를 증명하기 위하여 다음과 같은 식의 변형을 행한다.

$$\boldsymbol{V} = \lim_{m \to \infty} \boldsymbol{V}(m) = \lim_{m \to \infty} \frac{1}{m}(\boldsymbol{P} + \boldsymbol{P}^2 + \cdots + \boldsymbol{P}^m)$$

$$= \lim_{m \to \infty} \frac{1}{m}(\boldsymbol{I} + \boldsymbol{P} + \cdots + \boldsymbol{P}^{m-1})\boldsymbol{P}$$

$$= \lim_{m \to \infty} \left\{ \boldsymbol{V}(m) + \frac{1}{m}(\boldsymbol{I} - \boldsymbol{P}^m) \right\} \boldsymbol{P} = \boldsymbol{VP}$$

그러므로

$$\boldsymbol{V} = \boldsymbol{VP}$$

이 된다.

④ $\xi \boldsymbol{P} = \xi$ 을 만족하는 임의의 확률벡터를 α 라 하면

$$\alpha \boldsymbol{P} = \alpha, \quad \alpha \boldsymbol{P}^k = \alpha \quad (k = 1, 2, 3, \cdots)$$

이므로

$$\alpha \boldsymbol{V}(m) = \frac{1}{m}(\alpha \boldsymbol{P} + \alpha \boldsymbol{P}^2 + \cdots + \alpha \boldsymbol{P}^m)$$

$$= \frac{1}{m}(\alpha + \alpha + \cdots + \alpha) = \alpha$$

이 된다. 여기서 $m \to \infty$ 로 하면 좌변은 $\alpha \boldsymbol{V}$로 되고 이것은 ①에 의하여 $\boldsymbol{w}$와 같으므로 $\boldsymbol{\alpha} = \boldsymbol{w}$ 이다.

[정리 6.10]의 ③에 의하여 식(6.13)과 같이

$$(\boldsymbol{P}-\boldsymbol{V})^m = \boldsymbol{P}^m - \boldsymbol{V}$$

가 얻어진다. 따라서 $\boldsymbol{P} = \boldsymbol{V} + \boldsymbol{Q}$로 두면

$$\boldsymbol{P}^m = \boldsymbol{V} + \boldsymbol{Q}^m$$

으로 되는데 주기적인 경우에는 $\boldsymbol{P}^m$ 의 극한은 존재하지 않으므로 $\boldsymbol{Q}^m$ 이 0에 가까이 간다고 말할 수 없다. 따라서 [정리 6.4]의 ③은 성립하지 않는다. 그러나 [정리 6.5], [정리 6.6]의 결과는 주기적 체인에 대하여도 성립하므로 이것들을 다음과 같이 확장할 수 있다. 증명은 지금까지의 방법에 의하여 할 수도 있으나 다음 7장에서 흡수적 체인을 써서 증명하기로 한다.

정리 6.11

에르고드적 체인에 있어서는 $f_{ij}^* = 1 = g_{ij}$ 이다.

정리 6.12

에르고드적 체인에 있어서 ⓘ로부터 ⓙ에의 평균도달시간 h_{ij} 는 다음의 관계식을 만족한다.

$$h_{ij} = 1 + \sum_{k \neq j} p_{ik} h_{kj}$$

연습문제 6

6.1 다음 추이확률행렬 $\boldsymbol{P}$에 대해서 $\boldsymbol{w}$와 $\boldsymbol{A}$를 구하라.

(1) $\boldsymbol{P}=\begin{pmatrix} \frac{1}{2} & \frac{1}{4} & \frac{1}{4} \\ \frac{1}{2} & 0 & \frac{1}{2} \\ \frac{1}{4} & \frac{1}{4} & \frac{1}{2} \end{pmatrix}$ (2) $\boldsymbol{P}=\begin{pmatrix} \frac{1}{3} & \frac{1}{3} & \frac{1}{3} \\ 1 & 0 & 0 \\ 1 & 0 & 0 \end{pmatrix}$

6.2 다음을 증명하라.

(1) $\boldsymbol{P}^m\boldsymbol{A}^l = \boldsymbol{A}^l\boldsymbol{P}^m = \boldsymbol{A} \quad (l, m = 1, 2, \cdots)$

(2) $\boldsymbol{P}(\boldsymbol{P}^m - \boldsymbol{A}) = (\boldsymbol{P}^m - \boldsymbol{A})\boldsymbol{P} = \boldsymbol{P}^{m+1} - \boldsymbol{A}$

(3) $\boldsymbol{A}(\boldsymbol{P}^m - \boldsymbol{A}) = (\boldsymbol{P}^m - \boldsymbol{A})\boldsymbol{A} = 0$

6.3 다음 추이확률행렬은 정칙인가를 밝혀라.

(1) $\boldsymbol{P}=\begin{pmatrix} \frac{1}{2} & \frac{1}{2} \\ 0 & 1 \end{pmatrix}$ (2) $\boldsymbol{P}=\begin{pmatrix} \frac{1}{3} & \frac{2}{3} \\ 1 & 0 \end{pmatrix}$

(3) $\boldsymbol{P}=\begin{pmatrix} \frac{1}{3} & 0 & \frac{2}{3} \\ 0 & 1 & 0 \\ 0 & \frac{1}{4} & \frac{3}{4} \end{pmatrix}$ (4) $\boldsymbol{P}=\begin{pmatrix} \frac{1}{2} & \frac{1}{2} & 0 \\ 0 & \frac{1}{2} & \frac{1}{2} \\ \frac{1}{3} & \frac{1}{3} & \frac{1}{3} \end{pmatrix}$

6.4 다음과 같은 추이확률행렬로 정해지는 마르코프체인의 상태를 분류하라. 단 상태공간을 $S = \{s_1, s_2, \cdots\}$로 둔다.

(1) $\boldsymbol{P}=\begin{pmatrix} \frac{1}{8} & \frac{3}{8} & \frac{1}{2} \\ 0 & \frac{1}{2} & \frac{1}{2} \\ 0 & \frac{1}{4} & \frac{3}{4} \end{pmatrix}$ (2) $\boldsymbol{P}=\begin{pmatrix} 1 & 0 & 0 & 0 & 0 & 0 \\ 0 & 1 & 0 & 0 & 0 & 0 \\ \frac{1}{4} & 0 & \frac{1}{2} & 0 & 0 & \frac{1}{4} \\ 0 & \frac{1}{4} & 0 & \frac{1}{2} & 0 & \frac{1}{4} \\ 0 & 0 & 0 & 0 & 0 & 1 \\ \frac{1}{6} & \frac{1}{6} & \frac{1}{6} & \frac{1}{6} & \frac{1}{6} & \frac{1}{6} \end{pmatrix}$

6.5 [예제 6.5]에서 다음을 밝혀라.

$$\begin{pmatrix} h_{11} & h_{12} & h_{13} & h_{14} \\ h_{21} & h_{22} & h_{23} & h_{24} \\ h_{31} & h_{32} & h_{33} & h_{34} \\ h_{41} & h_{42} & h_{43} & h_{44} \end{pmatrix} = \begin{pmatrix} 4 & \frac{13}{3} & 3 & \frac{14}{3} \\ 1 & \frac{16}{3} & 4 & \frac{17}{3} \\ 5 & 4 & \frac{8}{3} & \frac{13}{3} \\ 6 & 5 & 1 & \frac{16}{3} \end{pmatrix}$$

6.6 연습문제 6.5에 대해서 [정리 6.7]을 확인하라.

6.7 추이확률행렬 $\boldsymbol{P}$가 다음과 같을 때 다음 각 항을 구하라.

$$\boldsymbol{P} = \begin{pmatrix} \frac{1}{4} & \frac{3}{4} & 0 & 0 \\ 0 & 0 & \frac{1}{2} & \frac{1}{2} \\ \frac{1}{2} & \frac{1}{2} & 0 & 0 \\ 0 & 0 & \frac{2}{3} & \frac{1}{3} \end{pmatrix}$$

(1) [정리 6.6]에 의하여 평균도달시간을 구하라.
(2) [정리 6.7]에 의하여 평균재귀시간을 구하라.
(3) [정리 6.8]에 의하여 평균방문시간을 구하라.

6.8 추이확률행렬 $\boldsymbol{P}$가 다음과 같은 에르고드적 체인에 대해서 주기 $\boldsymbol{w}$, $\boldsymbol{V}$를 구하라.

(1) $$\boldsymbol{P} = \begin{pmatrix} 0 & \frac{1}{3} & \frac{1}{3} & \frac{1}{3} & 0 \\ \frac{1}{2} & 0 & 0 & 0 & \frac{1}{2} \\ 1 & 0 & 0 & 0 & 0 \\ \frac{1}{4} & 0 & 0 & 0 & \frac{3}{4} \\ 0 & \frac{2}{5} & 0 & \frac{3}{5} & 0 \end{pmatrix}$$

(2) $$\boldsymbol{P} = \begin{pmatrix} 0 & 1 & 0 & 0 & 0 \\ 0 & 0 & 0 & 0 & 1 \\ 0 & \frac{1}{3} & 0 & \frac{2}{3} & 0 \\ 0 & 0 & 0 & 0 & 1 \\ \frac{1}{2} & 0 & \frac{1}{2} & 0 & 0 \end{pmatrix}$$

7장

일반적인 마르코프체인

6장에서는 성분이 하나 뿐이 없는 경우를 고찰하였으나 7장에서는 성분이 2개 이상이 있는 일반적인 경우를 고찰하기로 한다. 성분이 2개 이상인 경우에 만일 과도적인 상태를 포함하면 분리적이므로 과도적인 상태를 반드시 포함하는 것으로 생각해도 좋다. 또한 이 책에서 취급하는 마르코프체인은 상태의 개수가 유한이므로 반드시 에르고드적인 성분을 포함하고 있다.

5.3절의 분류에서 설명한 바와 같이 $[B_1]$, $[B_2]$, $[B_3]$의 3개의 형태로 나누었으나 7.1절에서 $[B_1]$의 형태를, 7.2절에서 $[B_2]$, $[B_3]$의 형태를 모아서 설명하기로 한다. $[B_1]$이라고 하는 것은 에르고드적인 성분이 모두 흡수상태로 되는 경우이고 이 성질을 이용해서 $[B_2]$, $[B_3]$의 경우를 다루고자 한다.

7.1 흡수적 체인

재귀적 상태가 모두 흡수상태로 되는 마르코프체인을 흡수적 체인이라고 한다. 예를 들면 〈그림 7.1〉과 같은 추이도식을 갖는 마르코프체인은 흡수적 체인이다.

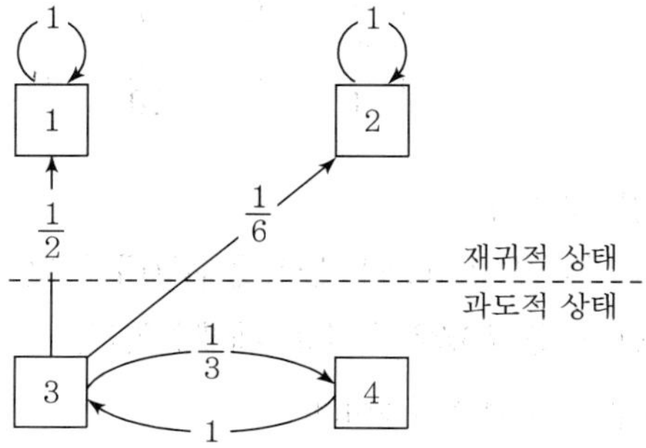

〈그림 7.1〉

앞으로 상태 $\boxed{1}$, $\boxed{2}$, …, $\boxed{s}$ 까지를 재귀적 상태, $\boxed{s+1}$, $\boxed{s+2}$,…, $\boxed{n}$ 을 과도적 상태라 하고

$$E=\{\boxed{1},\ \boxed{2},\ \cdots,\ \boxed{s}\}$$
$$T=\{\boxed{s+1},\ \boxed{s+2},\cdots,\ \boxed{n}\}$$

과 같이 둔다.

추이확률행렬은 다음의 형태로 나타낸다.

$$\boldsymbol{P}=\begin{array}{c} \begin{matrix} \text{s} & \text{n-s} \end{matrix} \\ \left(\begin{array}{c|c} \boldsymbol{I} & 0 \\ \hline \boldsymbol{R} & \boldsymbol{U} \end{array}\right)\begin{matrix} \text{s} \\ \text{n-s} \end{matrix} \end{array} \qquad (\boldsymbol{I}\text{는 단위행렬})$$

여기서 $\boldsymbol{P}$ 의 제곱, 세제곱, … 을 구하면

$$\boldsymbol{P}^2=\left(\begin{array}{c|c} \boldsymbol{I} & 0 \\ \hline (\boldsymbol{I}+\boldsymbol{U})\boldsymbol{R} & \boldsymbol{U}^2 \end{array}\right),\quad \boldsymbol{P}^3=\left(\begin{array}{c|c} \boldsymbol{I} & 0 \\ \hline (\boldsymbol{I}+\boldsymbol{U}+\boldsymbol{U}^2)\boldsymbol{R} & \boldsymbol{U}^3 \end{array}\right)$$

이 된다. 일반적으로

$$\boldsymbol{P}^m=\left(\begin{array}{c|c} \boldsymbol{I} & 0 \\ \hline (\boldsymbol{I}+\boldsymbol{U}+\cdots+\boldsymbol{U}^{m-1})\boldsymbol{R} & \boldsymbol{U}^m \end{array}\right) \tag{7.1}$$

과 같다.

예제 7.1

다음과 같은 추이확률행렬

$$\boldsymbol{P}=\begin{pmatrix} \frac{3}{10} & \frac{1}{10} & \frac{6}{10} & 0 & 0 \\ 0 & 1 & 0 & 0 & 0 \\ \frac{5}{10} & 0 & \frac{3}{10} & \frac{2}{10} & 0 \\ 0 & 0 & 0 & 1 & 0 \\ \frac{2}{10} & 0 & \frac{2}{10} & 0 & \frac{6}{10} \end{pmatrix}$$

에 대하여 다음을 구하라.

(1) 상태공간 $S=\{1,2,3,4,5\}$ 에서 흡수상태인 것은?

(2) 추이확률행렬 $\boldsymbol{P}$ 를 $\boldsymbol{I0RU}$ 형태로 재배열하라.

| 풀이 | (1) 상태 $\boxed{2}$와 상태 $\boxed{4}$는 흡수상태이다.

(2) $P=\begin{pmatrix} 1 & 0 & 0 & 0 & 0 \\ 0 & 1 & 0 & 0 & 0 \\ \frac{1}{10} & 0 & \frac{3}{10} & \frac{6}{10} & 0 \\ 0 & \frac{2}{10} & \frac{5}{10} & \frac{3}{10} & 0 \\ 0 & 0 & \frac{2}{10} & \frac{2}{10} & \frac{6}{10} \end{pmatrix}$

예제 7.2

추이확률행렬이 다음과 같을 때 P^2, P^3, P^4 을 구하라.

$$P=\left(\begin{array}{cc:cc} 1 & 0 & 0 & 0 \\ 0 & 1 & 0 & 0 \\ \hdashline \frac{1}{2} & \frac{1}{6} & 0 & \frac{1}{3} \\ 0 & 0 & 1 & 0 \end{array}\right)$$

| 풀이 |

$$P^2=\left(\begin{array}{cc:cc} 1 & 0 & 0 & 0 \\ 0 & 1 & 0 & 0 \\ \hdashline \frac{1}{2} & \frac{1}{6} & \frac{1}{3} & 0 \\ \frac{1}{2} & \frac{1}{6} & 0 & \frac{1}{3} \end{array}\right),\quad P^3=\left(\begin{array}{cc:cc} 1 & 0 & 0 & 0 \\ 0 & 1 & 0 & 0 \\ \hdashline \frac{2}{3} & \frac{2}{9} & 0 & \frac{1}{9} \\ \frac{1}{2} & \frac{1}{6} & \frac{1}{3} & 0 \end{array}\right),\quad P^4=\left(\begin{array}{cc:cc} 1 & 0 & 0 & 0 \\ 0 & 1 & 0 & 0 \\ \hdashline \frac{2}{3} & \frac{2}{9} & \frac{1}{9} & 0 \\ \frac{2}{3} & \frac{2}{9} & 0 & \frac{1}{9} \end{array}\right)$$

다음으로 $m \to \infty$ 일 때의 P^m 의 극한을 구하여 보기로 한다. 먼저 다음 정리를 증명하자.

정리 7.1

흡수적 체인에 있어서 ⓘ, ⓙ가 같이 과도적 상태이면

$$\lim_{m\to\infty} p_{ij}(m) = 0$$

$$\lim_{m\to\infty} U^m = 0$$

이다.

증명 ⓘ가 과도적 상태이고, ⓛ이 흡수적 상태일 때 $p_{il}(m)$ 은 ⓘ로부터 출발하여 m 단계째에 상태 ⓛ로 되는 확률을 표시하는데 흡수적 상태 ⓛ로 한번 되면 그 이후는 항상 상태 ⓛ에 머물러 있기 때문에 $p_{il}(m)$ 은 m 단계 이전에 ⓛ로 흡수되는 확률을 나타낸다. 따라서

$$p_{i1}(m)+p_{i2}(m)+\cdots+p_{is}(m)$$

은 상태 ⓘ로부터 출발했을 때 m 단계째까지 E에 속하는 어느 성분에 흡수되는 확률을 나타낸다.

그런데 ⓘ는 과도적이기 때문에 상태 ⓘ로부터 출발하였을 때 k 단계째에 처음으로 E에 속하는 어느 상태에 흡수된다고 하면 k 단계보다 앞에서는 과도적인 상태 사이를 이동하게 된다. 상태의 수는 모두 n 개이므로 과도적인 상태의 개수는 n 보다 적다. 따라서 n 단계 이전에 E에 속하는 어느 상태에 흡수될 확률은 양수가 된다. 즉 임의의 ⓘ$\in T$에 대해서

$$p_{i1}(n)+p_{i2}(n)+\cdots+p_{is}(n)>0$$

이다. 여기서 ⓘ를 T중에서 변화시킬 때의 이 부등식의 좌변의 최소값을 θ 로 두면

$$0<\theta \leq 1, \quad 0 \leq 1-\theta<1$$

이 된다.

또한 $\boldsymbol{U}^n$에 있어서 ⓘ에 대응하는 행을 생각하여 그 요소의 합을 만들면

$$\begin{aligned}&p_{is+1}(n)+p_{is+2}(n)+\cdots+p_{in}(n)\\&\quad=1-\{p_{i1}(n)+p_{i2}(n)+\cdots+p_{is}(n)\}\leq 1-\theta\end{aligned}$$

이 된다. 따라서 $\boldsymbol{U}^n$의 요소의 최대값은 $(1-\theta)$보다 작으므로 상태 ⓙ도 과도적 상태로 하였을 때

$$\begin{aligned}p_{ij}(2n)&=\sum_{k=s+1}^{n}p_{ik}(n)p_{kj}(n)\\&\leq\left\{\sum_{k=s+1}^{n}p_{ik}(n)\right\}(1-\theta)\leq(1-\theta)^2\end{aligned}$$

이 된다. 같은 방법으로 생각하면 $\boldsymbol{U}^{kn}$의 요소 중 최대값은 $(1-\theta)^k$보다 작게 된다.

그러므로 $\boldsymbol{U}^m$의 요소 중 최대값을 $\overline{u}(m)$이라 하면 수열 $\{\overline{u}(m)\}$은 단조감소수열이 되며 이 부분열 $\{\overline{u}(kn)\}$에 대해서는 앞에서 살펴본 바에 따라서

$$0<\overline{u}(kn)\leq(1-\theta)^k, \quad \lim_{k\to\infty}\overline{u}(kn)=0$$

이 되므로

$$\lim_{m\to\infty}\overline{u}(m)=0$$

이 된다. 그러므로

$$\lim_{m\to\infty}p_{ij}(m)=0, \quad \lim_{m\to\infty}\boldsymbol{U}^m=\boldsymbol{0}$$

이 된다. 잘 알려진 바와 같이 $|x|<1$ 이면

$$\lim_{m\to\infty} x^m = 0$$

이므로

$$(1-x)(1+x+x^2+\cdots+x^{m-1}) = 1-x^m$$

이 된다. 따라서

$$(1-x)(\sum_{m=0}^{\infty} x^m) = 1$$

이므로

$$\sum_{k=0}^{\infty} x^k = 1+x+x^2+\cdots = \frac{1}{1-x}$$

이 성립한다.

여기서 x 는 실수이나 이것이 행렬일 때도 동일한 것이 성립한다.

즉 $\boldsymbol{U}$가 정방행렬일 때

$$(\boldsymbol{I}-\boldsymbol{U})(\boldsymbol{I}+\boldsymbol{U}+\boldsymbol{U}^2+\cdots+\boldsymbol{U}^{m-1}) = \boldsymbol{I}-\boldsymbol{U}^m$$

이고 만일

$$\lim_{m\to\infty} \boldsymbol{U}^m = \boldsymbol{0} \tag{7.2}$$

이면

$$(\boldsymbol{I}-\boldsymbol{U})\left\{\sum_{m=0}^{\infty} \boldsymbol{U}^m\right\} = \boldsymbol{I}$$

이므로

$$\sum_{m=0}^{\infty} \boldsymbol{U}^m = \boldsymbol{I}+\boldsymbol{U}+\boldsymbol{U}^2+\cdots = (\boldsymbol{I}-\boldsymbol{U})^{-1} \tag{7.3}$$

이다. 여기서 $(\boldsymbol{I}-\boldsymbol{U})^{-1}$ 은 $(\boldsymbol{I}-\boldsymbol{U})$ 의 역행렬이다.

[정리 7.1]에 의하여 식(7.2)가 성립하므로 식(7.3)의 행렬을 $\boldsymbol{B}=(b_{ij})$ 로 둔다. 즉

$$(\boldsymbol{I}-\boldsymbol{U})^{-1} = \boldsymbol{B} = (b_{ij}),\ \boxed{i},\ \boxed{j} \in T \tag{7.4}$$

$$\boldsymbol{U}^m = (p_{ij}(m)),\ \boxed{i},\ \boxed{j} \in T$$

이므로 식(7.3), (7.4)에 의하여 다음이 성립한다.

$$b_{ij}=\begin{cases}1+\sum_{m=1}^{\infty}p_{ii}(m) & (i=j\text{일 때})\\ \sum_{m=1}^{\infty}p_{ij}(m) & (i\neq j\text{일 때})\end{cases} \tag{7.5}$$

✲

정리 7.2

흡수적 체인에 있어서는

$$\lim_{m\to\infty}\boldsymbol{P}^m=\lim_{m\to\infty}\left(\begin{array}{c|c}\boldsymbol{I} & 0\\ \hline \boldsymbol{R} & \boldsymbol{U}\end{array}\right)^m=\left(\begin{array}{c|c}\boldsymbol{I} & 0\\ \hline \boldsymbol{BR} & 0\end{array}\right)$$

이 된다.

증명 식(7.1)에 있어서 $m\to\infty$ 로 하면

$$\boldsymbol{U}^m\to 0,\quad (\boldsymbol{I}+\boldsymbol{U}+\cdots+\boldsymbol{U}^m)\boldsymbol{R}\to\boldsymbol{BR}$$

이 되어 정리가 성립한다. ✲

예제 7.3

다음 추이확률행렬 $\boldsymbol{P}$에 대해서 $\lim_{m\to\infty}\boldsymbol{P}^m$ 을 구하라.

$$\boldsymbol{P}=\left(\begin{array}{ccc|cc}1&0&0&0&0\\0&1&0&0&0\\0&0&1&0&0\\ \hline \frac{1}{12}&\frac{1}{6}&\frac{1}{6}&\frac{1}{4}&\frac{1}{3}\\ \frac{1}{10}&\frac{3}{5}&0&\frac{1}{5}&\frac{1}{10}\end{array}\right)$$

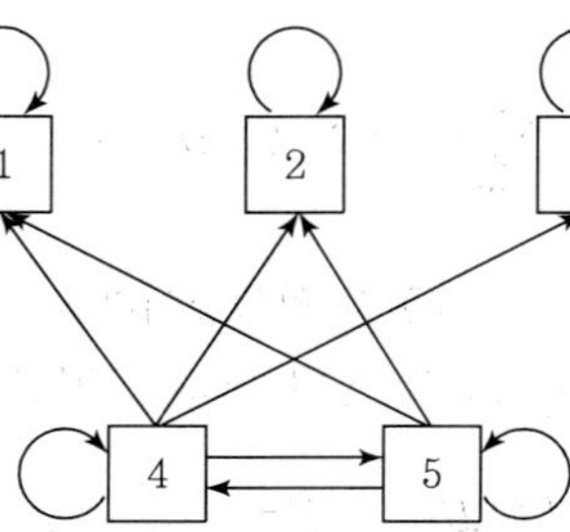

| 풀이 |

$$\boldsymbol{U}=\begin{pmatrix}\frac{1}{4}&\frac{1}{3}\\ \frac{1}{5}&\frac{1}{10}\end{pmatrix}$$

$$B=(I-U)^{-1}=\begin{pmatrix} \frac{3}{4} & -\frac{1}{3} \\ -\frac{1}{5} & \frac{9}{10} \end{pmatrix}^{-1}=\frac{1}{73}\begin{pmatrix} 108 & 40 \\ 24 & 90 \end{pmatrix}$$

$$BR=\frac{1}{73}\begin{pmatrix} 108 & 40 \\ 24 & 90 \end{pmatrix}\begin{pmatrix} \frac{1}{12} & \frac{1}{6} & \frac{1}{6} \\ \frac{1}{10} & \frac{3}{5} & 0 \end{pmatrix}=\frac{1}{73}\begin{pmatrix} 13 & 42 & 18 \\ 11 & 58 & 4 \end{pmatrix}$$

이므로

$$\lim_{m\to\infty} P^m=\left(\begin{array}{ccc|cc} 1 & 0 & 0 & 0 & 0 \\ 0 & 1 & 0 & 0 & 0 \\ 0 & 0 & 1 & 0 & 0 \\ \hline \frac{13}{73} & \frac{42}{73} & \frac{18}{73} & 0 & 0 \\ \frac{11}{73} & \frac{58}{73} & \frac{4}{73} & 0 & 0 \end{array}\right)$$

이 된다.

다음에 상태 [i]로부터 출발했을 때 적어도 1회 [j]를 통과하는 확률 f^*_{ij} 에 대해서 고찰하여 보기로 한다.

정리 7.3

흡수적 체인에 있어서

① [i]$\in E$, [j]$\in E$ 인 경우 :

$$f^*_{ij}=\begin{cases} 1 & (i=j\text{일 때}) \\ 0 & (i\neq j\text{일 때}) \end{cases}$$

② [i]$\in E$, [j]$\in T$ 인 경우 : $f^*_{ij}=0$

③ [i]$\in T$, [j]$\in E$ 인 경우 : $f^*_{ij}=[\boldsymbol{BR}$의 $(i,\ j)$ 요소$]$

④ [i]$\in T$, [j]$\in T$ 인 경우 :

$$f^*_{ij}=\frac{\sum_{m=1}^{\infty} p_{ij}(m)}{1+\sum_{m=1}^{\infty} p_{jj}(m)}=\begin{cases} \frac{b_{ii}-1}{b_{ii}} & (i=j\text{ 일 때}) \\ \frac{b_{ij}}{b_{jj}} & (i\neq j\text{ 일 때}) \end{cases}$$

증명 [i]$\in E$이면 [i]는 흡수상태이므로 [i]로부터 출발했을 때는 계속해서 [i]라고 하는 상태에 머물러 있다. 따라서 ①, ②는 명백하다.

③의 경우 : f_{ij}^*는 [i]로부터 출발했을 때 [j]에 흡수되는 확률로서 이것을 [j]에 흡수되기까지의 단계의 수에 의해서 서로 배반인 사상으로 분할하여 생각한다.

꼭 m 단계째에 [j]에 흡수된다고 하는 것은 $(m-1)$ 단계째에 T중의 [k]에 있어 다음 단계에서 [j]로 가는 것이므로 그 확률은 [i]로부터 출발하여 처음으로 [j]로 가는 것이므로 그 확률은 [i]로부터 출발하여 처음으로 [j]를 통과하는 확률 $f_{ij}(m)$과 같아서

$$\begin{aligned} f_{ij}(m) &= p_{is+1}(m-1)p_{s+1j} + p_{is+2}(m-1)p_{s+2j} + \cdots + p_{in}(m-1)p_{nj} \\ &= [\boldsymbol{U}^{m-1}\boldsymbol{R}\text{의 } (i,\ j)\text{ 요소}] \end{aligned}$$

이다. 따라서

$$\begin{aligned} f_{ij}^* &= f_{ij}(1) + f_{ij}(2) + f_{ij}(3) + \cdots \\ &= [(\boldsymbol{I} + \boldsymbol{U} + \boldsymbol{U}^2 + \cdots)\boldsymbol{R}\text{의 } (i,\ j)\text{ 요소}] \\ &= [\boldsymbol{BR}\text{의 } (i,\ j)\text{ 요소}] \end{aligned}$$

이다.

④의 경우 : 3.4절의 [공식 3.2]에 의하여

$$\begin{aligned} p_{ij}(1) &= f_{ij}(1)p_{jj}(0) \\ p_{ij}(2) &= f_{ij}(1)p_{jj}(1) + f_{ij}(2)p_{jj}(0) \\ p_{ij}(3) &= f_{ij}(1)p_{jj}(2) + f_{ij}(2)p_{jj}(1) + f_{ij}(3)p_{jj}(0) \\ &\vdots \end{aligned}$$

이므로 이들의 변변을 서로 더하면 $p_{jj}(0)=1$ 이므로

$$\begin{aligned} \sum_{m=1}^{\infty} p_{ij}(m) &= f_{ij}(1)\left\{1 + \sum_{m=1}^{\infty} p_{jj}(m)\right\} + f_{ij}(2)\left\{1 + \sum_{m=1}^{\infty} p_{jj}(m)\right\} + \cdots \\ &= \{f_{ij}(1) + f_{ij}(2) + \cdots\}\left\{1 + \sum_{m=1}^{\infty} p_{jj}(m)\right\} \\ &= f_{ij}^*\left\{1 + \sum_{m=1}^{\infty} p_{jj}(m)\right\} \end{aligned}$$

이다. 따라서

$$f_{ij}^* = \frac{\sum_{m=1}^{\infty} p_{ij}(m)}{1 + \sum_{m=1}^{\infty} p_{jj}(m)}$$

이 된다. 여기서 식(7.5)를 쓰면 구하는 결과가 얻어진다. ✲

예제 7.4

[예제 7.3]의 $\boldsymbol{F}^*$를 구하라.

| 풀이 |

$$\begin{pmatrix} f_{41}^* & f_{42}^* & f_{43}^* \\ f_{51}^* & f_{52}^* & f_{53}^* \end{pmatrix} = \boldsymbol{BR} = \begin{pmatrix} \frac{13}{73} & \frac{42}{73} & \frac{18}{73} \\ \frac{11}{73} & \frac{58}{73} & \frac{4}{73} \end{pmatrix}$$

$$\begin{pmatrix} f_{44}^* & f_{45}^* \\ f_{54}^* & f_{55}^* \end{pmatrix} = \begin{pmatrix} \frac{b_{44}-1}{b_{44}} & \frac{b_{45}}{b_{55}} \\ \frac{b_{54}}{b_{44}} & \frac{b_{55}-1}{b_{55}} \end{pmatrix} = \begin{pmatrix} \frac{35}{108} & \frac{4}{9} \\ \frac{2}{9} & \frac{17}{90} \end{pmatrix}$$

이므로

$$\boldsymbol{F}^* = \left(\begin{array}{ccc|cc} 1 & 0 & 0 & 0 & 0 \\ 0 & 1 & 0 & 0 & 0 \\ 0 & 0 & 1 & 0 & 0 \\ \hline \frac{13}{73} & \frac{42}{73} & \frac{18}{73} & \frac{35}{108} & \frac{4}{9} \\ \frac{11}{73} & \frac{58}{73} & \frac{4}{73} & \frac{2}{9} & \frac{17}{90} \end{array}\right)$$

이 된다.

정리 7.4

흡수적 체인에 있어서

① $\boxed{i} \in E$, $\boxed{j} \in E$인 경우 :

$$g_{ij} = \begin{cases} 1 & (i = j\text{일 때}) \\ 0 & (i \neq j\text{일 때}) \end{cases}$$

② $\boxed{i} \in E$, $\boxed{j} \in T$인 경우 : $g_{ij} = 0$

③ $\boxed{i} \in T$, $\boxed{j} \in E$인 경우 : $g_{ij} = f_{ij}^* =$ [$\boldsymbol{BR}$의 (i, j)요소]

④ $\boxed{i} \in T$, $\boxed{j} \in T$인 경우 : $g_{ij} = 0$

따라서

$$\boldsymbol{G} = \lim_{m \to \infty} \boldsymbol{P}^m$$

이다.

증명 일반적으로 다음 공식이 성립한다.

$$g_{ii} = \lim_{m\to\infty}(f_{ii}^*)^m, \quad g_{ij} = f_{ij}^* g_{jj} \quad (i \neq j \text{일 때})$$

①의 경우 :

$$g_{ii} = \lim_{m\to\infty}(f_{ii}^*)^m = \lim_{m\to\infty} 1^m = 1$$
$$g_{ij} = f_{ij}^* g_{jj} = 0 \cdot g_{jj} = 0$$

②의 경우 :

$$g_{ij} = f_{ij}^* g_{jj} = 0 \cdot g_{jj} = 0$$

③의 경우 :

$$g_{ij} = f_{ij}^* g_{jj} = f_{ij}^* \cdot 1 = f_{ij}^* = [\boldsymbol{BR}\text{인 } (i,\ j) \text{ 요소}]$$

④의 경우 : [정리 7.3]에 의하여 $\boxed{i} \in T$이면

$$f_{ii}^* = \frac{b_{ii} - 1}{b_{ii}} < 1$$

이므로

$$g_{ii} = \lim_{m\to\infty}(f_{ii}^*)^m = 0$$

이 된다. $i \neq j$일 때는

$$g_{ij} = f_{ij}^* g_{jj} = f_{ij}^* \cdot 0 = 0$$

이 된다. ✲

예제 7.5

다음 추이확률행렬의 $\boldsymbol{G}$를 구하라.

$$\boldsymbol{P} = \left(\begin{array}{cc|ccc} 1 & 0 & 0 & 0 & 0 \\ 0 & 1 & 0 & 0 & 0 \\ \hline \frac{1}{5} & \frac{1}{5} & \frac{1}{5} & \frac{1}{5} & \frac{1}{5} \\ 0 & 0 & \frac{1}{3} & \frac{1}{3} & \frac{1}{3} \\ 0 & \frac{1}{4} & \frac{1}{4} & \frac{1}{4} & \frac{1}{4} \end{array}\right)$$

| 풀이 |

$$U=\begin{pmatrix} \frac{1}{5} & \frac{1}{5} & \frac{1}{5} \\ \frac{1}{3} & \frac{1}{3} & \frac{1}{3} \\ \frac{1}{4} & \frac{1}{4} & \frac{1}{4} \end{pmatrix}$$

$$B=(I-U)^{-1}=\begin{pmatrix} \frac{4}{5} & -\frac{1}{5} & -\frac{1}{5} \\ -\frac{1}{3} & \frac{2}{3} & -\frac{1}{3} \\ -\frac{1}{4} & -\frac{1}{4} & \frac{3}{4} \end{pmatrix}^{-1}=\frac{1}{13}\begin{pmatrix} 25 & 12 & 12 \\ 20 & 33 & 20 \\ 15 & 15 & 28 \end{pmatrix}$$

$$BR=\frac{1}{13}\begin{pmatrix} 25 & 12 & 12 \\ 20 & 33 & 20 \\ 15 & 15 & 28 \end{pmatrix}\begin{pmatrix} \frac{1}{5} & \frac{1}{5} \\ 0 & 0 \\ 0 & \frac{1}{4} \end{pmatrix}=\frac{1}{13}\begin{pmatrix} 5 & 8 \\ 4 & 9 \\ 3 & 10 \end{pmatrix}$$

따라서

$$G=\left(\begin{array}{cc|ccc} 1 & 0 & 0 & 0 & 0 \\ 0 & 1 & 0 & 0 & 0 \\ \hline \frac{5}{13} & \frac{8}{13} & 0 & 0 & 0 \\ \frac{4}{13} & \frac{9}{13} & 0 & 0 & 0 \\ \frac{3}{13} & \frac{10}{13} & 0 & 0 & 0 \end{array}\right)$$

이 된다.

평균도달시간 h_{ij} 에 대해서는 다음 정리가 성립한다.

정리 7.5

흡수적 체인에 있어서

① $\boxed{i}\in E$인 경우 :

$$h_{ij}=\begin{cases} 1 & (i=j \text{일 때}) \\ 0 & (i\neq j \text{일 때}) \end{cases}$$

② $\boxed{i}\in T$인 경우 :

$$h_{ij}=f_{ij}^{*}+\sum_{k\neq j\ k\in T} p_{ik}h_{kj}$$

증명 h_{ij} 의 정의는 다음과 같다.

$$h_{ij} = \sum_{m=1}^{\infty} m f_{ij}(m)$$

① $\boxed{i} \in E$인 경우 : $\boxed{i}$는 흡수적 상태이므로

$$f_{ij}(1) = \begin{cases} 1 & (i=j\text{일 때}) \\ 0 & (i \neq j\text{일 때}) \end{cases}, \quad f_{ij}(m) = 0 \quad (m \geq 2)$$

이다. 따라서

$$h_{ij} = \begin{cases} 1 & (i=j\text{일 때}) \\ 0 & (i \neq j\text{일 때}) \end{cases}$$

이 된다.

② $\boxed{i} \in T$의 경우 : 6장의 [정리 6.6]의 증명에서 알 수 있듯이 마르코프체인이 정칙이라는 가정은 최후의 부분에서만 사용되고 $k \neq j, k \in E$이면 $h_{ij} = 0$ 이므로

$$h_{ij} = f_{ij}^* + \sum_{k \neq j} p_{ik} h_{kj} = f_{ij}^* + \sum_{k \neq j \ k \in T} p_{ik} h_{kj}$$

이다. ✲

흡수적 체인에 있어서는 $\lim_{m\to\infty} \boldsymbol{P}^m$ 이 존재하므로 평균방문시간에 대해서는 다음 정리가 성립한다.

정리 7.6

흡수적 체인에 있어서는

$$\boldsymbol{V} = \lim_{m\to\infty} \boldsymbol{P}^m = \left(\begin{array}{c|c} \boldsymbol{I} & 0 \\ \hline \boldsymbol{BR} & 0 \end{array}\right)$$

이다.

예제 7.6

다음 추이확률행렬의 $\boldsymbol{H}$를 구하라.

$$
\boldsymbol{P}=\left(\begin{array}{cc|ccc}
1 & 0 & 0 & 0 & 0 \\
0 & 1 & 0 & 0 & 0 \\
\hline
\frac{1}{3} & \frac{1}{3} & \frac{1}{3} & 0 & 0 \\
0 & \frac{1}{2} & \frac{1}{3} & \frac{1}{6} & 0 \\
0 & 0 & \frac{1}{2} & \frac{1}{4} & \frac{1}{4}
\end{array}\right)
$$

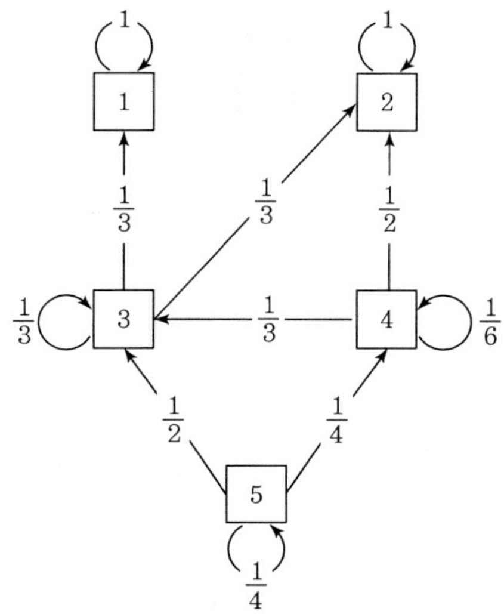

| 풀이 |

$$
\boldsymbol{B}=(\boldsymbol{I}-\boldsymbol{U})^{-1}=\begin{pmatrix}
\frac{2}{3} & 0 & 0 \\
-\frac{1}{3} & \frac{5}{6} & 0 \\
-\frac{1}{2} & -\frac{1}{4} & \frac{3}{4}
\end{pmatrix}^{-1}=\begin{pmatrix}
\frac{3}{2} & 0 & 0 \\
\frac{3}{5} & \frac{6}{5} & 0 \\
\frac{6}{5} & \frac{2}{5} & \frac{4}{3}
\end{pmatrix}
$$

$$
\boldsymbol{BR}=\begin{pmatrix}
\frac{3}{2} & 0 & 0 \\
\frac{3}{5} & \frac{6}{5} & 0 \\
\frac{6}{5} & \frac{2}{5} & \frac{4}{3}
\end{pmatrix}\begin{pmatrix}
\frac{1}{3} & \frac{1}{3} \\
0 & \frac{1}{2} \\
0 & 0
\end{pmatrix}=\begin{pmatrix}
\frac{1}{2} & \frac{1}{2} \\
\frac{1}{5} & \frac{4}{5} \\
\frac{2}{5} & \frac{3}{5}
\end{pmatrix}
$$

이므로

$$V=\left(\begin{array}{cc:ccc} 1 & 0 & 0 & 0 & 0 \\ 0 & 1 & 0 & 0 & 0 \\ \hdashline \frac{1}{2} & \frac{1}{2} & 0 & 0 & 0 \\ \frac{1}{5} & \frac{4}{5} & 0 & 0 & 0 \\ \frac{2}{5} & \frac{3}{5} & 0 & 0 & 0 \end{array}\right)$$

$$F^{*}=\left(\begin{array}{cc:ccc} 1 & 0 & 0 & 0 & 0 \\ 0 & 1 & 0 & 0 & 0 \\ \hdashline \frac{1}{2} & \frac{1}{2} & \frac{1}{3} & 0 & 0 \\ \frac{1}{5} & \frac{4}{5} & \frac{2}{5} & \frac{1}{6} & 0 \\ \frac{2}{5} & \frac{3}{5} & \frac{4}{5} & \frac{1}{3} & \frac{1}{4} \end{array}\right)$$

이 된다.

$$\begin{cases} h_{31}=f_{31}^{*}+p_{33}h_{31}+p_{34}h_{41}+p_{35}h_{51} \\ h_{41}=f_{41}^{*}+p_{43}h_{31}+p_{44}h_{41}+p_{45}h_{51} \\ h_{51}=f_{51}^{*}+p_{53}h_{31}+p_{54}h_{41}+p_{55}h_{51} \end{cases}$$

$$\begin{cases} h_{32}=f_{32}^{*}+p_{33}h_{32}+p_{34}h_{42}+p_{35}h_{52} \\ h_{42}=f_{42}^{*}+p_{43}h_{32}+p_{44}h_{42}+p_{45}h_{52} \\ h_{52}=f_{52}^{*}+p_{53}h_{32}+p_{54}h_{42}+p_{55}h_{52} \end{cases}$$

$$\begin{cases} h_{33}=f_{33}^{*}+p_{34}h_{43}+p_{35}h_{53} \\ h_{43}=f_{43}^{*}+p_{44}h_{43}+p_{45}h_{53} \\ h_{53}=f_{53}^{*}+p_{54}h_{43}+p_{55}h_{53} \end{cases}$$

$$\begin{cases} h_{34}=f_{34}^{*}+p_{33}h_{34}+p_{35}h_{54} \\ h_{44}=f_{44}^{*}+p_{43}h_{34}+p_{45}h_{54} \\ h_{54}=f_{54}^{*}+p_{53}h_{34}+p_{55}h_{54} \end{cases}$$

$$\begin{cases} h_{35}=f_{35}^{*}+p_{33}h_{35}+p_{34}h_{45} \\ h_{45}=f_{45}^{*}+p_{43}h_{35}+p_{44}h_{45} \\ h_{55}=f_{55}^{*}+p_{53}h_{35}+p_{54}h_{45} \end{cases}$$

이므로

$$(\boldsymbol{I}-\boldsymbol{U})\begin{pmatrix} h_{31} & h_{32} \\ h_{41} & h_{42} \\ h_{51} & h_{52} \end{pmatrix} = \begin{pmatrix} f_{31}^{*} & f_{32}^{*} \\ f_{41}^{*} & f_{42}^{*} \\ f_{51}^{*} & f_{52}^{*} \end{pmatrix}$$

$$\begin{pmatrix} h_{31} & h_{32} \\ h_{41} & h_{42} \\ h_{51} & h_{52} \end{pmatrix} = (\boldsymbol{I}-\boldsymbol{U})^{-1}\boldsymbol{BR} = \boldsymbol{B}(\boldsymbol{BR}) = \begin{pmatrix} \frac{3}{4} & \frac{3}{4} \\ \frac{27}{50} & \frac{63}{50} \\ \frac{91}{75} & \frac{43}{25} \end{pmatrix}$$

$$\begin{cases} h_{33} = \dfrac{1}{3} \\ h_{43} = \dfrac{2}{5} + \dfrac{1}{6}h_{43} \\ h_{53} = \dfrac{4}{5} + \dfrac{1}{4}h_{43} + \dfrac{1}{4}h_{53} \end{cases}$$

$$\begin{cases} h_{34} = 0 + \dfrac{1}{3}h_{34} \\ h_{44} = \dfrac{1}{6} + \dfrac{1}{3}h_{34} \\ h_{54} = \dfrac{1}{3} + \dfrac{1}{2}h_{34} + \dfrac{1}{4}h_{54} \end{cases}$$

$$\begin{cases} h_{35} = 0 + \dfrac{1}{3}h_{35} \\ h_{45} = 0 + \dfrac{1}{3}h_{35} + \dfrac{1}{6}h_{45} \\ h_{55} = \dfrac{1}{4} + \dfrac{1}{2}h_{35} + \dfrac{1}{4}h_{45} \end{cases}$$

이 된다. 이것을 풀어서 다음을 얻는다.

$$\boldsymbol{H} = \left(\begin{array}{cc:ccc} 1 & 0 & 0 & 0 & 0 \\ 0 & 1 & 0 & 0 & 0 \\ \hdashline \frac{3}{4} & \frac{3}{4} & \frac{1}{3} & 0 & 0 \\ \frac{27}{50} & \frac{63}{50} & \frac{12}{25} & \frac{1}{6} & 0 \\ \frac{91}{75} & \frac{43}{25} & \frac{92}{75} & \frac{4}{9} & \frac{1}{4} \end{array}\right)$$

다음으로 과도적 상태 $\boxed{i}$로부터 출발해서 어느 흡수상태에 흡수되기까지의 시간의 평균을 구하여 보자.

이것을 구하기 위해서는 흡수상태를 한데 모아서 하나의 흡수상태로 하고 새로운 흡수적 체인을 만든다. 예를 들어 설명하여 보기로 한다.

[예제 7.6]의 $\boldsymbol{P}$에 대해서 설명하면 상태 $\boxed{1}$과 $\boxed{2}$를 한데 모아서 그것을 다시 $\boxed{1}$로 하고 다음과 같은 흡수적 체인을 만드는 것이다.

$$\boldsymbol{P}=\left(\begin{array}{c|ccc} 1 & 0 & 0 & 0 \\ \hline \frac{2}{3} & \frac{1}{3} & 0 & 0 \\ \frac{1}{2} & \frac{1}{3} & \frac{1}{6} & 0 \\ 0 & \frac{1}{2} & \frac{1}{4} & \frac{1}{4} \end{array}\right)$$

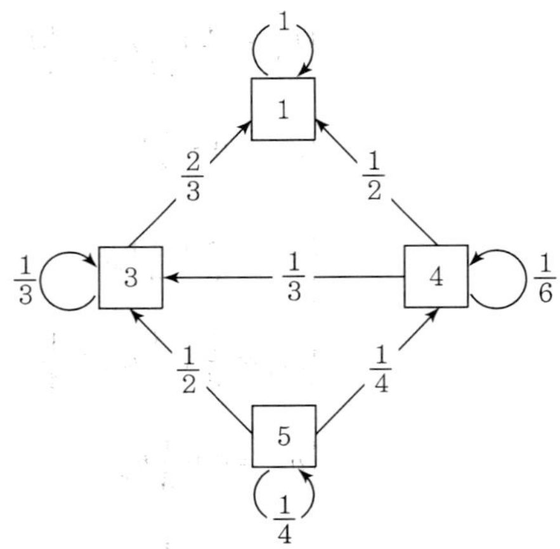

이와 같이 만든 흡수적 체인에 대해서 과도적 상태로부터 출발해서 유일한 흡수상태에 도달하기까지에 평균도달시간을 구하면 된다. 이에 관한 일반적인 다음의 정리가 성립한다.

정리 7.7

흡수적 체인에 있어서 과도적 상태 $\boxed{i}$로부터 출발해서 어떤 흡수상태에 흡수되기까지의 평균시간 m_i를 취하면 다음이 성립한다.

$$\mu=\begin{pmatrix} m_{s+1} \\ m_{s+2} \\ \vdots \\ m_n \end{pmatrix}=(\boldsymbol{I}-\boldsymbol{Q})^{-1}\epsilon=\boldsymbol{B}\epsilon$$

> 여기서 ϵ는 모든 요소가 1인 $(n-s)$행, 1열의 행렬이다.

증명 주어진 흡수적 체인에 있어서 흡수적인 상태를 하나로 모아서 다시 하나의 흡수상태 $\boxed{1}$로 만든 체인의 추이확률행렬을

$$\hat{P}=\left(\begin{array}{c|c} 1 & 0 \\ \hline \boldsymbol{R} & \boldsymbol{U} \end{array}\right)$$

라 하자. $\boldsymbol{R}$은 $(n-s)$행, 1열의 행렬이고 상태 $\boxed{i}$에 대응하는 요소 r_i는 처음의 추이확률행렬 $\boldsymbol{P}$에 있어서 $\boldsymbol{R}$의 $\boxed{i}$에 대응하는 요소의 합과 같다. 즉

$$r_i = p_{i1} + p_{i2} + \cdots + p_{is}$$

이며 추이확률행렬의 각 행의 요소의 합은 1이므로

$$r_i = 1 - (p_{is+1} + p_{is+2} + \cdots + p_{in})$$

이다. 따라서 모든 요소가 1인 $(n-s)$행, 1열의 행렬을 ϵ이라 하면

$$\hat{\boldsymbol{R}} = (\boldsymbol{I} - \boldsymbol{U})\epsilon$$

으로 표시할 수 있다. 이 $\hat{\boldsymbol{P}}$에 대해서 $\boldsymbol{B}\hat{\boldsymbol{R}}$을 구하면

$$\boldsymbol{B}\hat{\boldsymbol{R}} = (\boldsymbol{I} - \boldsymbol{U})^{-1}(\boldsymbol{I} - \boldsymbol{U})\epsilon = \epsilon$$

이므로 [정리 7.3]에 의하여 $\boxed{i} \in T$일 때

$$f_{i1}^{*} = 1 \quad (i = s+1, s+2, \cdots, n)$$

이다. m_i의 의미로부터 $m_i = h_{i1}$이 되므로 [정리 7.6]에 의하여

$$h_{i1} = 1 + \sum_{k=s+1}^{n} p_{ik} h_{k1} \quad (i = s+1, s+2, \cdots, n)$$

이므로

$$m_i = 1 + \sum_{k=s+1}^{n} p_{ik} m_k \quad (i = s+1, s+2, \cdots, n)$$

이다. 이것을 행렬로 표현하면 다음과 같다.

$$\boldsymbol{\mu} = \epsilon + \boldsymbol{U}\boldsymbol{\mu}$$

결국

$$\boldsymbol{\mu} = (\boldsymbol{I} - \boldsymbol{U})^{-1}\epsilon = \boldsymbol{B}\epsilon$$

이 된다. ✲

[정리 7.7]의 증명에 쓰여진 방법에 에르고드적 체인에 대한 제정리를 증명하는 경우에도 이용된다. 에르고드적 체인에 있어서는 주기적인 경우가 취급되었으나 흡수적인 체인에서는 주기를 문제시 하지 않아도 된다. 6장의 [정리 6.11], [정리 6.12]의 증명을 여기서 간단히 설명하여 보자.

[정리 6.11]의 내용은 다음과 같다.

[에르고드적 체인에서는 $f^*_{ij} = 1 = g_{ij}$]

먼저 $i \neq j$ 인 경우부터 증명하기로 하자. 간단하게 하기 위하여 $j = 1$ 로 하고 상태 1을 흡수상태로 하여 다음과 같은 추이확률행렬을 갖는 흡수적 체인을 생각한다.

$$\boldsymbol{P} = \left(\begin{array}{c|c} 1 & 0 \\ \hline \boldsymbol{R} & \boldsymbol{U} \end{array}\right) = \left(\begin{array}{c|cccc} 1 & 0 & 0 & \cdots & 0 \\ \hline p_{21} & p_{22} & p_{23} & \cdots & p_{2n} \\ \vdots & \vdots & \vdots & \vdots & \vdots \end{array}\right) \tag{7.6}$$

f^*_{ij} 는 i로부터 출발하여 적어도 1회 j를 통과하는 확률이므로 이와 같이 만든 흡수적 체인에 대해서 i로부터 출발해서 j에 흡수되는 확률과 같다. 이 값은 [정리 7.7]의 증명 과정에서 구한 바와 같이

$$f^*_{i1} = 1 \quad (i = 1, 2, \cdots, n)$$

이다.

다음으로 $i = j$ 인 경우를 생각하여 보자. i를 출발해서 1단계후의 상태에 의하여 서로 배반인 사상으로 나누어 생각하면

$$f^*_{ii} = \sum_{k \neq i} p_{ik} f^*_{ki} + p_{ii} = \sum_{k \neq i} p_{ik} + p_{ii} = \sum p_{in} = 1$$

이다. g_{ij} 에 대하여는

$$g_{ii} = \lim_{m \to \infty} (f^*_{ii})^m = 1, \quad g_{ij} = f^*_{ij} g_{jj} = 1 \cdot 1 = 1$$

이 된다.

다음 [정리 6.12]를 생각해 보자. 이 정리의 내용은 다음과 같다.

에르고드적 체인에서는 다음의 관계가 성립한다.

$$h_{ij} = 1 + \sum_{k \neq j} p_{ik} h_{kj}$$

먼저 $i \neq j = 1$ 인 경우를 생각하자. 식(7.6)과 같은 추이확률행렬을 갖는 체인을 생각하면 [정리 7.5]와 앞의 결과에 의하여

$$h_{i1} = f_{i1}^* + \sum_{k=2}^{n} p_{ik} h_{k1} = 1 + \sum_{k=2}^{n} p_{ik} h_{k1}$$

이 되므로 1을 j 로 바꾸어 쓰면 구하는 결과가 얻어진다.

$i = j$ 인 경우에는 1단계에서 ⓚ로 가고 그로부터 되돌아오는 것으로 생각하면 되니까

$$h_{ii} = p_{ii} + \sum_{k \neq 1} p_{ik}(1 + h_{ki})$$

$$= \sum_{k=1}^{n} p_{ik} + \sum_{k \neq i} p_{ik} h_{ki} = 1 + \sum_{k \neq i} p_{ik} h_{ki}$$

이다.

예제 7.7

A병원은 1,000명의 입원환자를 가지고 있는 종합병원이다. 입원비 중 일부는 보험회사에서 지불하고 나머지는 입원환자들이 지불한다. 최근 병원 통계에 의하면 입원비 지불이 체납되는 경향이 있어 왔으며, 그 내용은 다음과 같다.

〈표 7.1〉 체납기간에 따른 미결제 계정의 수

체납기간(분기)	미결제 계정의 수
1	150
2	100
3	50
합계	300

그런데 3분기 이상 지불되지 않는 계정은 손실로 처리하도록 되어 있다. 입원환자계정의 지불과정을 마르코프체인으로 보고 일정기간 동안 자료를 수집하여 다음과 같은 상태공간과 추이확률행렬이 작성되었다.

$$S = \{1, 2, 3, 4, 5\}$$

상태 ① : 1분기 체납, 상태 ② : 2분기 체납, 상태 ③ : 3분기 체납
상태 ④ : 지불, 상태 ⑤ : 손실

$$P=\begin{pmatrix} 0 & \frac{3}{10} & 0 & \frac{7}{10} & 0 \\ 0 & 0 & \frac{6}{10} & \frac{4}{10} & 0 \\ 0 & 0 & 0 & \frac{2}{10} & \frac{8}{10} \\ 0 & 0 & 0 & 1 & 0 \\ 0 & 0 & 0 & 0 & 1 \end{pmatrix}$$

| 풀이 | 우선 추이확률행렬을 다음과 같은 형태로 나타낸다.

$$P=\begin{pmatrix} 1 & 0 & 0 & 0 & 0 \\ 0 & 1 & 0 & 0 & 0 \\ \frac{7}{10} & 0 & 0 & \frac{3}{10} & 0 \\ \frac{4}{10} & 0 & 0 & 0 & \frac{6}{10} \\ \frac{2}{10} & \frac{8}{10} & 0 & 0 & 0 \end{pmatrix}=\begin{pmatrix} I & 0 \\ R & U \end{pmatrix}$$

따라서

$$B=(I-U)^{-1}=\begin{pmatrix} 1 & -\frac{3}{10} & 0 \\ 0 & 1 & -\frac{6}{10} \\ 0 & 0 & 1 \end{pmatrix}^{-1}=\begin{pmatrix} 1 & \frac{3}{10} & \frac{18}{100} \\ 0 & 1 & \frac{6}{10} \\ 0 & 0 & 1 \end{pmatrix}$$

$$BR=\begin{pmatrix} 1 & \frac{3}{10} & \frac{18}{100} \\ 0 & 1 & \frac{6}{10} \\ 0 & 0 & 1 \end{pmatrix}\begin{pmatrix} \frac{7}{10} & 0 \\ \frac{4}{10} & 0 \\ \frac{2}{10} & \frac{8}{10} \end{pmatrix}=\begin{pmatrix} \frac{856}{1,000} & \frac{144}{1,000} \\ \frac{52}{100} & \frac{48}{100} \\ \frac{2}{10} & \frac{8}{10} \end{pmatrix}$$

이 된다.

상태 1로부터 상태 4로 흡수될 확률은 $\frac{856}{1,000}$ 이고, 상태 2로부터 상태 4와 5로 흡수될 확률은 각각 $\frac{52}{100}$, $\frac{48}{100}$ 이 된다. 또한 상태 3으로부터 상태 4와 5로 흡수될 확률은 각각 $\frac{2}{10}$, $\frac{8}{10}$ 이 된다.

계정이 1분기에 체납되었다면 손실로 나타날 확률은 $\frac{144}{1,000}$ 이며, 계정이 2분기에 체납되었다면 손실로 나타날 확률은 $\frac{48}{100}$ 이고, 계정이 3분기에 체납되었다면 손실로 나타날 확률은 더욱 높아져 $\frac{8}{10}$ 이 된다.

따라서 미결제 기간이 길면 길수록 회수불가능성이 점점 커짐을 알 수 있다. 회수불가능 계정의 기대값은

$$150 \times \frac{144}{1,000} + 100 \times \frac{48}{100} + 50 \times \frac{8}{10} = 110$$

이므로 1,000명의 환자계정 중에서 110계정은 손실로 분류되는데 이는 총 입원계정의 11%에 해당되며, 미결제된 300계정 중 267개 계정은 회수될 수 있을 것으로 기대된다.

7.2 일반적인 경우

주어진 마르코프체인의 에르고드적 성분을 $C_1, C_2, \cdots, C_l$ 이라 하고 과도적인 상태를 전부 모아서 T라 하면 상태공간 S는 다음과 같이 분할된다.

$$S = C_1 \cup C_2 \cup \cdots \cup C_l \cup T$$

이에 대응해서 추이확률행렬은

$$\boldsymbol{P} = \left(\begin{array}{cccc|c} \boldsymbol{P}_1 & & & & \\ & \boldsymbol{P}_2 & & & \\ & & \ddots & & \\ & & & \boldsymbol{P}_l & \\ \hline & \boldsymbol{R} & & & \boldsymbol{U} \end{array}\right) \begin{array}{c} C_1 \\ C_2 \\ \vdots \\ C_l \\ \boldsymbol{T} \end{array} \tag{7.7}$$

와 같이 나타낼 수 있다. 이와 같이 하면

$$\boldsymbol{P}^m = \left(\begin{array}{cccc|c} \boldsymbol{P}_1^m & & & & \\ & \boldsymbol{P}_2^m & & & \\ & & \ddots & & \\ & & & \boldsymbol{P}_l^m & \\ \hline & \boldsymbol{R}(m) & & & \boldsymbol{U}^m \end{array}\right), \quad (\boldsymbol{R}(1) = \boldsymbol{R}) \tag{7.8}$$

로 표시된다. 여기서 $\boldsymbol{P}_1, \boldsymbol{P}_2, \cdots, \boldsymbol{P}_l$은 각각 상태공간이 $C_1, C_2, \cdots, C_l$ 인 에르고드적 체인의 추이확률행렬로 볼 수 있으므로 이 부분에 관해서는 6장의 결과를 적용할 수 있다.

이하 간단하게 하기 위하여 다음과 같이 둔다.

$$E = C_1 \bigcup C_2 \bigcup \cdots \bigcup C_l = \{\boxed{1}, \boxed{2}, \cdots, \boxed{s}\}$$

$$T = \{\boxed{s+1}, \boxed{s+2}, \cdots, \boxed{n}\}$$

$$\boldsymbol{W} = \begin{pmatrix} \boxed{\boldsymbol{P}_1} & & & \\ & \boxed{\boldsymbol{P}_2} & & \\ & & \ddots & \\ & & & \boxed{\boldsymbol{P}_l} \end{pmatrix}$$

이와 같이 두면

$$\boldsymbol{P} = \left(\begin{array}{c|c} \boldsymbol{W} & 0 \\ \hline \boldsymbol{R} & \boldsymbol{U} \end{array}\right), \quad \boldsymbol{P}^m = \left(\begin{array}{c|c} \boldsymbol{W}^m & 0 \\ \hline \boldsymbol{R}(m) & \boldsymbol{U}^m \end{array}\right) \tag{7.9}$$

이다. 여기서 주의해야 할 것은 $\boldsymbol{R}(m)$ 은 $\boldsymbol{R}$ 의 m 제곱은 아니다. 예를 들면

$$\boldsymbol{R}(2) = \boldsymbol{RW} + \boldsymbol{UR}$$

$$\boldsymbol{R}(3) = \boldsymbol{RW}^2 + \boldsymbol{URW} + \boldsymbol{U}^2\boldsymbol{R}$$

등과 같이 복잡하다.

7.1절의 결과를 쓰기 위하여 에르고드적인 각 성분을 각각 한데 모아서 흡수상태로 하고 새로운 흡수적 체인을 만들어 그 성질로부터 처음의 마르코프체인의 성질을 유도하는 것이다.

흡수적 체인을 만드는 방법을 다음 예제에서 나타내고 있다.

예제 7.8

다음과 같은 추이확률행렬 $\boldsymbol{P}$가 주어져 있을 때 흡수적인 체인의 $\hat{\boldsymbol{P}}$를 작성하라.

$$\boldsymbol{P} = \left(\begin{array}{c|ccc|cc} 1 & 0 & 0 & 0 & 0 & 0 \\ \hline 0 & \frac{1}{2} & \frac{1}{2} & 0 & 0 & 0 \\ 0 & \frac{1}{2} & 0 & \frac{1}{2} & 0 & 0 \\ 0 & 0 & \frac{1}{2} & \frac{1}{2} & 0 & 0 \\ \hline \frac{1}{4} & \frac{1}{4} & \frac{1}{4} & 0 & 0 & \frac{1}{4} \\ 0 & 0 & \frac{1}{3} & \frac{1}{3} & \frac{1}{3} & 0 \end{array}\right)$$

| 풀이 | 성분 C_2를 한데 모으면 다음과 같은 흡수적 체인을 만들 수 있다.

$$\hat{\boldsymbol{P}}=\left(\begin{array}{c|c|cc} 1 & 0 & 0 & 0 \\ \hline 0 & 1 & 0 & 0 \\ \hline \frac{1}{4} & \frac{1}{2} & 0 & \frac{1}{4} \\ 0 & \frac{2}{3} & \frac{1}{3} & 0 \end{array}\right)$$

주어진 마르코프체인에 있어서 에르고드적인 각 성분을 각각 한데 모아서 흡수상태로 하고 새로 만든 흡수적 체인의 추이확률행렬을 다음과 같이 둔다.

$$\hat{\boldsymbol{P}}=\left(\begin{array}{c|c} \boldsymbol{I} & 0 \\ \hline \hat{\boldsymbol{R}} & \boldsymbol{U} \end{array}\right) \tag{7.10}$$

여기서 $\boldsymbol{U}$는 처음에 주어진 마르코프체인의 추이확률행렬인 식(7.7)의 $\boldsymbol{U}$와 동일한 행렬이다.

따라서 [정리 7.1]에 의하여 다음 정리가 유도된다. 즉 [정리 7.1]은 그대로 일반적인 경우로 확장된다. 이 경우 주기적인 성분이 포함되어 있어도 상관없다.

정리 7.8

$\boxed{i}$, $\boxed{j}$가 다 같이 과도적 상태이면

$$\lim_{m\to\infty} p_{ij}(m) = 0$$

이고 따라서

$$\lim_{m\to\infty} \boldsymbol{U}^m = 0$$

이다.

다음으로 f_{ij}^*, g_{ij}를 구해보자.

① $\boxed{i}\in E$, $\boxed{j}\in E$인 경우 :

상태 $\boxed{i}$와 $\boxed{j}$가 동일한 에르고드적 성분에 포함되어 있는 경우, 즉 $\boxed{i} \leftrightarrow \boxed{j}$일 때는 6장의 결과를 써서 f_{ij}^*의 값이나, g_{ij}의 값이 1이므로

$$f_{ij}^* = g_{ij} = \begin{cases} 1 & (\boxed{i} \leftrightarrow \boxed{j}\text{일 때}) \\ 0 & (\text{그 이외일 때}) \end{cases}$$

② $\boxed{i}\in E$, $\boxed{j}\in T$인 경우 :

명백히 $f_{ij}^* = g_{ij} = 0$ 이다.

③ [i]$\in T$, [j]$\in E$인 경우 :

상태 [j]가 포함되어 있는 성분을 C라 하자. f_{ij}^*은 [i]로부터 출발하였을 때 적어도 1회 [j]를 통과하는 확률이고 g_{ij}는 무한회 [j]를 통과하는 확률이다. 그런데 [j]는 에르고드적 성분 C에 포함되어 있으므로 [j]를 통과하기 위해서는 먼저 성분 C에 흡수되어야 한다. 성분 C에 흡수되었다 하면 [j]를 통과하는 것이나, 무한회 [j]를 통과하는 것도 확실하다. 따라서 성분 C에 흡수되는 확률을 구하면 되는 것이다.

여기서 에르고드적 각 성분을 한데 모아서 흡수상태로 하고, [i]로부터 출발해서 C에 대응하는 흡수상태에 흡수될 확률을 $\hat{f}_{ij}$로 두면

$$f_{ij}^* = g_{ij} = \hat{f}_{ij}^*$$

이다. 여기서 [정리 7.3]의 ③을 쓰면

$$f_{ij}^* = g_{ij} = [\boldsymbol{B\hat{R}}\text{의 } (i, j)\text{ 요소}]$$

이 된다.

④ [i]$\in T$, [j]$\in T$인 경우 :

이 경우에도 앞에서와 동일한 흡수적 체인으로 생각하면 되므로 [정리 7.3]의 ④, [정리 7.4]의 ④가 그대로 적용된다. 이상을 종합하면 다음 정리가 얻어진다.

정리 7.9

① [i]$\in E$, [j]$\in E$인 경우 :

$$f_{ij}^* = g_{ij} = \begin{cases} 1 & (\text{[i]} \leftrightarrow \text{[j]}\text{일 때}) \\ 0 & (\text{그 이외일 때}) \end{cases}$$

② [i]$\in E$, [j]$\in T$인 경우 : $f_{ij}^* = g_{ij} = 0$

③ [i]$\in T$, [j]$\in E$인 경우 : $f_{ij}^* = g_{ij} = [\boldsymbol{B\hat{R}}\text{의 } (i,\ j)\text{ 요소}]$

④ [i]$\in T$, [j]$\in T$인 경우 :

$$f_{ij}^* = \begin{cases} \dfrac{b_{ii}-1}{b_{ii}} & (i = j\text{일 때}) \\[2ex] \dfrac{b_{ij}}{b_{ii}} & (i \neq j\text{일 때}) \end{cases}$$

$$g_{ij} = 0$$

예제 7.9

다음 추이확률행렬의 $\boldsymbol{G}$를 구하라.

$$\boldsymbol{P}=\left(\begin{array}{c|cc|cc} 1 & 0 & 0 & 0 & 0 \\ \hline 0 & 0 & 1 & 0 & 0 \\ 0 & 1 & 0 & 0 & 0 \\ \hline \frac{1}{6} & \frac{1}{6} & 0 & \frac{1}{3} & \frac{1}{3} \\ 0 & \frac{1}{4} & \frac{1}{4} & \frac{1}{2} & 0 \end{array}\right)$$

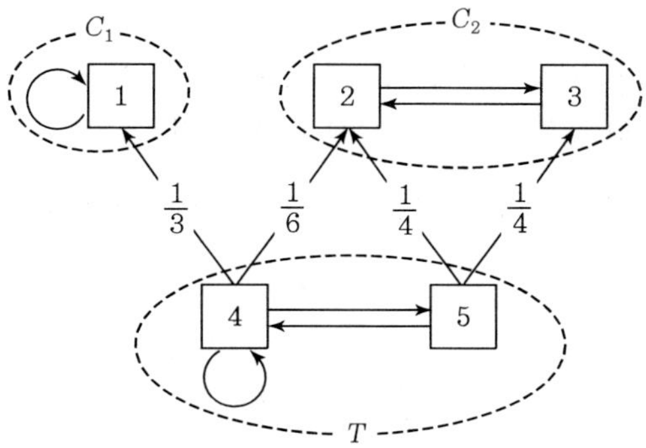

| 풀이 | 이 체인에서는 C_1은 흡수상태 단 하나로 된 성분이고, C_2는 주기가 2인 성분이다.

$$\hat{\boldsymbol{P}}=\left(\begin{array}{cc|cc} 1 & 0 & 0 & 0 \\ 0 & 1 & 0 & 0 \\ \hline \frac{1}{6} & \frac{1}{6} & \frac{1}{3} & \frac{1}{3} \\ 0 & \frac{1}{2} & \frac{1}{2} & 0 \end{array}\right)$$

$$\boldsymbol{U}=\begin{pmatrix} \frac{1}{3} & \frac{1}{3} \\ \frac{1}{2} & 0 \end{pmatrix}$$

$$\boldsymbol{B}=(\boldsymbol{I}-\boldsymbol{U})^{-1}=\begin{pmatrix} 2 & \frac{2}{3} \\ 1 & \frac{4}{3} \end{pmatrix}$$

$$\boldsymbol{B}\hat{\boldsymbol{R}}=\begin{pmatrix} 2 & \frac{2}{3} \\ 1 & \frac{4}{3} \end{pmatrix}\begin{pmatrix} \frac{1}{6} & \frac{1}{6} \\ 0 & \frac{1}{2} \end{pmatrix}=\begin{pmatrix} \frac{1}{3} & \frac{2}{3} \\ \frac{1}{6} & \frac{5}{6} \end{pmatrix}$$

따라서

$$F^* = \left(\begin{array}{c:cc:cc} 1 & 0 & 0 & 0 & 0 \\ \hdashline 0 & 1 & 1 & 0 & 0 \\ 0 & 1 & 1 & 0 & 0 \\ \hdashline \frac{1}{3} & \frac{2}{3} & \frac{2}{3} & \frac{1}{2} & \frac{1}{2} \\ \frac{1}{6} & \frac{5}{6} & \frac{5}{6} & \frac{1}{2} & \frac{1}{4} \end{array}\right), \quad G = \left(\begin{array}{c:cc:cc} 1 & 0 & 0 & 0 & 0 \\ \hdashline 0 & 1 & 1 & 0 & 0 \\ 0 & 1 & 1 & 0 & 0 \\ \hdashline \frac{1}{3} & \frac{2}{3} & \frac{2}{3} & 0 & 0 \\ \frac{1}{6} & \frac{5}{6} & \frac{5}{6} & 0 & 0 \end{array}\right)$$

이므로, [정리 7.9]에 의하여

$$\boxed{i} \in E \text{이면 } f_{ii}^* = 1, \quad \boxed{i} \in T \text{이면 } f_{ii}^* < 1$$

인 것을 알 수 있다. 즉

[$\boxed{i} \in E$이면 $\boxed{i}$를 출발하였을 때 $\boxed{i}$로 적어도 한번 되돌아오는 것은 확실하다.]
[$\boxed{i} \in T$이면 $\boxed{i}$를 출발하였을 때 $\boxed{i}$로 적어도 한번 되돌아오는 것은 확실치 않다.]

를 의미하고 이것이 재귀적, 과도적이라고 하는 명칭의 유래가 된다.

그리고

$$P = \begin{pmatrix} W & 0 \\ R & U \end{pmatrix}, \quad W = \begin{pmatrix} P_1 & & & \\ & P_2 & & \\ & & \ddots & \\ & & & P_l \end{pmatrix} \begin{matrix} C_1 \\ C_2 \\ \vdots \\ C_l \end{matrix}$$

$$P^m = \begin{pmatrix} W^m & 0 \\ R(m) & U^m \end{pmatrix}$$

으로 둘 때 성분 $C_1, C_2, \cdots, C_l$ 중에 주기적인 성분이 포함되어 있는 경우에는 $\lim_{m\to\infty} W^m$ 은 존재하지 않는다. 그러나 6장의 [정리 6.9]에 의하여 평균방문시간은 재귀적인 각 성분에 대해서 존재하므로

$$\lim_{m\to\infty} \frac{1}{m}(P_k + P_k^2 + \cdots + P_k^m) = A_k \quad (k = 1, 2, \cdots, l)$$

로 두면 W에 대해서 다음 식이 성립한다.

$$\lim_{m\to\infty} \frac{1}{m}(W + W^2 + \cdots + W^m) = \begin{pmatrix} A_1 & & & \\ & A_2 & & \\ & & \ddots & \\ & & & A_l \end{pmatrix}$$

또한 [정리 7.8]에 의하여 $\lim_{m\to\infty} U^m = 0$ 이므로 당연히

$$\lim_{m\to\infty} \frac{1}{m}(U + U^2 + \cdots + U^m) = 0$$

이다. 복잡한 것은 $\boldsymbol{R}(m)$ 의 부분인데 이에 대해서도

$$\lim_{m\to\infty}\frac{1}{m}\{\boldsymbol{R}(1)+\boldsymbol{R}(2)+\cdots+\boldsymbol{R}(m)\}$$

이 존재하는 것을 나타낼 수 있다. 따라서 일반적인 마르코프체인에 대해서 평균방문시간 $\boldsymbol{V}$가 존재하는 것을 알 수 있다.

정리 7.10

임의의 i, j 에 대해서

$$\lim_{m\to\infty}\frac{1}{m}\sum_{k=1}^{m}p_{jj}(k)=a_j$$

이면

$$\lim_{m\to\infty}\frac{1}{m}\sum_{k=1}^{m}p_{ij}(k)=f_{ij}^{*}a_j$$

이 성립한다.

증명 다음 3가지의 경우에는 이미 얻은 결과에 의하여 정리가 성립하는 것을 알 수 있다.

[i]가 재귀적이고 [j]가 재귀적인 경우
[i]가 재귀적이고 [j]가 과도적인 경우
[i]가 과도적이고 [j]가 과도적인 경우

따라서 [i]가 과도적이고 [j]가 재귀적인 경우 즉 $\boldsymbol{R}(m)$ 의 부분에 대해서 정리를 증명하면 된다. 명백히 $i\neq j$ 이다.

$$\boldsymbol{V}(m)=\frac{1}{m}\{\boldsymbol{P}+\boldsymbol{P}^2+\cdots+\boldsymbol{P}^m\}=(v_{ij}(m))$$

으로 두고 3.4절의 [공식 3.2]에 의하여 $(p_{jj}(0)=1)$

$$p_{ij}(m)=f_{ij}(1)p_{jj}(m-1)+f_{ij}(2)p_{jj}(m-2)+\cdots+f_{ij}(m-1)p_{jj}(1)+f_{ij}(m)$$

이므로

$$\sum_{k=1}^{m}p_{ij}(k)=f_{ij}(1)\left\{1+\sum_{k=1}^{m-1}p_{jj}(k)\right\}+f_{ij}(2)\left\{1+\sum_{k=1}^{m-2}p_{jj}(k)\right\}$$
$$+\cdots+f_{ij}(m-1)\{1+p_{jj}(1)\}+f_{ij}(m)$$

이다. 이 식의 양변을 m 으로 나누고 변형하면 다음과 같이 된다.

$$v_{ij}(m)=\frac{1}{m}\sum_{k=1}^{m}f_{ij}(k)+\sum_{k=1}^{m-1}\left\{f_{ij}(k)\cdot\frac{m-k}{m}\cdot v_{ij}(m-k)\right\} \tag{7.11}$$

그런데 수열 $\{x_n\}$ 을

$$x_1=0,\quad x_m=f_{ij}(1)+f_{ij}(2)+\cdots+f_{ij}(m-1)\quad (m\geq 2)$$

와 같이 정하면

$$\lim_{m\to\infty}x_m=f_{ij}^*$$

이므로

$$\lim_{m\to\infty}\frac{1}{m}(x_1+x_2+\cdots+x_m)=f_{ij}^*$$

이다. 이 식의 좌변을 변형하면

$$\lim_{m\to\infty}\sum_{k=1}^{m-1}\frac{m-k}{m}f_{ij}(k)=f_{ij}^* \tag{7.12}$$

이므로, 식(7.11)에 의하여

$$v_{ij}(m)-\sum_{k=1}^{m-1}\left\{f_{ij}(k)\cdot\frac{m-k}{m}\cdot a_j\right\} \tag{7.13}$$

$$=\frac{1}{m}\sum_{k=1}^{m}f_{ij}(k)+\sum_{k=1}^{m-1}\left[f_{ij}(k)\cdot\frac{m-k}{m}\cdot\{v_{ij}(m-k)-a_j\}\right]$$

이 된다.

어떤 l 에 대해서 $m>l$ 을 만족하는 m 을 취하고 식(7.13)의 양변에 절대치를 취하면

$$\left|v_{ij}(m)-\sum_{k=1}^{m-1}\left\{f_{ij}(k)\cdot\frac{m-k}{m}\cdot a_j\right\}\right| \tag{7.14}$$

$$\leq\frac{1}{m}\sum_{k=1}^{m}f_{ij}(k)+\sum_{k=1}^{l-1}\left\{f_{ij}(k)\cdot\frac{m-k}{m}\cdot|v_{jj}(m-k)-a_j|\right\}$$

$$+\sum_{k=l}^{m+1}\left\{f_{ij}(k)\cdot\frac{m-k}{m}\cdot|v_{jj}(m-k)-a_j|\right\}$$

이 된다.

다음으로 $m\to\infty$ 로 하였을 때 식(7.14)의 우변의 각 항을 구해보자. 제 1항은

$$(\text{제 1항}) = \frac{1}{m}\sum_{k=1}^{m} f_{ij}(k) \le \frac{1}{m} f_{ij}^{*} \to 0$$

이 되고, 제 2항은 유한항의 합이고 가정으로부터

$$\lim_{m\to\infty} v_{ij}(m) = \lim_{m\to\infty} \frac{1}{m}\sum_{k=1}^{m} p_{jj}(k) = a_j$$

이므로

$$(\text{제 2항}) = \sum_{k=1}^{l-1} f_{ij}(k)\left(1-\frac{k}{m}\right) | v_{jj}(m-k) - a_j | \to 0$$

이다. 다음 제 3항에 대해서 생각해 보자. $v_{jj}(m)$ 과 a_j 는 확률이므로

$$| v_{jj}(m-k) - a_j | \le v_{jj}(m-k) + a_j \le 1+1 = 2$$

이다. 그러므로

$$(\text{제 3 항}) \le 2\sum_{k=l}^{m-1} f_{ij}(k) \le 2\sum_{k=l}^{\infty} f_{ij}(k)$$

이다. 따라서 식(7.14)에서 $m\to\infty$ 로 하면 식(7.12)에 의하여

$$\left| \lim_{m\to\infty} v_{ij}(m) - f_{ij}^{*} a_j \right| \le 2\sum_{k=l}^{\infty} f_{ij}(k) \tag{7.15}$$

이 된다. 식(7.15)의 좌변은 l 이 포함되어 있지 않으므로 임의의 l 에 대해서 식(7.15)가 성립한다. 여기서 $l\to\infty$ 로 하면 우변은 0에 가까이 가므로 결국 다음을 얻게 된다.

$$\lim_{m\to\infty} v_{ij}(m) = \lim_{m\to\infty} \frac{1}{m}\sum_{k=1}^{m} p_{ij}(k) = f_{ij}^{*} a_j$$

✲

예제 7.10

[예제 7.9]에서 $\boldsymbol{V}$를 구하라.

| 풀이 |

$$\boldsymbol{P}_1 = (1),\ a_1 = 1$$

$$\boldsymbol{P}_2 = \begin{pmatrix} 0 & 1 \\ 1 & 0 \end{pmatrix},\quad \boldsymbol{A}_2 = \begin{pmatrix} \frac{1}{2} & \frac{1}{2} \\ \frac{1}{2} & \frac{1}{2} \end{pmatrix},\quad a_2 = a_3 = \frac{1}{2}$$

$$\begin{pmatrix} f_{41}^{*}a_1 & f_{42}^{*}a_2 & f_{43}^{*}a_3 \\ f_{51}^{*}a_1 & f_{52}^{*}a_2 & f_{53}^{*}a_3 \end{pmatrix} = \begin{pmatrix} \frac{1}{3} & \frac{1}{3} & \frac{1}{3} \\ \frac{1}{6} & \frac{5}{12} & \frac{5}{12} \end{pmatrix}$$

따라서

$$
\boldsymbol{V}=\lim_{m\to\infty}\sum_{k=1}^{m}\boldsymbol{P}^{k}=\left(\begin{array}{c|cc|cc}
1 & 0 & 0 & 0 & 0 \\
\hline
0 & \frac{1}{2} & \frac{1}{2} & 0 & 0 \\
0 & \frac{1}{2} & \frac{1}{2} & 0 & 0 \\
\hline
\frac{1}{3} & \frac{1}{3} & \frac{1}{3} & 0 & 0 \\
\frac{1}{6} & \frac{5}{12} & \frac{5}{12} & 0 & 0
\end{array}\right)
$$

이 된다.

끝으로 평균도달시간에 대해서는 다음 정리가 성립한다.

정리 7.11

① $\boxed{i}\in E$ 이면

$$
h_{ij}=\begin{cases} 1+\sum_{k\neq j} p_{ik}h_{kj} & (i\leftrightarrow j\text{일 때}) \\ 0 & (\text{그 이외일 때}) \end{cases}
$$

② $\boxed{i}\in T$ 이면

$$
h_{ij}=f_{ij}^{*}+\sum_{k\neq j} p_{ik}h_{kj}
$$

지금까지 설명한 것은 상태공간이 유한이고 이산형인 마르코프체인이다. 이와 같은 형태의 마르코프체인에 대해서는 더욱 많은 이론이 있으며 응용 면에 있어서도 언급한 것이 상당히 있지만 여기서는 이만 끝내기로 한다.

연습문제 7

7.1 [예제 7.2]의

$$P=\begin{pmatrix} 1 & 0 & 0 & 0 \\ 0 & 1 & 0 & 0 \\ \frac{1}{2} & \frac{1}{6} & 0 & \frac{1}{3} \\ 0 & 0 & 1 & 0 \end{pmatrix}$$

대해서 $\lim_{m \to \infty} P^m$ 을 구하라.

7.2 [예제 7.2]의 P에 대해서 F^*와 G를 구하라.

7.3 [예제 7.3]의

$$P=\begin{pmatrix} 1 & 0 & 0 & 0 & 0 \\ 0 & 1 & 0 & 0 & 0 \\ 0 & 0 & 1 & 0 & 0 \\ \frac{1}{12} & \frac{1}{6} & \frac{1}{6} & \frac{1}{4} & \frac{1}{3} \\ \frac{1}{10} & \frac{3}{5} & 0 & \frac{1}{5} & \frac{1}{10} \end{pmatrix}$$

에 대해서 G를 구하라.

7.4 [예제 7.5]의

$$P=\begin{pmatrix} 1 & 0 & 0 & 0 & 0 \\ 0 & 1 & 0 & 0 & 0 \\ \frac{1}{5} & \frac{1}{5} & \frac{1}{5} & \frac{1}{5} & \frac{1}{5} \\ 0 & 0 & \frac{1}{3} & \frac{1}{3} & \frac{1}{3} \\ 0 & \frac{1}{4} & \frac{1}{4} & \frac{1}{4} & \frac{1}{4} \end{pmatrix}$$

에 대해서 F^*를 구하라.

7.5 [예제 7.8]의

$$\boldsymbol{P}=\begin{pmatrix} 1 & 0 & 0 & 0 & 0 & 0 \\ 0 & \frac{1}{2} & \frac{1}{2} & 0 & 0 & 0 \\ 0 & \frac{1}{2} & 0 & \frac{1}{2} & 0 & 0 \\ 0 & 0 & \frac{1}{2} & \frac{1}{2} & 0 & 0 \\ \frac{1}{4} & \frac{1}{4} & \frac{1}{4} & 0 & 0 & \frac{1}{4} \\ 0 & 0 & \frac{1}{3} & \frac{1}{3} & \frac{1}{3} & 0 \end{pmatrix}$$

에 대해서 $\boldsymbol{F}^*$와 $\boldsymbol{G}$를 구하라.

7.6 [예제 7.8]의 $\boldsymbol{P}$에 대해서 $\boldsymbol{V}$와 $\boldsymbol{H}=(h_{ij})$를 구하라.

참고문헌

[1] 김기영, 곽노균(1987). 계량의사결정론, 법문사.

[2] 김세헌(1994). 현대경영과학, 무역경영사.

[3] 김종호(1987). 마르코프체인, 동국대학교 출판부.

[4] 김종호, 김주환, 이기성(2005). 확률론 입문, 교우사.

[5] 김종호, 유동선(1993). 초급확률론, 자유아카데미.

[6] 김종호, 유동선, 장한명(1987). 확률론, 자유아카데미.

[7] 김종호, 이기성(2008). 확률론, 자유아카데미.

[8] 박춘일(1999). 확률모델, 경문사.

[9] 노부호(1995). 현대경영과학, 무역경영사.

[10] 안윤기(1993). 확률과정 입문, 자유아카데미.

[11] 우정수, 강석복 역(1993). 확률의 입문, 자유아카데미.

[12] 최기헌(2001). 응용확률론 입문, 자유아카데미.

[13] 최기헌, 황창하(1994). 확률론 입문, 자유아카데미.

[14] 최기헌, 황창하(2001). 확률론의 이해, 자유아카데미.

[15] Arlin, Taylor(1975). A First Course in Stochastic Processes, Academic Press.

[16] Ash, R. B.(1970). Basic Probability Theory, Wiley & Sons, Inc.

[17] Cox. D. R., Miller, H. D.(1965). The Theory of Stochastic Processes, Methuen.

[18] Hoel, Port, Stone(1972). Introduction to Stochastic Processes, Houghton Mifflin.

[19] Kemeny, J. G., Snell, J. L.(1960). Finite Markov Chains, Van Nostrand.

[20] Marden, L.(1974). Stochastic Processes, George Allen & Unwin.

[21] Parzen, E.(1962). Stochastic Processes, San Francisco : Holden-Day, Inc.

[22] Prabhu, N. U.(1965). Stochastic Processes, Macmillan.

[23] Ross, S. M.(1976). A First course in Probability, Macmillan Publishing Co.

[24] Ross, S. M.(1980). Introduction to Probability Models, Academic Press Inc.

[25] Ross, S. M.(1983). Stochastic Processes. New York : John Wiley & Sons, Inc.

연습문제 풀이

[연습문제 1]

1.1 $B \subset A$이므로 $A = (A \cap B^c) \cup B$이고, $A \cap B^c$와 B는 서로 배반이므로

$$P(A) = P(A \cap B^c) + P(B)$$

이다. 따라서

$$P(A) - P(B) = P(A \cap B^c) \geq 0$$

이므로 다음이 성립된다.

$$P(A) \geq P(B)$$

1.2 앞면 : H, 뒷면 : T

$\Omega = \{HHH, HHT, HTH, HTT, THH, THT, TTH, TTT\}$

$A = \{HHH, HHT, HTH, HTT\}$, $B = \{HHH, HHT, THT, THH\}$

$C = \{HHH, HTH, THH, TTH\}$,

$A \cup B \cup C = \{HHH, HHT, HTH, HTT, THH, THT, TTH\}$

$A \cap B = \{HHH, HHT\}$, $A \cap C = \{HHH, HTH\}$

$B \cap C = \{HHH, THH\}$, $A \cap B \cap C = \{HHH\}$

$P(A \cap B) = \frac{1}{4}$, $P(A \cap C) = \frac{1}{4}$, $P(B \cap C) = \frac{1}{4}$, $P(A \cap B \cap C) = \frac{1}{8}$

$P(A \cup B \cup C) = \frac{7}{8}$

$$P(A) + P(B) + P(C) - P(A \cap B) - P(A \cap C) - P(B \cap C) + P(A \cap B \cap C)$$

$$= \frac{1}{2} + \frac{1}{2} + \frac{1}{2} - \frac{1}{4} - \frac{1}{4} - \frac{1}{4} + \frac{1}{8} = \frac{7}{8}$$

따라서

$$P(A \cup B \cup C) = P(A) + P(B) + P(C)$$

$$-P(A\cap B)-P(A\cap C)-P(B\cap C)+P(A\cap B\cap C)$$

이 성립된다.

1.3 $A_{n+1}=A_{n+2}=\cdots=\varnothing$ 라면 $\bigcup_{i=1}^{\infty}A_i=\bigcup_{i=1}^{n}A_i$ 이고, $P(A_{n+1})=P(A_{n+2})=\cdots=0$ 이다. 따라서

$$P(\bigcup_{i=1}^{n}A_i)=P(\bigcup_{i=1}^{\infty}A_i)=P(A_1)+P(A_2)+\cdots+P(A_n)+P(A_{n+1})+\cdots$$

$$=P(A_1)+P(A_2)+\cdots+P(A_n)=\sum_{i=1}^{n}P(A_i)$$

이 성립된다.

1.4 $E(X)=1\times P(A)+0\times P(A^c)=P(A)$

1.5 (1) $P(X\geq x)=1-F(x)$
(2) $P(a\leq X\leq b)=F(b)-F(a)$

1.6 $P(1<X\leq 2,\ 0<Y\leq 2)=\int_0^2\int_1^2 e^{-(x+y)}dx\,dy$

$$=\int_1^2 e^{-x}dx\int_0^2 e^{-y}dy=(e^{-1}-e^{-2})(1-e^{-2})$$

1.7 $E(X)=100\times\frac{5}{16}+80\times\frac{1}{4}+60\times\frac{1}{4}+0\times\frac{1}{16}-60\times\frac{1}{8}=58.75$

$E(X^2)=100^2\times\frac{5}{16}+80^2\times\frac{1}{4}+60^2\times\frac{1}{4}+0^2\times\frac{1}{16}+(-60)^2\times\frac{1}{8}=6{,}075$

$V(X)=E(X^2)-[E(X)]^2=6{,}075-(58.75)^2=2{,}623.4375$

1.8 $A=\{bbg, bgb, bgg, gbb, gbg, ggb\}$, $B=\{bbb, bbg, bgb, gbb\}$

$A\cap B=\{bbg, bgb, gbb\}$

$P(A)=\frac{3}{4}$, $P(B)=\frac{1}{2}$, $P(A\cap B)=\frac{3}{8}$

$P(A\cap B)=P(A)P(B)$ 이므로 A와 B는 서로 독립이다.

1.9 $H(N,k,n)=\frac{k!}{x!(k-x)!}\frac{(N-k)!}{(n-x)!\{(N-k)-(n-x)\}!}\frac{n!(N-n)!}{N!}$

$$=\frac{n!}{x!(n-x)!}\frac{k(k-1)\cdots(k-x+1)}{N(N-1)}(N-k)(N-k-1)\cdots(N-k-(n-x-1))$$

$$= \binom{n}{x} \frac{p\left(\frac{p-1}{N}\right)\cdots\left(p-\frac{x-1}{N}\right)(1-p)\left(1-p-\frac{1}{N}\right)\cdots\left(1-p-\frac{n-x-1}{N}\right)}{\left(1-\frac{1}{N}\right)\cdots\left(1-\frac{n-1}{N}\right)}$$

$$\to \binom{n}{x} p^x (1-p)^{n-x} \qquad (N \to \infty)$$

$$= B(n, p)$$

1.10 지수분포의 분포함수 $F(x)$는

$$F(x) = P(X \le x) = \int_0^x \lambda e^{-\lambda x} dx = [-e^{-\lambda x}]_0^x = 1 - e^{-\lambda x}$$

이므로, 다음과 같이 표현할 수 있다.

$$F(x) = \begin{cases} 1 - e^{-\lambda x} & (x \ge 0) \\ 0 & (x < 0) \end{cases}$$

$$P(1 \le X \le 2) = \int_1^2 \lambda e^{-\lambda x} dx = e^{-\lambda} - e^{-2\lambda} = F(2) - F(1)$$

1.11 $E(X) = 1 \times \frac{1}{6} + 2 \times \frac{1}{6} + 3 \times \frac{1}{6} + 4 \times \frac{1}{6} + 5 \times \frac{1}{6} + 6 \times \frac{1}{6} = \frac{7}{2}$

$E(X^2) = 1^2 \times \frac{1}{6} + 2^2 \times \frac{1}{6} + 3^2 \times \frac{1}{6} + 4^2 \times \frac{1}{6} + 5^2 \times \frac{1}{6} + 6^2 \times \frac{1}{6} = \frac{91}{6}$

$V(X) = E(X^2) - [E(X)]^2 = \frac{91}{6} - \left(\frac{7}{2}\right)^2 = \frac{35}{12}$

1.12

$$V(X+Y) = V(X) + V(Y) = \sigma^2 + \sigma^2 = 2\sigma^2$$
$$V(2X) = 4V(X) = 4\sigma^2$$

따라서 $X+Y$와 $2X$의 분산은 같지 않다.

1.13 1차 적률=0, 2차 적률=1, 3차 적률=2

1.14 사상 $\{X+Y=n\}$은 결합사상 $\{X=k, Y=n-k\}$, $0 \le k \le n$의 합사상이다. 따라서

$$P(X+Y=n) = \sum_{k=0}^{n} P(X=k, Y=n-k)$$

$$= \sum_{k=0}^{n} P(X=k) P(Y=n-k)$$

$$= \sum_{k=0}^{n} e^{-\lambda_1} \frac{\lambda_1^k}{k!} e^{-\lambda_2} \frac{\lambda_2^{n-k}}{(n-k)!}$$

$$= e^{-(\lambda_1+\lambda_2)} \sum_{k=0}^{n} \frac{\lambda_1^k \lambda_2^{n-k}}{k!(n-k)!}$$

$$= \frac{e^{-(\lambda_1+\lambda_2)}}{n!} \sum_{k=0}^{n} \frac{n!}{k!(n-k)!} \lambda_1^k \lambda_2^{n-k}$$

$$= \frac{e^{-(\lambda_1+\lambda_2)}}{n!} (\lambda_1+\lambda_2)^n$$

이므로, $Z = X + Y$는 모수가 $\lambda_1 + \lambda_2$인 포아송분포를 따른다.

1.15 $y = x^2$이라면

$$x = \pm\sqrt{y} = g^{-1}(y)$$

이므로 협의의 단조함수로 이분하여

$$g_1^{-1}(y) = -\sqrt{y}\,,\ g_2^{-1}(y) = \sqrt{y}$$

이라면

$$\left| \frac{\partial g_j^{-1}(y)}{\partial y} \right| = \frac{1}{2\sqrt{y}}, \quad (j = 1, 2)$$

이므로

$$f_2(y) = \begin{cases} \dfrac{1}{2\sqrt{y}}\{f(-\sqrt{y}) + f(\sqrt{y})\} & (y > 0) \\ 0 & (y \le 0) \end{cases}$$

이 된다.

1.16 $f(x) = \begin{cases} \lambda e^{-\lambda x} & (x \ge 0) \\ 0 & (x < 0) \end{cases}, \quad F(x) = \begin{cases} 1 - e^{-\lambda x} & (x \ge 0) \\ 0 & (x < 0) \end{cases}$

$$\varphi(x) = \frac{\lambda e^{-\lambda x}}{1-(1-e^{-\lambda x})} = \frac{\lambda e^{-\lambda x}}{e^{-\lambda x}} = \lambda \quad (x \ge 0)$$

1.17 X가 자유도 n인 χ^2분포를 할 때, X의 확률밀도함수는

$$f(x) = \frac{1}{2^{\frac{n}{2}} \Gamma\left(\frac{n}{2}\right)} x^{\frac{n}{2}-1} e^{-\frac{x}{2}} \quad (0 < x < \infty)$$

이므로, X의 적률생성함수 $M(\theta)$는

$$M(\theta)=\int_0^\infty e^{\theta x}\frac{1}{2^{\frac{n}{2}}\Gamma\left(\frac{n}{2}\right)}x^{\frac{n}{2}-1}e^{-\frac{x}{2}}dx=\frac{1}{2^{\frac{n}{2}}\Gamma\left(\frac{n}{2}\right)}\int_0^\infty x^{\frac{n}{2}-1}e^{-\frac{x(1-2\theta)}{2}}dx$$

이다.

$$y=\frac{x(1-2\theta)}{2}$$

로 두면,

$$dx=\frac{2}{1-2\theta}dy\quad\left(\theta<\frac{1}{2}\right)$$

이므로

$$\begin{aligned}M(\theta)&=\frac{1}{2^{\frac{n}{2}}\Gamma\left(\frac{n}{2}\right)}\int_0^\infty\left(\frac{2y}{1-2\theta}\right)^{\frac{n}{2}-1}e^{-y}\frac{2}{1-2\theta}dy\\&=\frac{1}{\Gamma\left(\frac{n}{2}\right)(1-2\theta)^{\frac{n}{2}}}\int_0^\infty y^{\frac{n}{2}-1}e^{-y}dy=(1-2\theta)^{-\frac{n}{2}}\end{aligned}$$

이다. $X_1, X_2, \cdots, X_k$이 서로 독립이므로

$$M_Y(\theta)=M_{X_1}(\theta)M_{X_2}(\theta)\cdots M_{X_k}(\theta)$$

이다. 그런데,

$$M_{X_i}(\theta)=(1-2\theta)^{-\frac{n_i}{2}},\ i=1,2,\cdots,k$$

이므로

$$\begin{aligned}M_Y(\theta)&=(1-2\theta)^{-\frac{n_1}{2}}(1-2\theta)^{-\frac{n_2}{2}}\cdots(1-2\theta)^{-\frac{n_k}{2}}\\&=(1-2\theta)^{-\frac{n_1+n_2+\cdots+n_k}{2}}\end{aligned}$$

가 된다. 따라서 Y는 자유도 $n=n_1+n_2+\cdots+n_k$인 χ^2분포를 한다.

[연습문제 2]

2.1 (1) $\rho(6)=\int_0^2 12tdt+\int_2^3 24dt+\int_3^6(48-8t)dt=84$ 이므로 고객의 수의 평균 및 분산은 84 (명)이다.

(2) $\rho(3)-\rho(2)=\int_2^3 24dt=24$ (명)

(3) $\rho(6)-\rho(5)=\int_5^6(48-8t)dt=4$ (명)

2.3 (1) 평균 $=90$, 분산 $=90$

(2) $P(X(0.5)=0)=e^{-5}=0.00674$

2.5

$$\begin{aligned}P(X(1)\geq 2)&=1-P(X(1)\leq 1)\\&=1-[P(X(1)=0)+P(X(1)=1)]\\&=1-e^{-2\times 1}-2e^{-2\times 1}\\&=0.594\end{aligned}$$

2.7 $P_n=\left(\frac{\lambda}{\mu}\right)^n P_0$

$$\sum_{n=0}^{\infty}P_n=P_0+\frac{\lambda}{\mu}P_0+\left(\frac{\lambda}{\mu}\right)^2P_0+\cdots=P_0\left\{1+\frac{\lambda}{\mu}+\left(\frac{\lambda}{\mu}\right)^2+\cdots\right\}=P_0\frac{1}{1-\frac{\lambda}{\mu}}=1$$

$P_0=1-\frac{\lambda}{\mu}$

[연습문제 3]

3.1 (1) $P(X(t+1)=5\mid X(t)=4)=\binom{1}{k}p^kq^{1-k}\quad(0\leq k\leq 1)$

$k=0$ 일 때 $\binom{1}{0}p^0q^1=q$

$k=1$ 일 때 $\binom{1}{1}p^1q^0=p$

(2) $P(X(t+3)=6\mid X(t)=4)=\binom{3}{k}p^kq^{3-k}\quad(0\leq k\leq 3)$

$k=0$ 일 때 $\binom{3}{0}p^0q^3=q^3$

$k=1$ 일 때 $\binom{3}{1}p^1q^2=3pq^2$

$k=2$ 일 때 $\binom{3}{2}p^2q^1=3p^2q$

$k=3$ 일 때 $\binom{3}{3}p^3q^0=p^3$

3.3 $\pi(1)=\pi(0)\boldsymbol{P}=(0,1)\begin{pmatrix}0.8 & 0.2\\ 0.9 & 0.1\end{pmatrix}=(0.9,0.1)$

$\pi(2)=\pi(1)\boldsymbol{P}=(0.9,0.1)\begin{pmatrix}0.8 & 0.2\\ 0.9 & 0.1\end{pmatrix}=(0.81,0.19)$

$\pi(3)=\pi(2)\boldsymbol{P}=(0.81,0.19)\begin{pmatrix}0.8 & 0.2\\ 0.9 & 0.1\end{pmatrix}=(0.819,0.181)$

3.5 (1) $$\pi(1)=\pi(0)\boldsymbol{P}=(1,0,0,0,0,0)\begin{pmatrix}0 & 1 & 0 & 0 & 0 & 0\\ \frac{1}{25} & \frac{8}{25} & \frac{16}{25} & 0 & 0 & 0\\ 0 & \frac{4}{25} & \frac{12}{25} & \frac{9}{25} & 0 & 0\\ 0 & 0 & \frac{9}{25} & \frac{12}{25} & \frac{4}{25} & 0\\ 0 & 0 & 0 & \frac{16}{25} & \frac{8}{25} & \frac{1}{25}\\ 0 & 0 & 0 & 0 & 1 & 0\end{pmatrix}$$
$$=(0,1,0,0,0,0)$$

$$\pi(2)=\pi(1)\boldsymbol{P}=(0,1,0,0,0,0)\begin{pmatrix}0 & 1 & 0 & 0 & 0 & 0\\ \frac{1}{25} & \frac{8}{25} & \frac{16}{25} & 0 & 0 & 0\\ 0 & \frac{4}{25} & \frac{12}{25} & \frac{9}{25} & 0 & 0\\ 0 & 0 & \frac{9}{25} & \frac{12}{25} & \frac{4}{25} & 0\\ 0 & 0 & 0 & \frac{16}{25} & \frac{8}{25} & \frac{1}{25}\\ 0 & 0 & 0 & 0 & 1 & 0\end{pmatrix}$$
$$=\left(\frac{1}{25},\frac{8}{25},\frac{16}{25},0,0,0\right)$$

(2) $$\pi(1)=\pi(0)\boldsymbol{P}=(0,0,0,0,1,0)\begin{pmatrix}0 & 1 & 0 & 0 & 0 & 0\\ \frac{1}{25} & \frac{8}{25} & \frac{16}{25} & 0 & 0 & 0\\ 0 & \frac{4}{25} & \frac{12}{25} & \frac{9}{25} & 0 & 0\\ 0 & 0 & \frac{9}{25} & \frac{12}{25} & \frac{4}{25} & 0\\ 0 & 0 & 0 & \frac{16}{25} & \frac{8}{25} & \frac{1}{25}\\ 0 & 0 & 0 & 0 & 1 & 0\end{pmatrix}$$
$$=\left(0,0,0,\frac{16}{25},\frac{8}{25},\frac{1}{25}\right)$$

$$\pi(2)=\pi(1)\boldsymbol{P}=\left(0,0,0,\frac{16}{25},\frac{8}{25},\frac{1}{25}\right)\begin{pmatrix} 0 & 1 & 0 & 0 & 0 & 0 \\ \frac{1}{25} & \frac{8}{25} & \frac{16}{25} & 0 & 0 & 0 \\ 0 & \frac{4}{25} & \frac{12}{25} & \frac{9}{25} & 0 & 0 \\ 0 & 0 & \frac{9}{25} & \frac{12}{25} & \frac{4}{25} & 0 \\ 0 & 0 & 0 & \frac{16}{25} & \frac{8}{25} & \frac{1}{25} \\ 0 & 0 & 0 & 0 & 1 & 0 \end{pmatrix}$$

$$=\left(0,0,\frac{144}{625},\frac{64}{125},\frac{153}{625},\frac{8}{625}\right)$$

3.7 $$\pi(4)=\pi(3)\boldsymbol{P}=(q^2,2pq^2,0,3p^2q,0,p^3)\begin{pmatrix} 1 & 0 & 0 & 0 & 0 & 0 \\ q & 0 & p & 0 & 0 & 0 \\ 0 & q & 0 & p & 0 & 0 \\ 0 & 0 & q & 0 & p & 0 \\ 0 & 0 & 0 & q & 0 & p \\ 0 & 0 & 0 & 0 & 0 & 1 \end{pmatrix}$$

$$=(q^2+2pq^3,0,5p^2q^2,0,3p^3q,p^3)$$

$$\pi(5)=\pi(4)\boldsymbol{P}=(q^2+2pq^3,0,5p^2q^2,0,3p^3q,p^3)\begin{pmatrix} 1 & 0 & 0 & 0 & 0 & 0 \\ q & 0 & p & 0 & 0 & 0 \\ 0 & q & 0 & p & 0 & 0 \\ 0 & 0 & q & 0 & p & 0 \\ 0 & 0 & 0 & q & 0 & p \\ 0 & 0 & 0 & 0 & 0 & 1 \end{pmatrix}$$

$$=(q^2+2pq^3,5p^2q^3,0,8p^3q^2,0,p^3)$$

$$\pi(6)=\pi(5)\boldsymbol{P}=(q^2+2pq^3,5p^2q^3,0,8p^3q^2,0,p^3)\begin{pmatrix} 1 & 0 & 0 & 0 & 0 & 0 \\ q & 0 & p & 0 & 0 & 0 \\ 0 & q & 0 & p & 0 & 0 \\ 0 & 0 & q & 0 & p & 0 \\ 0 & 0 & 0 & q & 0 & p \\ 0 & 0 & 0 & 0 & 0 & 1 \end{pmatrix}$$

$$=(q^2+2pq^3+5p^2q^4,0,13p^3q^3,0,8p^4q^2,p^3)$$

3.8 $$\boldsymbol{F}^*=\begin{pmatrix} 1 & 0 & 0 \\ 1 & p & 0 \\ 1 & \frac{2p}{1+p} & p^2 \end{pmatrix},\quad \boldsymbol{G}=\begin{pmatrix} 1 & 0 & 0 \\ 1 & 0 & 0 \\ 1 & 0 & 0 \end{pmatrix}$$

3.9 $$p_{10}(m)=\sum_{k=1}^{m}f_{10}(k)\,p_{10}(m-k)$$

$$=\sum_{k=1}^{m}(p^{k-1}q)\times 1=q\sum_{k=1}^{m}p^{k-1}$$

$$=q\frac{1-p^m}{1-p}=1-p^m$$

3.10 $$\boldsymbol{H}=\begin{pmatrix} 1 & 0 & 0 \\ \frac{1}{q} & p & 0 \\ \frac{1+2p}{(1+p)q} & \frac{2p}{(1+p)^2 q} & p^2 \end{pmatrix}$$

$p=\frac{5}{6}$, $q=\frac{1}{6}$

$$\boldsymbol{H}=\begin{pmatrix} 1 & 0 & 0 \\ 6 & \frac{5}{6} & 0 \\ \frac{96}{11} & \frac{360}{121} & \frac{25}{36} \end{pmatrix}$$

3.11 $$\boldsymbol{P}=\begin{pmatrix} p_0 & p_1 & p_2 & \cdots \\ p_0 & p_1 & p_2 & \cdots \\ p_0 & p_1 & p_2 & \cdots \\ \vdots & \vdots & \vdots & \end{pmatrix}$$

3.12 $$\boldsymbol{P}=\begin{pmatrix} 0 & \frac{1}{2} & 0 & \frac{1}{2} & 0 & 0 \\ \frac{1}{3} & 0 & \frac{1}{3} & 0 & \frac{1}{3} & 0 \\ 0 & 1 & 0 & 0 & 0 & 0 \\ 1 & 0 & 0 & 0 & 0 & 0 \\ 0 & \frac{1}{2} & 0 & 0 & 0 & \frac{1}{2} \\ 0 & 0 & 0 & 0 & 1 & 0 \end{pmatrix}$$

[연습문제 4]

4.1 $\boldsymbol{P}=\begin{pmatrix} 1 & 0 \\ 1 & 0 \end{pmatrix}$, $\boldsymbol{P}^2=\begin{pmatrix} 1 & 0 \\ 1 & 0 \end{pmatrix}, \cdots, \boldsymbol{P}^m=\begin{pmatrix} 1 & 0 \\ 1 & 0 \end{pmatrix}$

$$\boldsymbol{F}(1)=\begin{pmatrix} 1 & 0 \\ 1 & 0 \end{pmatrix}$$

$$\boldsymbol{F}(m)=\begin{pmatrix} 0 & 0 \\ 0 & 0 \end{pmatrix}, \quad (m \geq 2)$$

$$\boldsymbol{F}^*=\boldsymbol{F}(1)+\boldsymbol{F}(2)+\cdots=\begin{pmatrix} 1 & 0 \\ 1 & 0 \end{pmatrix}+\begin{pmatrix} 0 & 0 \\ 0 & 0 \end{pmatrix}+\cdots=\begin{pmatrix} 1 & 0 \\ 1 & 0 \end{pmatrix}$$

$$g_{11}=\lim_{m\to\infty}(f_{11}^*)^m=\lim_{m\to\infty}1^m=1$$

$$g_{22}=\lim_{m\to\infty}(f_{22}^*)^m=\lim_{m\to\infty}0^m=0$$

$$g_{12}=f_{12}^* g_{22}=0\times 0=0$$

$$g_{21}=f_{21}^* g_{11}=1\times 1=1$$

$$\boldsymbol{G}=\begin{pmatrix} 1 & 0 \\ 1 & 0 \end{pmatrix}$$

$$H = \sum_{m=1}^{\infty} mF(m) = \begin{pmatrix} 1 & 0 \\ 1 & 0 \end{pmatrix}$$

$$V = \lim_{m\to\infty} \frac{1}{m}(P + P^2 + \cdots + P^m) = \begin{pmatrix} 1 & 0 \\ 1 & 0 \end{pmatrix}$$

4.3 $P = \begin{pmatrix} 1 & 0 \\ q & r \end{pmatrix}$

$$P^2 = \begin{pmatrix} 1 & 0 \\ q & r \end{pmatrix}\begin{pmatrix} 1 & 0 \\ q & r \end{pmatrix} = \begin{pmatrix} 1 & 0 \\ q+rq & r^2 \end{pmatrix}$$

$$P^3 = \begin{pmatrix} 1 & 0 \\ q+rq & r^2 \end{pmatrix}\begin{pmatrix} 1 & 0 \\ q & r \end{pmatrix} = \begin{pmatrix} 1 & 0 \\ q+rq+r^2q & r^3 \end{pmatrix}$$

$$\vdots$$

$$P^m = \begin{pmatrix} 1 & 0 \\ q(1+r+r^2+\cdots+r^{m-1}) & r^m \end{pmatrix} = \begin{pmatrix} 1 & 0 \\ 1-r^m & r^m \end{pmatrix}$$

$$F(1) = \begin{pmatrix} 1 & 0 \\ q & r \end{pmatrix}$$

$$F(m) = \begin{pmatrix} 1 & 0 \\ qr^{m-1} & 0 \end{pmatrix} \quad (m \geq 2)$$

$$F^* = F(1) + F(2) + \cdots = \begin{pmatrix} 1 & 0 \\ 1 & r \end{pmatrix}$$

$$g_{11} = \lim_{m\to\infty}(f_{11}^*)^m = \lim_{m\to\infty} 1^m = 1$$

$$g_{22} = \lim_{m\to\infty}(f_{22}^*)^m = \lim_{m\to\infty} r^m = 0$$

$$g_{12} = f_{12}^* g_{22} = 0 \times 0 = 0$$

$$g_{21} = f_{21}^* g_{11} = 1 \times 1 = 1$$

$$G = \begin{pmatrix} 1 & 0 \\ 1 & 0 \end{pmatrix}$$

$$H = \sum_{m=1}^{\infty} mF(m) = \begin{pmatrix} 1 & 0 \\ \dfrac{1}{q} & r \end{pmatrix}$$

$$V = \lim_{m\to\infty} \frac{1}{m}(P + P^2 + \cdots + P^m) = \begin{pmatrix} 1 & 0 \\ 1 & 0 \end{pmatrix}$$

4.5 [2] $P^m = \dfrac{1}{1+0}\begin{pmatrix} 0 & 1 \\ 0 & 1 \end{pmatrix} + \dfrac{(1-1-0)^m}{1+0}\begin{pmatrix} 1 & -1 \\ 0 & 0 \end{pmatrix} = \begin{pmatrix} 0 & 1 \\ 0 & 1 \end{pmatrix}$

[3] $P^m = \dfrac{1}{0+1}\begin{pmatrix} 1 & 0 \\ 1 & 0 \end{pmatrix} + \dfrac{(1-0-1)^m}{0+1}\begin{pmatrix} 0 & 0 \\ -1 & 1 \end{pmatrix} = \begin{pmatrix} 1 & 0 \\ 1 & 0 \end{pmatrix}$

4.6 $A = \begin{pmatrix} v & u \\ v & u \end{pmatrix}$, $B = \begin{pmatrix} u & -u \\ -v & v \end{pmatrix}$

(1) $A+B=\begin{pmatrix} v+u & u-u \\ v-v & u+v \end{pmatrix}$
$=\begin{pmatrix} 1 & 0 \\ 0 & 1 \end{pmatrix}$ $(\because u+v=1)$

$=I$

(2) $AB=\begin{pmatrix} v & u \\ v & u \end{pmatrix}\begin{pmatrix} u & -u \\ -v & v \end{pmatrix}$
$=\begin{pmatrix} vu-uv & -vu+uv \\ vu-uv & -vu+uv \end{pmatrix}$
$=\begin{pmatrix} 0 & 0 \\ 0 & 0 \end{pmatrix}$
$=0$

$BA=\begin{pmatrix} u & -u \\ -v & v \end{pmatrix}\begin{pmatrix} v & u \\ v & u \end{pmatrix}$
$=\begin{pmatrix} uv-uv & u^2-u^2 \\ -v^2+v^2 & -vu+vu \end{pmatrix}$
$=\begin{pmatrix} 0 & 0 \\ 0 & 0 \end{pmatrix}$
$=0$

4.7 $PA=AP=A$, $PB=BP=cB$

$P=A+cB$

$PA=(A+cB)A$

$=A^2+cBA$

$=A+c0$ $(\because A^2=A,\ BA=0)$

$=A$

$AP=A(A+cB)$

$=A^2+cBA$

$=A+c0$ $(\because A^2=A,\ BA=0)$

$=A$

$PB=(A+cB)B$

$=AB+cB^2$

$=0+cB$ $(\because AB=0,\ B^2=B)$

$=cB$

$BP=B(A+cB)$

$=BA+cB^2$

$=0+cB$ $(\because BA=0,\ B^2=B)$

$=cB$

[연습문제 5]

5.1 C_1, C_2는 에르고드적이고 C_3는 과도적이다. 또한 [0], [5]는 흡수상태이다. 여기서 성분 C_1, C_2는 정칙이고 성분 C_3는 주기가 2이다.

5.2 C_1의 주기는 3이고, C_2의 주기는 ∞, C_3의 주기는 2이다.

5.3 C_1의 주기는 3이고, C_2의 주기는 ∞, C_3의 주기는 1이다.

5.5 $M(7) = \{0, 8, 12, 16, 20, \cdots\}$
$M(8) = \{0, 8, 12, 14, 16, 18, \cdots\}$
$M^*(7) = \{\cdots, -4, -2, 0, 2, 4, \cdots\}$
$M^*(8) = \{\cdots, -4, -2, 0, 2, 4, \cdots\}$

[연습문제 6]

6.1 (1) $w = \left(\frac{2}{5}, \frac{1}{5}, \frac{2}{5}\right)$, $A = \begin{pmatrix} \frac{2}{5} & \frac{1}{5} & \frac{2}{5} \\ \frac{2}{5} & \frac{1}{5} & \frac{2}{5} \\ \frac{2}{5} & \frac{1}{5} & \frac{2}{5} \end{pmatrix}$

(2) $w = \left(\frac{3}{5}, \frac{1}{5}, \frac{1}{5}\right)$, $A = \begin{pmatrix} \frac{3}{5} & \frac{1}{5} & \frac{1}{5} \\ \frac{3}{5} & \frac{1}{5} & \frac{1}{5} \\ \frac{3}{5} & \frac{1}{5} & \frac{1}{5} \end{pmatrix}$

6.3 (1) $\begin{pmatrix} \frac{1}{2} & \frac{1}{2} \\ 0 & 1 \end{pmatrix}\begin{pmatrix} \frac{1}{2} & \frac{1}{2} \\ 0 & 1 \end{pmatrix} = \begin{pmatrix} \frac{1}{4} & \frac{3}{4} \\ 0 & 1 \end{pmatrix}$

P^2의 요소가 모두 양수가 아니므로 정칙이 아니다.

(2) $\begin{pmatrix} \frac{1}{3} & \frac{2}{3} \\ 1 & 0 \end{pmatrix}\begin{pmatrix} \frac{1}{3} & \frac{2}{3} \\ 1 & 0 \end{pmatrix} = \begin{pmatrix} \frac{7}{9} & \frac{2}{9} \\ \frac{1}{3} & \frac{2}{3} \end{pmatrix}$: 정칙이다.

(3) $\begin{pmatrix} \frac{1}{3} & 0 & \frac{2}{3} \\ 0 & 1 & 0 \\ 0 & \frac{1}{4} & \frac{3}{4} \end{pmatrix}\begin{pmatrix} \frac{1}{3} & 0 & \frac{2}{3} \\ 0 & 1 & 0 \\ 0 & \frac{1}{4} & \frac{3}{4} \end{pmatrix} = \begin{pmatrix} \frac{1}{9} & \frac{1}{6} & \frac{13}{18} \\ 0 & 1 & 0 \\ 0 & \frac{7}{16} & \frac{9}{16} \end{pmatrix}$: 정칙이 아니다.

(4) $\begin{pmatrix} \frac{1}{2} & \frac{1}{2} & 0 \\ 0 & \frac{1}{2} & \frac{1}{2} \\ \frac{1}{3} & \frac{1}{3} & \frac{1}{3} \end{pmatrix}\begin{pmatrix} \frac{1}{2} & \frac{1}{2} & 0 \\ 0 & \frac{1}{2} & \frac{1}{2} \\ \frac{1}{3} & \frac{1}{3} & \frac{1}{3} \end{pmatrix}=\begin{pmatrix} \frac{1}{4} & \frac{1}{2} & \frac{1}{4} \\ \frac{1}{6} & \frac{5}{12} & \frac{5}{12} \\ \frac{5}{18} & \frac{4}{9} & \frac{5}{18} \end{pmatrix}$: 정칙이다.

6.4 (1) 상태 s_3 가 흡수상태이다.

(2) $\{s_1\}, \{s_2\}$ 는 흡수상태, $\{s_3, s_4, s_5, s_6\}$ 은 일시상태이다.

6.5 $P=\begin{pmatrix} \frac{1}{4} & \frac{1}{4} & \frac{1}{4} & \frac{1}{4} \\ 1 & 0 & 0 & 0 \\ 0 & \frac{1}{3} & \frac{1}{3} & \frac{1}{3} \\ 0 & 0 & 1 & 0 \end{pmatrix}$

$$\begin{cases} h_{11}=1+\frac{1}{4}h_{21}+\frac{1}{4}h_{31}+\frac{1}{4}h_{41} \\ h_{21}=1 \\ h_{31}=1+\frac{1}{3}h_{21}+\frac{1}{3}h_{31}+\frac{1}{3}h_{41} \\ h_{41}=1+h_{31} \end{cases}$$

$h_{11}=4,\ h_{21}=1,\ h_{31}=5,\ h_{41}=6$

$$\begin{cases} h_{12}=1+\frac{1}{4}h_{12}+\frac{1}{4}h_{32}+\frac{1}{4}h_{42} \\ h_{22}=1+h_{12} \\ h_{32}=1+\frac{1}{3}h_{32}+\frac{1}{3}h_{42} \\ h_{42}=1+h_{32} \end{cases}$$

$h_{12}=\frac{13}{3},\ h_{22}=\frac{16}{3},\ h_{32}=4,\ h_{42}=5$

$$\begin{cases} h_{13}=1+\frac{1}{4}h_{13}+\frac{1}{4}h_{23}+\frac{1}{4}h_{43} \\ h_{23}=1+\frac{1}{4}h_{13} \\ h_{33}=1+\frac{1}{3}h_{23}+\frac{1}{3}h_{43} \\ h_{43}=1 \end{cases}$$

$h_{13}=3,\ h_{23}=4,\ h_{33}=\frac{8}{3},\ h_{43}=1$

$$\begin{cases} h_{14}=1+\frac{1}{4}h_{14}+\frac{1}{4}h_{24}+\frac{1}{4}h_{34} \\ h_{24}=1+\frac{1}{4}h_{14} \\ h_{34}=1+\frac{1}{3}h_{24}+\frac{1}{3}h_{34} \\ h_{44}=1+h_{34} \end{cases}$$

$$h_{14}=\frac{14}{3},\ h_{24}=\frac{17}{3},\ h_{34}=\frac{13}{3},\ h_{44}=\frac{16}{3}$$

6.6 $h_{11}=4,\ h_{22}=\frac{16}{3},\ h_{33}=\frac{8}{3},\ h_{44}=\frac{16}{3}$

$a_1=\frac{1}{4},\ a_2=\frac{3}{16},\ a_3=\frac{3}{8},\ a_4=\frac{3}{16}$

6.7 (1) $\boldsymbol{H}=\begin{pmatrix} \frac{41}{8} & \frac{4}{3} & \frac{37}{12} & 5 \\ \frac{11}{2} & \frac{41}{12} & \frac{7}{4} & \frac{11}{3} \\ \frac{15}{4} & \frac{5}{3} & \frac{41}{12} & \frac{16}{3} \\ \frac{21}{4} & \frac{19}{6} & \frac{3}{2} & \frac{41}{9} \end{pmatrix}$

(2) $h_{11}=\frac{41}{8},\ h_{22}=\frac{41}{12},\ h_{33}=\frac{41}{12},\ h_{44}=\frac{41}{9}$

$a_1=\frac{8}{41},\ a_2=\frac{12}{41},\ a_3=\frac{12}{41},\ a_4=\frac{9}{41}$

(3) $\boldsymbol{V}=\begin{pmatrix} \frac{8}{41} & \frac{12}{41} & \frac{12}{41} & \frac{9}{41} \\ \frac{8}{41} & \frac{12}{41} & \frac{12}{41} & \frac{9}{41} \\ \frac{8}{41} & \frac{12}{41} & \frac{12}{41} & \frac{9}{41} \\ \frac{8}{41} & \frac{12}{41} & \frac{12}{41} & \frac{9}{41} \end{pmatrix}$

[연습문제 7]

7.1 $\lim_{m\to\infty}\boldsymbol{P}^m=\begin{pmatrix} 1 & 0 & 0 & 0 \\ 0 & 1 & 0 & 0 \\ \frac{3}{4} & \frac{1}{4} & 0 & 0 \\ \frac{3}{4} & \frac{1}{4} & 0 & 0 \end{pmatrix}$

7.2 $\boldsymbol{F}^*=\begin{pmatrix} 1 & 0 & 0 & 0 \\ 0 & 1 & 0 & 0 \\ \frac{3}{4} & \frac{1}{4} & \frac{1}{3} & \frac{1}{3} \\ \frac{3}{4} & \frac{1}{4} & 1 & \frac{1}{3} \end{pmatrix},\ \boldsymbol{G}=\begin{pmatrix} 1 & 0 & 0 & 0 \\ 0 & 1 & 0 & 0 \\ \frac{3}{4} & \frac{1}{4} & 0 & 0 \\ \frac{3}{4} & \frac{1}{4} & 0 & 0 \end{pmatrix}$

7.3 $G = \begin{pmatrix} 1 & 0 & 0 & 0 & 0 \\ 0 & 1 & 0 & 0 & 0 \\ 0 & 0 & 1 & 0 & 0 \\ \frac{13}{73} & \frac{42}{73} & \frac{18}{73} & 0 & 0 \\ \frac{11}{73} & \frac{58}{73} & \frac{4}{73} & 0 & 0 \end{pmatrix}$

7.4 $F^* = \begin{pmatrix} 1 & 0 & 0 & 0 & 0 \\ 0 & 1 & 0 & 0 & 0 \\ \frac{5}{13} & \frac{8}{13} & \frac{12}{25} & \frac{4}{11} & \frac{3}{7} \\ \frac{4}{13} & \frac{9}{13} & \frac{4}{5} & \frac{20}{33} & \frac{5}{7} \\ \frac{3}{13} & \frac{10}{13} & \frac{3}{5} & \frac{5}{11} & \frac{15}{28} \end{pmatrix}$

7.5 $F^* = \begin{pmatrix} 1 & 0 & 0 & 0 & 0 & 0 \\ 0 & 1 & 1 & 1 & 0 & 0 \\ 0 & 1 & 1 & 1 & 0 & 0 \\ 0 & 1 & 1 & 1 & 0 & 0 \\ \frac{3}{11} & \frac{8}{11} & \frac{8}{11} & \frac{8}{11} & \frac{1}{12} & \frac{1}{4} \\ \frac{1}{11} & \frac{8}{11} & \frac{8}{11} & \frac{8}{11} & \frac{1}{3} & \frac{1}{12} \end{pmatrix}, \quad G = \begin{pmatrix} 1 & 0 & 0 & 0 & 0 & 0 \\ 0 & 1 & 1 & 1 & 0 & 0 \\ 0 & 1 & 1 & 1 & 0 & 0 \\ 0 & 1 & 1 & 1 & 0 & 0 \\ \frac{3}{11} & \frac{8}{11} & \frac{8}{11} & \frac{8}{11} & 0 & 0 \\ \frac{1}{11} & \frac{8}{11} & \frac{8}{11} & \frac{8}{11} & 0 & 0 \end{pmatrix}$

부 록

〈표 1〉 난수표

00000	10097	32533	76520	13586	34673	54876	80959	09117	39292	74945
00001	37542	04805	64894	74296	24805	24037	20636	10402	00822	91665
00002	08422	68953	19645	09303	23209	02560	15953	34764	35080	33606
00003	99019	02529	09376	70715	38311	31165	88676	74397	04436	27659
00004	12807	99970	80157	36147	64032	36653	98951	16877	12171	76833
00005	66065	74717	34072	76850	36697	36170	65813	39885	11199	29170
00006	31060	10805	45571	82406	35303	42614	86799	07439	23403	09732
00007	85269	77602	02051	65692	68665	74818	73053	85247	18623	88579
00008	63573	32135	05325	47048	90553	57548	28468	28709	83491	25624
00009	73796	45753	03529	64778	35808	34282	60935	20344	35273	88435
00010	98520	17767	14905	68607	22109	40558	60970	93433	50500	73998
00011	11805	05431	39808	27732	50725	68248	29405	24201	52775	67851
00012	83452	99634	06288	98083	13746	70078	18475	40610	68711	77817
00013	88685	40200	86507	58401	36766	67951	90364	76493	29609	11062
00014	99594	67348	87517	64969	91826	08928	93785	61368	23478	34113
00015	65481	17674	17468	50950	58047	76974	73039	57186	40218	16544
00016	80124	35635	17727	08015	45318	22374	21115	78253	14385	53763
00017	74350	99817	77402	77214	43236	00210	45521	64237	96286	02655
00018	69916	26803	66252	29148	36936	87203	76621	13990	94400	56418
00019	09893	20505	14225	68514	46427	56788	96297	78822	54382	14598
00020	91499	14523	68479	27686	46162	83554	94750	89923	37089	20048
00021	80336	94598	26940	36858	70297	34135	53140	33340	42050	82341
00022	44104	81949	85157	47954	32979	26575	57600	40881	22222	06413
00023	12550	73742	11100	02040	12860	74697	96644	89439	28707	25815
00024	63606	49329	16505	34484	40219	52563	43651	77082	07207	31790
00025	61196	90446	26457	47774	51924	33729	65394	59593	42582	60527
00026	15474	45266	95270	79953	59367	83848	82396	10118	33211	59466
00027	94557	28573	67897	54387	54622	44431	91190	42592	92927	45973
00028	42481	16213	97344	08721	16868	48767	03071	12059	25701	46670
00029	23523	78317	73208	89837	68935	91416	26252	29663	05522	82562
00030	04493	52494	75246	33824	45862	51025	61962	79335	65337	12472
00031	00549	97654	64051	88159	96119	63896	54692	82391	23287	29529
00032	35963	15307	26898	09554	33351	35462	77974	50024	90103	39333
00033	59808	08391	45427	26842	83609	49700	13021	24892	78565	20106
00034	46058	85236	01390	92286	77281	44077	93910	83647	70617	42941
00035	32179	00597	87379	25241	15956	60000	18743	92423	85394	11838
00036	69234	61406	20117	45204	40419	21585	66674	36806	97118	96338
00037	19565	41430	01758	75379	43667	94543	59047	90033	84962	85207
00038	45155	14938	19476	07246	34888	81553	01540	35456	20826	69541
00039	94864	31994	36168	10851	05567	07007	96743	17157	05014	51176
00040	98086	24826	45240	28404	44999	08896	39094	73407	35441	31880
00041	33185	16232	41941	50949	89435	48581	88695	41994	37548	73043
00042	80951	00406	96382	70774	20151	23387	25016	25298	94624	61171
00043	79752	49140	71961	28296	69861	02391	74852	20539	00387	59579
00044	18633	32537	98145	06571	31010	24674	05455	61427	77938	91936
00045	74029	43902	77557	97790	17119	52527	32270	58021	80814	51748
00046	54178	45611	80993	05335	12969	56127	37143	19255	36040	90324
00047	11664	49883	52079	59381	71539	09973	84827	33440	88461	23356
00048	48324	77928	31249	02295	36870	32307	64710	57546	15020	09994
00049	69074	94138	87637	35584	04401	10518	91976	21615	01848	76938

〈표 1〉 난수표(계속)

00050	09188	20097	32825	39527	04220	86304	83389	87374	64278	58044
00051	90045	85497	51981	50654	94938	81997	91870	76150	68476	64659
00052	73189	50207	47677	26269	62290	64464	27124	67018	41361	82760
00053	75768	76490	20971	87749	90429	12272	95375	05871	93823	43178
00054	54016	44056	66281	31003	00682	27398	20714	53295	07706	17813
00055	08358	69910	78542	42785	13661	58873	04618	97553	31223	08420
00056	28306	03264	81333	10591	40510	07893	32604	60475	94119	01840
00057	53840	86233	81594	13528	51215	90290	28466	68795	77762	20791
00058	91757	53741	61613	62269	50263	90212	55781	76514	83483	47055
00059	89415	92694	00397	58391	12607	17646	48949	72306	94541	37408
00060	77513	03820	86864	29901	68414	82774	51908	13980	72893	55507
00061	19502	37174	69979	20288	55210	29773	74287	75251	65344	67415
00062	21818	59313	93278	81757	05686	73156	07082	85046	31853	38452
00063	51474	66499	68107	23621	94049	91345	42836	09191	08007	45449
00064	99559	68331	62535	24170	69777	12830	74819	78142	43860	72834
00065	33713	48007	93584	72869	51926	64721	58303	29822	93174	93972
00066	85274	86893	11303	22970	28834	34137	73515	90400	71148	43643
00067	84133	89640	44035	52166	73852	70091	61222	60561	62327	18423
00068	56732	16234	17395	96131	10123	91622	85496	57560	81604	18880
00069	65138	56806	87648	85261	34313	65861	45875	21069	85644	47277
00070	38001	02176	81719	11711	71602	92937	74219	64049	65584	49698
00071	37402	96397	01304	77586	55271	10086	47324	62605	40030	37438
00072	97125	40348	87083	31417	21815	39250	75237	62047	15501	29578
00073	21826	41134	47143	34072	64638	85902	49139	06441	03856	54552
00074	73135	42742	95719	09035	85794	74296	08789	88156	64691	19202
00075	07638	77929	03061	18072	96207	44156	23821	99538	04713	66994
00076	60528	83441	07954	19814	59175	20695	05533	52139	61212	06455
00077	83596	35655	06958	92983	05128	09719	77433	53783	92301	50498
00078	10850	62746	99599	10507	13499	06319	53075	71839	06410	19362
00079	39820	98952	43622	63147	64421	80814	43800	09351	31024	73167
00080	59580	06478	75569	78800	88835	54486	23768	06156	04111	08408
00081	38508	07341	23793	48763	90822	97022	17719	04207	95954	49953
00082	30692	76668	94688	16127	56196	80091	82067	63400	05462	69200
00083	65443	95659	18288	27437	49632	24041	08337	65676	96299	90836
00084	27267	50264	13192	72294	07477	44606	17985	48911	97341	30358
00085	91307	06991	19072	24210	35699	53728	28825	35793	28976	66252
00086	68431	94688	84473	13622	62126	98408	12843	82590	09815	93146
00087	48908	15877	54745	24591	35700	04754	83824	52692	54130	55160
00088	06913	45197	42672	78601	11883	09528	63011	98901	14974	40344
00089	10455	16019	14210	33712	91342	37821	88325	80851	43667	70883
00090	12883	97343	65027	61184	04285	01392	17974	15077	90712	26769
00091	21778	30976	38807	36961	31549	42096	63281	02023	08816	47449
00092	19523	59515	65122	59659	86283	68258	69572	13798	16435	91529
00093	67245	52670	35583	16563	79246	86686	76463	34222	26655	90802
00094	60584	47377	07500	37992	45134	26529	26760	83637	41326	44344
00095	53853	41377	36066	94850	58838	73859	49364	73331	96240	43642
00096	24637	38736	74384	89342	52623	07992	12369	18601	03742	83873
00097	83080	12451	38992	22815	07759	51777	97377	27585	51972	37867
00098	16444	24334	36151	99073	27493	70939	85130	32552	54846	54759
00099	60790	18157	57178	65762	11161	78576	45819	52979	65130	04860

〈표 2〉 이항분포표

$$P(X=c)=\binom{n}{x}p^{x}(1-p)^{n-x}$$

n	c	p = 0.05	0.10	0.15	0.20	0.25	0.30	0.35	0.40	0.45	0.50
1	0	0.9500	0.9000	0.8500	0.8000	0.7500	0.7000	0.6500	0.6000	0.5500	0.5000
	1	0.0500	0.1000	0.1500	0.2000	0.2500	0.3000	0.3500	0.4000	0.4500	0.5000
2	0	0.9025	0.8100	0.7225	0.6400	0.5625	0.4900	0.4225	0.3600	0.3025	0.2500
	1	0.0950	0.1800	0.2550	0.3200	0.3750	0.4200	0.4550	0.4800	0.4950	0.5000
	2	0.0025	0.0100	0.0225	0.0400	0.0625	0.0900	0.1225	0.1600	0.2025	0.2500
3	0	0.8574	0.7290	0.6141	0.5120	0.4219	0.3430	0.2746	0.2160	0.1664	0.1250
	1	0.1354	0.2430	0.3251	0.3840	0.4219	0.4410	0.4436	0.4320	0.4084	0.3750
	2	0.0071	0.0270	0.0574	0.0960	0.1406	0.1890	0.2389	0.2880	0.3341	0.3750
	3	0.0001	0.0010	0.0034	0.0080	0.0156	0.0270	0.0429	0.0640	0.0911	0.1250
4	0	0.8145	0.6561	0.5220	0.4096	0.3164	0.2401	0.1785	0.1296	0.0915	0.0625
	1	0.1715	0.2916	0.3685	0.4096	0.4219	0.4116	0.3845	0.3456	0.2995	0.2500
	2	0.0135	0.0486	0.0975	0.1536	0.2109	0.2646	0.3105	0.3456	0.3675	0.3750
	3	0.0005	0.0036	0.0115	0.0256	0.0469	0.0756	0.1115	0.1536	0.2005	0.2500
	4	0.0000	0.0001	0.0005	0.0016	0.0039	0.0081	0.0150	0.0256	0.0410	0.0625
5	0	0.7738	0.5905	0.4437	0.3277	0.2373	0.1681	0.1160	0.0778	0.0503	0.0313
	1	0.2036	0.3281	0.3915	0.4096	0.3955	0.3602	0.3124	0.2592	0.2059	0.1563
	2	0.0214	0.0729	0.1382	0.2048	0.2637	0.3087	0.3364	0.3456	0.3369	0.3125
	3	0.0011	0.0081	0.0244	0.0512	0.0879	0.1323	0.1811	0.2304	0.2757	0.3125
	4	0.0000	0.0005	0.0022	0.0064	0.0146	0.0284	0.0488	0.0768	0.1128	0.1563
	5	0.0000	0.0000	0.0001	0.0003	0.0010	0.0024	0.0053	0.0102	0.0185	0.0313
6	0	0.7351	0.5314	0.3771	0.2621	0.1780	0.1176	0.0754	0.0467	0.0277	0.0156
	1	0.2321	0.3543	0.3993	0.3932	0.3560	0.3025	0.2437	0.1866	0.1359	0.0938
	2	0.0305	0.0984	0.1762	0.2458	0.2966	0.3241	0.3280	0.3110	0.2780	0.2344
	3	0.0021	0.0146	0.0415	0.0819	0.1318	0.1852	0.2355	0.2765	0.3032	0.3125
	4	0.0001	0.0012	0.0055	0.0154	0.0330	0.0595	0.0951	0.1382	0.1861	0.2344
	5	0.0000	0.0001	0.0004	0.0015	0.0044	0.0102	0.0205	0.0369	0.0609	0.0938
	6	0.0000	0.0000	0.0000	0.0001	0.0002	0.0007	0.0018	0.0041	0.0083	0.0156
7	0	0.6983	0.4783	0.3206	0.2097	0.1335	0.0824	0.0490	0.0280	0.0152	0.0078
	1	0.2573	0.3720	0.3960	0.3670	0.3115	0.2471	0.1848	0.1306	0.0872	0.0547
	2	0.0406	0.1240	0.2097	0.2753	0.3115	0.3177	0.2985	0.2613	0.2140	0.1641
	3	0.0036	0.0230	0.0617	0.1147	0.1730	0.2269	0.2679	0.2903	0.2918	0.2734
	4	0.0002	0.0026	0.0109	0.0287	0.0577	0.0972	0.1442	0.1935	0.2388	0.2734
	5	0.0000	0.0002	0.0012	0.0043	0.0115	0.0250	0.0466	0.0774	0.1172	0.1641
	6	0.0000	0.0000	0.0001	0.0004	0.0013	0.0036	0.0084	0.0172	0.0320	0.0547
	7	0.0000	0.0000	0.0000	0.0000	0.0001	0.0002	0.0006	0.0016	0.0037	0.0078

〈표 2〉 이항분포표(계속)

n	c	p									
		0.05	0.10	0.15	0.20	0.25	0.30	0.35	0.40	0.45	0.50
8	0	0.6634	0.4305	0.2725	0.1678	0.1001	0.0576	0.0319	0.0168	0.0084	0.0039
	1	0.2793	0.3826	0.3847	0.3355	0.2670	0.1977	0.1373	0.0896	0.0548	0.0313
	2	0.0515	0.1488	0.2376	0.2936	0.3115	0.2965	0.2587	0.2090	0.1569	0.1094
	3	0.0054	0.0331	0.0839	0.1468	0.2076	0.2541	0.2786	0.2787	0.2568	0.2188
	4	0.0004	0.0046	0.0185	0.0459	0.0865	0.1361	0.1875	0.2322	0.2627	0.2734
	5	0.0000	0.0004	0.0026	0.0092	0.0231	0.0467	0.0808	0.1239	0.1719	0.2188
	6	0.0000	0.0000	0.0002	0.0011	0.0038	0.0100	0.0217	0.0413	0.0703	0.1094
	7	0.0000	0.0000	0.0000	0.0001	0.0004	0.0012	0.0033	0.0079	0.0164	0.0313
	8	0.0000	0.0000	0.0000	0.0000	0.0000	0.0001	0.0002	0.0007	0.0017	0.0039
9	0	0.6302	0.3874	0.2316	0.1342	0.0751	0.0404	0.0207	0.0101	0.0046	0.0020
	1	0.2985	0.3874	0.3679	0.3020	0.2253	0.1556	0.1004	0.0605	0.0339	0.0176
	2	0.0629	0.1722	0.2597	0.3020	0.3003	0.2668	0.2162	0.1612	0.1110	0.0703
	3	0.0077	0.0446	0.1069	0.1762	0.2336	0.2668	0.2716	0.2508	0.2119	0.1641
	4	0.0006	0.0074	0.0283	0.0661	0.1168	0.1715	0.2194	0.2508	0.2600	0.2461
	5	0.0000	0.0008	0.0050	0.0165	0.0389	0.0735	0.1181	0.1672	0.2128	0.2461
	6	0.0000	0.0001	0.0006	0.0028	0.0087	0.0210	0.0424	0.0743	0.1160	0.1641
	7	0.0000	0.0000	0.0000	0.0003	0.0012	0.0039	0.0098	0.0212	0.0407	0.0703
	8	0.0000	0.0000	0.0000	0.0000	0.0001	0.0004	0.0013	0.0035	0.0083	0.0176
	9	0.0000	0.0000	0.0000	0.0000	0.0000	0.0000	0.0001	0.0003	0.0008	0.0020
10	0	0.5987	0.3487	0.1969	0.1074	0.0563	0.0282	0.0135	0.0060	0.0025	0.0010
	1	0.3151	0.3874	0.3474	0.2684	0.1877	0.1211	0.0725	0.0403	0.0207	0.0098
	2	0.0746	0.1937	0.2759	0.3020	0.2816	0.2335	0.1757	0.1209	0.0763	0.0439
	3	0.0105	0.0574	0.1298	0.2013	0.2503	0.2668	0.2522	0.2150	0.1665	0.1172
	4	0.0010	0.0112	0.0401	0.0881	0.1460	0.2001	0.2377	0.2508	0.2384	0.2051
	5	0.0001	0.0015	0.0085	0.0264	0.0584	0.1029	0.1536	0.2007	0.2340	0.2461
	6	0.0000	0.0001	0.0012	0.0055	0.0162	0.0368	0.0689	0.1115	0.1596	0.2051
	7	0.0000	0.0000	0.0001	0.0008	0.0031	0.0090	0.0212	0.0425	0.0746	0.1172
	8	0.0000	0.0000	0.0000	0.0001	0.0004	0.0014	0.0043	0.0106	0.0229	0.0439
	9	0.0000	0.0000	0.0000	0.0000	0.0000	0.0001	0.0005	0.0016	0.0042	0.0098
	10	0.0000	0.0000	0.0000	0.0000	0.0000	0.0000	0.0000	0.0001	0.0003	0.0010

〈표 3〉 표준정규분포표

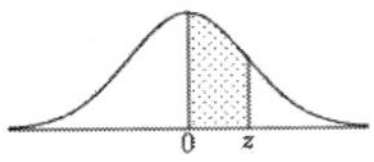

z	0.00	0.01	0.02	0.03	0.04	0.05	0.06	0.07	0.08	0.09
0.0	0.0000	0.0040	0.0080	0.0120	0.0160	0.0199	0.0239	0.0279	0.0319	0.0359
0.1	0.0398	0.0438	0.0478	0.0517	0.0557	0.0596	0.0636	0.0675	0.0714	0.0753
0.2	0.0793	0.0832	0.0871	0.0910	0.0948	0.0987	0.1026	0.1064	0.1103	0.1141
0.3	0.1179	0.1217	0.1255	0.1293	0.1331	0.1368	0.1406	0.1443	0.1480	0.1517
0.4	0.1554	0.1591	0.1628	0.1664	0.1700	0.1736	0.1772	0.1808	0.1844	0.1879
0.5	0.1915	0.1950	0.1985	0.2019	0.2054	0.2088	0.2123	0.2157	0.2190	0.2224
0.6	0.2257	0.2291	0.2324	0.2357	0.2389	0.2422	0.2454	0.2486	0.2517	0.2549
0.7	0.2580	0.2611	0.2642	0.2673	0.2704	0.2734	0.2764	0.2794	0.2823	0.2852
0.8	0.2881	0.2910	0.2939	0.2967	0.2995	0.3023	0.3051	0.3078	0.3106	0.3133
0.9	0.3159	0.3186	0.3212	0.3238	0.3264	0.3289	0.3315	0.3340	0.3365	0.3389
1.0	0.3413	0.3438	0.3461	0.3485	0.3508	0.3531	0.3554	0.3577	0.3599	0.3621
1.1	0.3643	0.3665	0.3686	0.3708	0.3729	0.3749	0.3770	0.3790	0.3810	0.3830
1.2	0.3849	0.3869	0.3888	0.3907	0.3925	0.3944	0.3962	0.3980	0.3997	0.4015
1.3	0.4032	0.4049	0.4066	0.4082	0.4099	0.4115	0.4131	0.4147	0.4162	0.4177
1.4	0.4192	0.4207	0.4222	0.4236	0.4251	0.4265	0.4279	0.4292	0.4306	0.4319
1.5	0.4332	0.4345	0.4357	0.4370	0.4382	0.4394	0.4406	0.4418	0.4429	0.4441
1.6	0.4452	0.4463	0.4474	0.4484	0.4495	0.4505	0.4515	0.4525	0.4535	0.4545
1.7	0.4554	0.4564	0.4573	0.4582	0.4591	0.4599	0.4608	0.4616	0.4625	0.4633
1.8	0.4641	0.4649	0.4656	0.4664	0.4671	0.4678	0.4686	0.4693	0.4699	0.4706
1.9	0.4713	0.4719	0.4726	0.4732	0.4738	0.4744	0.4750	0.4756	0.4761	0.4767
2.0	0.4772	0.4778	0.4783	0.4788	0.4793	0.4798	0.4803	0.4808	0.4812	0.4817
2.1	0.4821	0.4826	0.4830	0.4834	0.4838	0.4842	0.4846	0.4850	0.4854	0.4857
2.2	0.4861	0.4864	0.4868	0.4871	0.4875	0.4878	0.4881	0.4884	0.4887	0.4890
2.3	0.4893	0.4896	0.4898	0.4901	0.4904	0.4906	0.4909	0.4911	0.4913	0.4916
2.4	0.4918	0.4920	0.4922	0.4925	0.4927	0.4929	0.4931	0.4932	0.4934	0.4936
2.5	0.4938	0.4940	0.4941	0.4943	0.4945	0.4946	0.4948	0.4949	0.4951	0.4952
2.6	0.4953	0.4955	0.4956	0.4957	0.4959	0.4960	0.4961	0.4962	0.4963	0.4964
2.7	0.4965	0.4966	0.4967	0.4968	0.4969	0.4970	0.4971	0.4972	0.4973	0.4974
2.8	0.4974	0.4975	0.4976	0.4977	0.4977	0.4978	0.4979	0.4979	0.4980	0.4981
2.9	0.4981	0.4982	0.4982	0.4983	0.4984	0.4984	0.4985	0.4985	0.4986	0.4986
3.0	0.4987	0.4987	0.4987	0.4988	0.4988	0.4989	0.4989	0.4989	0.4990	0.4990

〈표 4〉 t-분포의 상위 α 의 확률을 주는 값

df	α										
	0.25	0.20	0.15	0.10	0.05	0.02	0.01	0.005	0.0025	0.0010	0.0005
1	1.000	1.376	1.963	3.078	6.314	15.895	31.821	63.657	127.321	318.309	636.619
2	0.816	1.061	1.386	1.886	2.920	4.849	6.965	9.925	14.089	22.327	31.599
3	0.765	0.978	1.250	1.638	2.353	3.482	4.541	5.841	7.453	10.215	12.924
4	0.741	0.941	1.190	1.533	2.132	2.999	3.747	4.604	5.598	7.173	8.610
5	0.727	0.920	1.156	1.476	2.015	2.757	3.365	4.032	4.773	5.893	6.869
6	0.718	0.906	1.134	1.440	1.943	2.612	3.143	3.707	4.317	5.208	5.959
7	0.711	0.896	1.119	1.415	1.895	2.517	2.998	3.499	4.029	4.785	5.408
8	0.706	0.889	1.108	1.397	1.860	2.449	2.896	3.355	3.833	4.501	5.041
9	0.703	0.883	1.100	1.383	1.833	2.398	2.821	3.250	3.690	4.297	4.781
10	0.700	0.879	1.093	1.372	1.812	2.359	2.764	3.169	3.581	4.144	4.587
11	0.697	0.876	1.088	1.363	1.796	2.328	2.718	3.106	3.497	4.025	4.437
12	0.695	0.873	1.083	1.356	1.782	2.303	2.681	3.055	3.428	3.930	4.318
13	0.694	0.870	1.079	1.350	1.771	2.282	2.650	3.012	3.372	3.852	4.221
14	0.692	0.868	1.076	1.345	1.761	2.264	2.624	2.977	3.326	3.787	4.140
15	0.691	0.866	1.074	1.341	1.753	2.249	2.602	2.947	3.286	3.733	4.073
16	0.690	0.865	1.071	1.337	1.746	2.235	2.583	2.921	3.252	3.686	4.015
17	0.689	0.863	1.069	1.333	1.740	2.224	2.567	2.898	3.222	3.646	3.965
18	0.688	0.862	1.067	1.330	1.734	2.214	2.552	2.878	3.197	3.610	3.922
19	0.688	0.861	1.066	1.328	1.729	2.205	2.539	2.861	3.174	3.579	3.883
20	0.687	0.860	1.064	1.325	1.725	2.197	2.528	2.845	3.153	3.552	3.850
21	0.686	0.859	1.063	1.323	1.721	2.189	2.518	2.831	3.135	3.527	3.819
22	0.686	0.858	1.061	1.321	1.717	2.183	2.508	2.819	3.119	3.505	3.792
23	0.685	0.858	1.060	1.319	1.714	2.177	2.500	2.807	3.104	3.485	3.768
24	0.685	0.857	1.059	1.318	1.711	2.172	2.492	2.797	3.091	3.467	3.745
25	0.684	0.856	1.058	1.316	1.708	2.167	2.485	2.787	3.078	3.450	3.725
26	0.684	0.856	1.058	1.315	1.706	2.162	2.479	2.779	3.067	3.435	3.707
27	0.684	0.855	1.057	1.314	1.703	2.158	2.473	2.771	3.057	3.421	3.690
28	0.683	0.855	1.056	1.313	1.701	2.154	2.467	2.763	3.047	3.408	3.674
29	0.683	0.854	1.055	1.311	1.699	2.150	2.462	2.756	3.038	3.396	3.659
30	0.683	0.854	1.055	1.310	1.697	2.147	2.457	2.750	3.030	3.385	3.646
40	0.681	0.851	1.050	1.303	1.684	2.123	2.423	2.704	2.971	3.307	3.551
50	0.679	0.849	1.047	1.299	1.676	2.109	2.403	2.678	2.937	3.261	3.496
60	0.679	0.848	1.045	1.296	1.671	2.099	2.390	2.660	2.915	3.232	3.460
80	0.678	0.846	1.043	1.292	1.664	2.088	2.374	2.639	2.887	3.195	3.416
100	0.677	0.845	1.042	1.290	1.660	2.081	2.364	2.626	2.871	3.174	3.390
1000	0.675	0.842	1.037	1.282	1.646	2.056	2.330	2.581	2.813	3.098	3.300
∞	0.674	0.842	1.036	1.282	1.645	2.054	2.326	2.576	2.807	3.090	3.291

〈표 5〉 χ^2 −분포의 상위 α를 주는 값

df	α											
	0.25	0.2	0.15	0.1	0.05	0.025	0.020	0.010	0.005	0.003	0.001	0.0005
1	1.32	1.64	2.07	2.71	3.84	5.02	5.41	6.63	7.88	9.14	10.83	12.12
2	2.77	3.22	3.79	4.61	5.99	7.38	7.82	9.21	10.60	11.98	13.82	15.20
3	4.11	4.64	5.32	6.25	7.81	9.35	9.84	11.34	12.84	14.32	16.27	17.73
4	5.39	5.99	6.74	7.78	9.49	11.14	11.67	13.28	14.86	16.42	18.47	20.00
5	6.63	7.29	8.12	9.24	11.07	12.83	13.39	15.09	16.75	18.39	20.52	22.11
6	7.84	8.56	9.45	10.64	12.59	14.45	15.03	16.81	18.55	20.25	22.46	24.10
7	9.04	9.80	10.75	12.02	14.07	16.01	16.62	18.48	20.28	22.04	24.32	26.02
8	10.22	11.03	12.03	13.36	15.51	17.53	18.17	20.09	21.95	23.77	26.12	27.87
9	11.39	12.24	13.29	14.68	16.92	19.02	19.68	21.67	23.59	25.46	27.88	29.67
10	12.55	13.44	14.53	15.99	18.31	20.48	21.16	23.21	25.19	27.11	29.59	31.42
11	13.70	14.63	15.77	17.28	19.68	21.92	22.62	24.72	26.76	28.73	31.26	33.14
12	14.85	15.81	16.99	18.55	21.03	23.34	24.05	26.22	28.30	30.32	32.91	34.82
13	15.98	16.98	18.20	19.81	22.36	24.74	25.47	27.69	29.82	31.88	34.53	36.48
14	17.12	18.15	19.41	21.06	23.68	26.12	26.87	29.14	31.32	33.43	36.12	38.11
15	18.25	19.31	20.60	22.31	25.00	27.49	28.26	30.58	32.80	34.95	37.70	39.72
16	19.37	20.47	21.79	23.54	26.30	28.85	29.63	32.00	34.27	36.46	39.25	41.31
17	20.49	21.61	22.98	24.77	27.59	30.19	31.00	33.41	35.72	37.95	40.79	42.88
18	21.60	22.76	24.16	25.99	28.87	31.53	32.35	34.81	37.16	39.42	42.31	44.43
19	22.72	23.90	25.33	27.20	30.14	32.85	33.69	36.19	38.58	40.88	43.82	45.97
20	23.83	25.04	26.50	28.41	31.41	34.17	35.02	37.57	40.00	42.34	45.31	47.50
21	24.93	26.17	27.66	29.62	32.67	35.48	36.34	38.93	41.40	43.78	46.80	49.01
22	26.04	27.30	28.82	30.81	33.92	36.78	37.66	40.29	42.80	45.20	48.27	50.51
23	27.14	28.43	29.98	32.01	35.17	38.08	38.97	41.64	44.18	46.62	49.73	52.00
24	28.24	29.55	31.13	33.20	36.42	39.36	40.27	42.98	45.56	48.03	51.18	53.48
25	29.34	30.68	32.28	34.38	37.65	40.65	41.57	44.31	46.93	49.44	52.62	54.95
26	30.43	31.79	33.43	35.56	38.89	41.92	42.86	45.64	48.29	50.83	54.05	56.41
27	31.53	32.91	34.57	36.74	40.11	43.19	44.14	46.96	49.64	52.22	55.48	57.86
28	32.62	34.03	35.71	37.92	41.34	44.46	45.42	48.28	50.99	53.59	56.89	59.30
29	33.71	35.14	36.85	39.09	42.56	45.72	46.69	49.59	52.34	54.97	58.30	60.73
30	34.80	36.25	37.99	40.26	43.77	46.98	47.96	50.89	53.67	56.33	59.70	62.16
40	45.62	47.27	49.24	51.81	55.76	59.34	60.44	63.69	66.77	69.70	73.40	76.09
50	56.33	58.16	60.35	63.17	67.50	71.42	72.61	76.15	79.49	82.66	86.66	89.56
60	66.98	68.97	71.34	74.40	79.08	83.30	84.58	88.38	91.95	95.34	99.61	102.69
80	88.13	90.41	93.11	96.58	101.88	106.63	108.07	112.33	116.32	120.10	124.84	128.26
100	109.14	111.67	114.66	118.50	124.34	129.56	131.14	135.81	140.17	144.29	149.45	153.17

〈표 6〉 F-분포의 상위 α 의 확률을 주는 값

n_1	α	n_2									
		1	2	3	4	5	6	7	8	9	10
1	0.100	39.86	8.53	5.54	4.54	4.06	3.78	3.59	3.46	3.36	3.29
	0.050	161.45	18.51	10.13	7.71	6.61	5.99	5.59	5.32	5.12	4.96
	0.025	647.79	38.51	17.44	12.22	10.01	8.81	8.07	7.57	7.21	6.94
	0.010	4052.18	98.50	34.12	21.20	16.26	13.75	12.25	11.26	10.56	10.04
	0.001	405284.07	998.50	167.03	74.14	47.18	35.51	29.25	25.41	22.86	21.04
2	0.100	49.50	9.00	5.46	4.32	3.78	3.46	3.26	3.11	3.01	2.92
	0.050	199.50	19.00	9.55	6.94	5.79	5.14	4.74	4.46	4.26	4.10
	0.025	799.50	39.00	16.04	10.65	8.43	7.26	6.54	6.06	5.71	5.46
	0.010	4999.50	99.00	30.82	18.00	13.27	10.92	9.55	8.65	8.02	7.56
	0.001	499999.50	999.00	148.50	61.25	37.12	27.00	21.69	18.49	16.39	14.91
3	0.100	53.59	9.16	5.39	4.19	3.62	3.29	3.07	2.92	2.81	2.73
	0.050	215.71	19.16	9.28	6.59	5.41	4.76	4.35	4.07	3.86	3.71
	0.025	864.16	39.17	15.44	9.98	7.76	6.60	5.89	5.42	5.08	4.83
	0.010	5403.35	99.17	29.46	16.69	12.06	9.78	8.45	7.59	6.99	6.55
	0.001	540379.20	999.17	141.11	56.18	33.20	23.70	18.77	15.83	13.90	12.55
4	0.100	55.83	9.24	5.34	4.11	3.52	3.18	2.96	2.81	2.69	2.61
	0.050	224.58	19.25	9.12	6.39	5.19	4.53	4.12	3.84	3.63	3.48
	0.025	899.58	39.25	15.10	9.60	7.39	6.23	5.52	5.05	4.72	4.47
	0.010	5624.58	99.25	28.71	15.98	11.39	9.15	7.85	7.01	6.42	5.99
	0.001	562499.58	999.25	137.10	53.44	31.09	21.92	17.20	14.39	12.56	11.28
5	0.100	57.24	9.29	5.31	4.05	3.45	3.11	2.88	2.73	2.61	2.52
	0.050	230.16	19.30	9.01	6.26	5.05	4.39	3.97	3.69	3.48	3.33
	0.025	921.85	39.30	14.88	9.36	7.15	5.99	5.29	4.82	4.48	4.24
	0.010	5763.65	99.30	28.24	15.52	10.97	8.75	7.46	6.63	6.06	5.64
	0.001	576404.56	999.30	134.58	51.71	29.75	20.80	16.21	13.48	11.71	10.48
6	0.100	58.20	9.33	5.28	4.01	3.40	3.05	2.83	2.67	2.55	2.46
	0.050	233.99	19.33	8.94	6.16	4.95	4.28	3.87	3.58	3.37	3.22
	0.025	937.11	39.33	14.73	9.20	6.98	5.82	5.12	4.65	4.32	4.07
	0.010	5858.99	99.33	27.91	15.21	10.67	8.47	7.19	6.37	5.80	5.39
	0.001	585937.11	999.33	132.85	50.53	28.83	20.03	15.52	12.86	11.13	9.93
7	0.100	58.91	9.35	5.27	3.98	3.37	3.01	2.78	2.62	2.51	2.41
	0.050	236.77	19.35	8.89	6.09	4.88	4.21	3.79	3.50	3.29	3.14
	0.025	948.22	39.36	14.62	9.07	6.85	5.70	4.99	4.53	4.20	3.95
	0.010	5928.36	99.36	27.67	14.98	10.46	8.26	6.99	6.18	5.61	5.20
	0.001	592873.29	999.36	131.58	49.66	28.16	19.46	15.02	12.40	10.70	9.52

〈표 6〉 F-분포의 상위 α의 확률을 주는 값(계속)

n_1	α	n_2									
		1	2	3	4	5	6	7	8	9	10
8	0.100	59.44	9.37	5.25	3.95	3.34	2.98	2.75	2.59	2.47	2.38
	0.050	238.88	19.37	8.85	6.04	4.82	4.15	3.73	3.44	3.23	3.07
	0.025	956.66	39.37	14.54	8.98	6.76	5.60	4.90	4.43	4.10	3.85
	0.010	5981.07	99.37	27.49	14.80	10.29	8.10	6.84	6.03	5.47	5.06
	0.001	598144.16	999.37	130.62	49.00	27.65	19.03	14.63	12.05	10.37	9.20
9	0.100	59.86	9.38	5.24	3.94	3.32	2.96	2.72	2.56	2.44	2.35
	0.050	240.54	19.38	8.81	6.00	4.77	4.10	3.68	3.39	3.18	3.02
	0.025	963.28	39.39	14.47	8.90	6.68	5.52	4.82	4.36	4.03	3.78
	0.010	6022.47	99.39	27.35	14.66	10.16	7.98	6.72	5.91	5.35	4.94
	0.001	602283.99	999.39	129.86	48.47	27.24	18.69	14.33	11.77	10.11	8.96
10	0.100	60.19	9.39	5.23	3.92	3.30	2.94	2.70	2.54	2.42	2.32
	0.050	241.88	19.40	8.79	5.96	4.74	4.06	3.64	3.35	3.14	2.98
	0.025	968.63	39.40	14.42	8.84	6.62	5.46	4.76	4.30	3.96	3.72
	0.010	6055.85	99.40	27.23	14.55	10.05	7.87	6.62	5.81	5.26	4.85
	0.001	605620.97	999.40	129.25	48.05	26.92	18.41	14.08	11.54	9.89	8.75
11	0.100	60.47	9.40	5.22	3.91	3.28	2.92	2.68	2.52	2.40	2.30
	0.050	242.98	19.40	8.76	5.94	4.70	4.03	3.60	3.31	3.10	2.94
	0.025	973.03	39.41	14.37	8.79	6.57	5.41	4.71	4.24	3.91	3.66
	0.010	6083.32	99.41	27.13	14.45	9.96	7.79	6.54	5.73	5.18	4.77
	0.001	608367.68	999.41	128.74	47.70	26.65	18.18	13.88	11.35	9.72	8.59
12	0.100	60.71	9.41	5.22	3.90	3.27	2.90	2.67	2.50	2.38	2.28
	0.050	243.91	19.41	8.74	5.91	4.68	4.00	3.57	3.28	3.07	2.91
	0.025	976.71	39.41	14.34	8.75	6.52	5.37	4.67	4.20	3.87	3.62
	0.010	6106.32	99.42	27.05	14.37	9.89	7.72	6.47	5.67	5.11	4.71
	0.001	610667.82	999.42	128.32	47.41	26.42	17.99	13.71	11.19	9.57	8.45
13	0.100	60.90	9.41	5.21	3.89	3.26	2.89	2.65	2.49	2.36	2.27
	0.050	244.69	19.42	8.73	5.89	4.66	3.98	3.55	3.26	3.05	2.89
	0.025	979.84	39.42	14.30	8.71	6.49	5.33	4.63	4.16	3.83	3.58
	0.010	6125.86	99.42	26.98	14.31	9.82	7.66	6.41	5.61	5.05	4.65
	0.001	612622.01	999.42	127.96	47.16	26.22	17.82	13.56	11.06	9.44	8.32
14	0.100	61.07	9.42	5.20	3.88	3.25	2.88	2.64	2.48	2.35	2.26
	0.050	245.36	19.42	8.71	5.87	4.64	3.96	3.53	3.24	3.03	2.86
	0.025	982.53	39.43	14.28	8.68	6.46	5.30	4.60	4.13	3.80	3.55
	0.010	6142.67	99.43	26.92	14.25	9.77	7.60	6.36	5.56	5.01	4.60
	0.001	614302.75	999.43	127.64	46.95	26.06	17.68	13.43	10.94	9.33	8.22

〈표 6〉 F-분포의 상위 α 의 확률을 주는 값(계속)

n_1	α	n_2									
		1	2	3	4	5	6	7	8	9	10
15	0.100	61.22	9.42	5.20	3.87	3.24	2.87	2.63	2.46	2.34	2.24
	0.050	245.95	19.43	8.70	5.86	4.62	3.94	3.51	3.22	3.01	2.85
	0.025	984.87	39.43	14.25	8.66	6.43	5.27	4.57	4.10	3.77	3.52
	0.010	6157.28	99.43	26.87	14.20	9.72	7.56	6.31	5.52	4.96	4.56
	0.001	615763.66	999.43	127.37	46.76	25.91	17.56	13.32	10.84	9.24	8.13
16	0.100	61.35	9.43	5.20	3.86	3.23	2.86	2.62	2.45	2.33	2.23
	0.050	246.46	19.43	8.69	5.84	4.60	3.92	3.49	3.20	2.99	2.83
	0.025	986.92	39.44	14.23	8.63	6.40	5.24	4.54	4.08	3.74	3.50
	0.010	6170.10	99.44	26.83	14.15	9.68	7.52	6.28	5.48	4.92	4.52
	0.001	617045.18	999.44	127.14	46.60	25.78	17.45	13.23	10.75	9.15	8.05
17	0.100	61.46	9.43	5.19	3.86	3.22	2.85	2.61	2.45	2.32	2.22
	0.050	246.92	19.44	8.68	5.83	4.59	3.91	3.48	3.19	2.97	2.81
	0.025	988.73	39.44	14.21	8.61	6.38	5.22	4.52	4.05	3.72	3.47
	0.010	6181.43	99.44	26.79	14.11	9.64	7.48	6.24	5.44	4.89	4.49
	0.001	618178.43	999.44	126.93	46.45	25.67	17.35	13.14	10.67	9.08	7.98
18	0.100	61.57	9.44	5.19	3.85	3.22	2.85	2.61	2.44	2.31	2.22
	0.050	247.32	19.44	8.67	5.82	4.58	3.90	3.47	3.17	2.96	2.80
	0.025	990.35	39.44	14.20	8.59	6.36	5.20	4.50	4.03	3.70	3.45
	0.010	6191.53	99.44	26.75	14.08	9.61	7.45	6.21	5.41	4.86	4.46
	0.001	619187.70	999.44	126.74	46.32	25.57	17.27	13.06	10.60	9.01	7.91
19	0.100	61.66	9.44	5.19	3.85	3.21	2.84	2.60	2.43	2.30	2.21
	0.050	247.69	19.44	8.67	5.81	4.57	3.88	3.46	3.16	2.95	2.79
	0.025	991.80	39.45	14.18	8.58	6.34	5.18	4.48	4.02	3.68	3.44
	0.010	6200.58	99.45	26.72	14.05	9.58	7.42	6.18	5.38	4.83	4.43
	0.001	620092.29	999.45	126.57	46.21	25.48	17.19	12.99	10.54	8.95	7.86
20	0.100	61.74	9.44	5.18	3.84	3.21	2.84	2.59	2.42	2.30	2.20
	0.050	248.01	19.45	8.66	5.80	4.56	3.87	3.44	3.15	2.94	2.77
	0.025	993.10	39.45	14.17	8.56	6.33	5.17	4.47	4.00	3.67	3.42
	0.010	6208.73	99.45	26.69	14.02	9.55	7.40	6.16	5.36	4.81	4.41
	0.001	620907.67	999.45	126.42	46.10	25.39	17.12	12.93	10.48	8.90	7.80
21	0.100	61.81	9.44	5.18	3.84	3.20	2.83	2.59	2.42	2.29	2.19
	0.050	248.31	19.45	8.65	5.79	4.55	3.86	3.43	3.14	2.93	2.76
	0.025	994.29	39.45	14.16	8.55	6.31	5.15	4.45	3.98	3.65	3.40
	0.010	6216.12	99.45	26.66	13.99	9.53	7.37	6.13	5.34	4.79	4.38
	0.001	621646.41	999.45	126.28	46.00	25.32	17.06	12.87	10.43	8.85	7.76

〈표 6〉 F-분포의 상위 α의 확률을 주는 값(계속)

n_1	α	n_2 = 1	2	3	4	5	6	7	8	9	10
22	0.100	61.88	9.45	5.18	3.84	3.20	2.83	2.58	2.41	2.29	2.19
	0.050	248.58	19.45	8.65	5.79	4.54	3.86	3.43	3.13	2.92	2.75
	0.025	995.36	39.45	14.14	8.53	6.30	5.14	4.44	3.97	3.64	3.39
	0.010	6222.84	99.45	26.64	13.97	9.51	7.35	6.11	5.32	4.77	4.36
	0.001	622318.83	999.45	126.15	45.92	25.25	17.00	12.82	10.38	8.80	7.71
23	0.100	61.95	9.45	5.18	3.83	3.19	2.82	2.58	2.41	2.28	2.18
	0.050	248.83	19.45	8.64	5.78	4.53	3.85	3.42	3.12	2.91	2.75
	0.025	996.35	39.45	14.13	8.52	6.29	5.13	4.43	3.96	3.63	3.38
	0.010	6228.99	99.46	26.62	13.95	9.49	7.33	6.09	5.30	4.75	4.34
	0.001	622933.47	999.46	126.04	45.84	25.19	16.95	12.78	10.34	8.76	7.67
24	0.100	62.00	9.45	5.18	3.83	3.19	2.82	2.58	2.40	2.28	2.18
	0.050	249.05	19.45	8.64	5.77	4.53	3.84	3.41	3.12	2.90	2.74
	0.025	997.25	39.46	14.12	8.51	6.28	5.12	4.41	3.95	3.61	3.37
	0.010	6234.63	99.46	26.60	13.93	9.47	7.31	6.07	5.28	4.73	4.33
	0.001	623497.46	999.46	125.93	45.77	25.13	16.90	12.73	10.30	8.72	7.64
25	0.100	62.05	9.45	5.17	3.83	3.19	2.81	2.57	2.40	2.27	2.17
	0.050	249.26	19.46	8.63	5.77	4.52	3.83	3.40	3.11	2.89	2.73
	0.025	998.08	39.46	14.12	8.50	6.27	5.11	4.40	3.94	3.60	3.35
	0.010	6239.83	99.46	26.58	13.91	9.45	7.30	6.06	5.26	4.71	4.31
	0.001	624016.83	999.46	125.84	45.70	25.08	16.85	12.69	10.26	8.69	7.60
26	0.100	62.10	9.45	5.17	3.83	3.18	2.81	2.57	2.40	2.27	2.17
	0.050	249.45	19.46	8.63	5.76	4.52	3.83	3.40	3.10	2.89	2.72
	0.025	998.85	39.46	14.11	8.49	6.26	5.10	4.39	3.93	3.59	3.34
	0.010	6244.62	99.46	26.56	13.89	9.43	7.28	6.04	5.25	4.70	4.30
	0.001	624496.66	999.46	125.75	45.64	25.03	16.81	12.65	10.22	8.66	7.57
27	0.100	62.15	9.45	5.17	3.82	3.18	2.81	2.56	2.39	2.26	2.17
	0.050	249.63	19.46	8.63	5.76	4.51	3.82	3.39	3.10	2.88	2.72
	0.025	999.56	39.46	14.10	8.48	6.25	5.09	4.39	3.92	3.58	3.34
	0.010	6249.07	99.46	26.55	13.88	9.42	7.27	6.03	5.23	4.68	4.28
	0.001	624941.30	999.46	125.67	45.58	24.99	16.77	12.62	10.19	8.63	7.54
28	0.100	62.19	9.46	5.17	3.82	3.18	2.81	2.56	2.39	2.26	2.16
	0.050	249.80	19.46	8.62	5.75	4.50	3.82	3.39	3.09	2.87	2.71
	0.025	1000.22	39.46	14.09	8.48	6.24	5.08	4.38	3.91	3.58	3.33
	0.010	6253.20	99.46	26.53	13.86	9.40	7.25	6.02	5.22	4.67	4.27
	0.001	625354.49	999.46	125.59	45.53	24.94	16.74	12.59	10.16	8.60	7.52

〈표 6〉 F-분포의 상위 α 의 확률을 주는 값(계속)

n_1	α	n_2 = 1	2	3	4	5	6	7	8	9	10
29	0.100	62.23	9.46	5.17	3.82	3.18	2.80	2.56	2.39	2.26	2.16
	0.050	249.95	19.46	8.62	5.75	4.50	3.81	3.38	3.08	2.87	2.70
	0.025	1000.84	39.46	14.09	8.47	6.23	5.07	4.37	3.90	3.57	3.32
	0.010	6257.05	99.46	26.52	13.85	9.39	7.24	6.00	5.21	4.66	4.26
	0.001	625739.44	999.47	125.52	45.48	24.91	16.70	12.56	10.13	8.57	7.49
30	0.100	62.26	9.46	5.17	3.82	3.17	2.80	2.56	2.38	2.25	2.16
	0.050	250.10	19.46	8.62	5.75	4.50	3.81	3.38	3.08	2.86	2.70
	0.025	1001.41	39.46	14.08	8.46	6.23	5.07	4.36	3.89	3.56	3.31
	0.010	6260.65	99.47	26.50	13.84	9.38	7.23	5.99	5.20	4.65	4.25
	0.001	626098.96	999.47	125.45	45.43	24.87	16.67	12.53	10.11	8.55	7.47
40	0.100	62.53	9.47	5.16	3.80	3.16	2.78	2.54	2.36	2.23	2.13
	0.050	251.14	19.47	8.59	5.72	4.46	3.77	3.34	3.04	2.83	2.66
	0.025	1005.60	39.47	14.04	8.41	6.18	5.01	4.31	3.84	3.51	3.26
	0.010	6286.78	99.47	26.41	13.75	9.29	7.14	5.91	5.12	4.57	4.17
	0.001	628712.03	999.47	124.96	45.09	24.60	16.44	12.33	9.92	8.37	7.30
50	0.100	62.69	9.47	5.15	3.80	3.15	2.77	2.52	2.35	2.22	2.12
	0.050	251.77	19.48	8.58	5.70	4.44	3.75	3.32	3.02	2.80	2.64
	0.025	1008.12	39.48	14.01	8.38	6.14	4.98	4.28	3.81	3.47	3.22
	0.010	6302.52	99.48	26.35	13.69	9.24	7.09	5.86	5.07	4.52	4.12
	0.001	630285.38	999.48	124.66	44.88	24.44	16.31	12.20	9.80	8.26	7.19
60	0.100	62.79	9.47	5.15	3.79	3.14	2.76	2.51	2.34	2.21	2.11
	0.050	252.20	19.48	8.57	5.69	4.43	3.74	3.30	3.01	2.79	2.62
	0.025	1009.80	39.48	13.99	8.36	6.12	4.96	4.25	3.78	3.45	3.20
	0.010	6313.03	99.48	26.32	13.65	9.20	7.06	5.82	5.03	4.48	4.08
	0.001	631336.56	999.48	124.47	44.75	24.33	16.21	12.12	9.73	8.19	7.12
100	0.100	63.01	9.48	5.14	3.78	3.13	2.75	2.50	2.32	2.19	2.09
	0.050	253.04	19.49	8.55	5.66	4.41	3.71	3.27	2.97	2.76	2.59
	0.025	1013.17	39.49	13.96	8.32	6.08	4.92	4.21	3.74	3.40	3.15
	0.010	6334.11	99.49	26.24	13.58	9.13	6.99	5.75	4.96	4.41	4.01
	0.001	633444.33	999.49	124.07	44.47	24.12	16.03	11.95	9.57	8.04	6.98
200	0.100	63.17	9.49	5.14	3.77	3.12	2.73	2.48	2.31	2.17	2.07
	0.050	253.68	19.49	8.54	5.65	4.39	3.69	3.25	2.95	2.73	2.56
	0.025	1015.71	39.49	13.93	8.29	6.05	4.88	4.18	3.70	3.37	3.12
	0.010	6349.97	99.49	26.18	13.52	9.08	6.93	5.70	4.91	4.36	3.96
	0.001	635029.88	999.49	123.77	44.26	23.95	15.89	11.82	9.45	7.93	6.87
1000	0.100	63.30	9.49	5.13	3.76	3.11	2.72	2.47	2.30	2.16	2.06
	0.050	254.19	19.49	8.53	5.63	4.37	3.67	3.23	2.93	2.71	2.54
	0.025	1017.75	39.50	13.91	8.26	6.02	4.86	4.15	3.68	3.34	3.09
	0.010	6362.68	99.50	26.14	13.47	9.03	6.89	5.66	4.87	4.32	3.92
	0.001	636301.21	999.50	123.53	44.09	23.82	15.77	11.72	9.36	7.84	6.78

〈표 6〉 F-분포의 상위 α의 확률을 주는 값(계속)

n_1	α	n_2									
		12	15	20	25	30	40	50	60	120	1000
1	0.100	3.18	3.07	2.97	2.92	2.88	2.84	2.81	2.79	2.75	2.71
	0.050	4.75	4.54	4.35	4.24	4.17	4.08	4.03	4.00	3.92	3.85
	0.025	6.55	6.20	5.87	5.69	5.57	5.42	5.34	5.29	5.15	5.04
	0.010	9.33	8.68	8.10	7.77	7.56	7.31	7.17	7.08	6.85	6.66
	0.001	18.64	16.59	14.82	13.88	13.29	12.61	12.22	11.97	11.38	10.89
2	0.100	2.81	2.70	2.59	2.53	2.49	2.44	2.41	2.39	2.35	2.31
	0.050	3.89	3.68	3.49	3.39	3.32	3.23	3.18	3.15	3.07	3.00
	0.025	5.10	4.77	4.46	4.29	4.18	4.05	3.97	3.93	3.80	3.70
	0.010	6.93	6.36	5.85	5.57	5.39	5.18	5.06	4.98	4.79	4.63
	0.001	12.97	11.34	9.95	9.22	8.77	8.25	7.96	7.77	7.32	6.96
3	0.100	2.61	2.49	2.38	2.32	2.28	2.23	2.20	2.18	2.13	2.09
	0.050	3.49	3.29	3.10	2.99	2.92	2.84	2.79	2.76	2.68	2.61
	0.025	4.47	4.15	3.86	3.69	3.59	3.46	3.39	3.34	3.23	3.13
	0.010	5.95	5.42	4.94	4.68	4.51	4.31	4.20	4.13	3.95	3.80
	0.001	10.80	9.34	8.10	7.45	7.05	6.59	6.34	6.17	5.78	5.46
4	0.100	2.48	2.36	2.25	2.18	2.14	2.09	2.06	2.04	1.99	1.95
	0.050	3.26	3.06	2.87	2.76	2.69	2.61	2.56	2.53	2.45	2.38
	0.025	4.12	3.80	3.51	3.35	3.25	3.13	3.05	3.01	2.89	2.80
	0.010	5.41	4.89	4.43	4.18	4.02	3.83	3.72	3.65	3.48	3.34
	0.001	9.63	8.25	7.10	6.49	6.12	5.70	5.46	5.31	4.95	4.65
5	0.100	2.39	2.27	2.16	2.09	2.05	2.00	1.97	1.95	1.90	1.85
	0.050	3.11	2.90	2.71	2.60	2.53	2.45	2.40	2.37	2.29	2.22
	0.025	3.89	3.58	3.29	3.13	3.03	2.90	2.83	2.79	2.67	2.58
	0.010	5.06	4.56	4.10	3.85	3.70	3.51	3.41	3.34	3.17	3.04
	0.001	8.89	7.57	6.46	5.89	5.53	5.13	4.90	4.76	4.42	4.14
6	0.100	2.33	2.21	2.09	2.02	1.98	1.93	1.90	1.87	1.82	1.78
	0.050	3.00	2.79	2.60	2.49	2.42	2.34	2.29	2.25	2.18	2.11
	0.025	3.73	3.41	3.13	2.97	2.87	2.74	2.67	2.63	2.52	2.42
	0.010	4.82	4.32	3.87	3.63	3.47	3.29	3.19	3.12	2.96	2.82
	0.001	8.38	7.09	6.02	5.46	5.12	4.73	4.51	4.37	4.04	3.78
7	0.100	2.28	2.16	2.04	1.97	1.93	1.87	1.84	1.82	1.77	1.72
	0.050	2.91	2.71	2.51	2.40	2.33	2.25	2.20	2.17	2.09	2.02
	0.025	3.61	3.29	3.01	2.85	2.75	2.62	2.55	2.51	2.39	2.30
	0.010	4.64	4.14	3.70	3.46	3.30	3.12	3.02	2.95	2.79	2.66
	0.001	8.00	6.74	5.69	5.15	4.82	4.44	4.22	4.09	3.77	3.51

〈표 6〉 F-분포의 상위 α 의 확률을 주는 값(계속)

n_1	α	n_2									
		12	15	20	25	30	40	50	60	120	1000
8	0.100	2.24	2.12	2.00	1.93	1.88	1.83	1.80	1.77	1.72	1.68
	0.050	2.85	2.64	2.45	2.34	2.27	2.18	2.13	2.10	2.02	1.95
	0.025	3.51	3.20	2.91	2.75	2.65	2.53	2.46	2.41	2.30	2.20
	0.010	4.50	4.00	3.56	3.32	3.17	2.99	2.89	2.82	2.66	2.53
	0.001	7.71	6.47	5.44	4.91	4.58	4.21	4.00	3.86	3.55	3.30
9	0.100	2.21	2.09	1.96	1.89	1.85	1.79	1.76	1.74	1.68	1.64
	0.050	2.80	2.59	2.39	2.28	2.21	2.12	2.07	2.04	1.96	1.89
	0.025	3.44	3.12	2.84	2.68	2.57	2.45	2.38	2.33	2.22	2.13
	0.010	4.39	3.89	3.46	3.22	3.07	2.89	2.78	2.72	2.56	2.43
	0.001	7.48	6.26	5.24	4.71	4.39	4.02	3.82	3.69	3.38	3.13
10	0.100	2.19	2.06	1.94	1.87	1.82	1.76	1.73	1.71	1.65	1.61
	0.050	2.75	2.54	2.35	2.24	2.16	2.08	2.03	1.99	1.91	1.84
	0.025	3.37	3.06	2.77	2.61	2.51	2.39	2.32	2.27	2.16	2.06
	0.010	4.30	3.80	3.37	3.13	2.98	2.80	2.70	2.63	2.47	2.34
	0.001	7.29	6.08	5.08	4.56	4.24	3.87	3.67	3.54	3.24	2.99
11	0.100	2.17	2.04	1.91	1.84	1.79	1.74	1.70	1.68	1.63	1.58
	0.050	2.72	2.51	2.31	2.20	2.13	2.04	1.99	1.95	1.87	1.80
	0.025	3.32	3.01	2.72	2.56	2.46	2.33	2.26	2.22	2.10	2.01
	0.010	4.22	3.73	3.29	3.06	2.91	2.73	2.63	2.56	2.40	2.27
	0.001	7.14	5.94	4.94	4.42	4.11	3.75	3.55	3.42	3.12	2.87
12	0.100	2.15	2.02	1.89	1.82	1.77	1.71	1.68	1.66	1.60	1.55
	0.050	2.69	2.48	2.28	2.16	2.09	2.00	1.95	1.92	1.83	1.76
	0.025	3.28	2.96	2.68	2.51	2.41	2.29	2.22	2.17	2.05	1.96
	0.010	4.16	3.67	3.23	2.99	2.84	2.66	2.56	2.50	2.34	2.20
	0.001	7.00	5.81	4.82	4.31	4.00	3.64	3.44	3.32	3.02	2.77
13	0.100	2.13	2.00	1.87	1.80	1.75	1.70	1.66	1.64	1.58	1.53
	0.050	2.66	2.45	2.25	2.14	2.06	1.97	1.92	1.89	1.80	1.73
	0.025	3.24	2.92	2.64	2.48	2.37	2.25	2.18	2.13	2.01	1.92
	0.010	4.10	3.61	3.18	2.94	2.79	2.61	2.51	2.44	2.28	2.15
	0.001	6.89	5.71	4.72	4.22	3.91	3.55	3.35	3.23	2.93	2.69
14	0.100	2.12	1.99	1.86	1.79	1.74	1.68	1.64	1.62	1.56	1.51
	0.050	2.64	2.42	2.22	2.11	2.04	1.95	1.89	1.86	1.78	1.70
	0.025	3.21	2.89	2.60	2.44	2.34	2.21	2.14	2.09	1.98	1.88
	0.010	4.05	3.56	3.13	2.89	2.74	2.56	2.46	2.39	2.23	2.10
	0.001	6.79	5.62	4.64	4.13	3.82	3.47	3.27	3.15	2.85	2.61

〈표 6〉 F-분포의 상위 α 의 확률을 주는 값(계속)

n_1	α	n_2									
		12	15	20	25	30	40	50	60	120	1000
15	0.100	2.10	1.97	1.84	1.77	1.72	1.66	1.63	1.60	1.55	1.49
	0.050	2.62	2.40	2.20	2.09	2.01	1.92	1.87	1.84	1.75	1.68
	0.025	3.18	2.86	2.57	2.41	2.31	2.18	2.11	2.06	1.94	1.85
	0.010	4.01	3.52	3.09	2.85	2.70	2.52	2.42	2.35	2.19	2.06
	0.001	6.71	5.54	4.56	4.06	3.75	3.40	3.20	3.08	2.78	2.54
16	0.100	2.09	1.96	1.83	1.76	1.71	1.65	1.61	1.59	1.53	1.48
	0.050	2.60	2.38	2.18	2.07	1.99	1.90	1.85	1.82	1.73	1.65
	0.025	3.15	2.84	2.55	2.38	2.28	2.15	2.08	2.03	1.92	1.82
	0.010	3.97	3.49	3.05	2.81	2.66	2.48	2.38	2.31	2.15	2.02
	0.001	6.63	5.46	4.49	3.99	3.69	3.34	3.14	3.02	2.72	2.48
17	0.100	2.08	1.95	1.82	1.75	1.70	1.64	1.60	1.58	1.52	1.46
	0.050	2.58	2.37	2.17	2.05	1.98	1.89	1.83	1.80	1.71	1.63
	0.025	3.13	2.81	2.52	2.36	2.26	2.13	2.06	2.01	1.89	1.79
	0.010	3.94	3.45	3.02	2.78	2.63	2.45	2.35	2.28	2.12	1.98
	0.001	6.57	5.40	4.44	3.94	3.63	3.28	3.09	2.96	2.67	2.43
18	0.100	2.08	1.94	1.81	1.74	1.69	1.62	1.59	1.56	1.50	1.45
	0.050	2.57	2.35	2.15	2.04	1.96	1.87	1.81	1.78	1.69	1.61
	0.025	3.11	2.79	2.50	2.34	2.23	2.11	2.03	1.98	1.87	1.77
	0.010	3.91	3.42	2.99	2.75	2.60	2.42	2.32	2.25	2.09	1.95
	0.001	6.51	5.35	4.38	3.88	3.58	3.23	3.04	2.91	2.62	2.38
19	0.100	2.07	1.93	1.80	1.73	1.68	1.61	1.58	1.55	1.49	1.44
	0.050	2.56	2.34	2.14	2.02	1.95	1.85	1.80	1.76	1.67	1.60
	0.025	3.09	2.77	2.48	2.32	2.21	2.09	2.01	1.96	1.84	1.74
	0.010	3.88	3.40	2.96	2.72	2.57	2.39	2.29	2.22	2.06	1.92
	0.001	6.45	5.29	4.33	3.84	3.53	3.19	2.99	2.87	2.58	2.34
20	0.100	2.06	1.92	1.79	1.72	1.67	1.61	1.57	1.54	1.48	1.43
	0.050	2.54	2.33	2.12	2.01	1.93	1.84	1.78	1.75	1.66	1.58
	0.025	3.07	2.76	2.46	2.30	2.20	2.07	1.99	1.94	1.82	1.72
	0.010	3.86	3.37	2.94	2.70	2.55	2.37	2.27	2.20	2.03	1.90
	0.001	6.40	5.25	4.29	3.79	3.49	3.14	2.95	2.83	2.53	2.30
21	0.100	2.05	1.92	1.79	1.71	1.66	1.60	1.56	1.53	1.47	1.42
	0.050	2.53	2.32	2.11	2.00	1.92	1.83	1.77	1.73	1.64	1.57
	0.025	3.06	2.74	2.45	2.28	2.18	2.05	1.98	1.93	1.81	1.70
	0.010	3.84	3.35	2.92	2.68	2.53	2.35	2.24	2.17	2.01	1.87
	0.001	6.36	5.21	4.25	3.76	3.45	3.11	2.91	2.79	2.50	2.26

〈표 6〉 F-분포의 상위 α의 확률을 주는 값(계속)

n_1	α	n_2									
		12	15	20	25	30	40	50	60	120	1000
	0.100	2.05	1.91	1.78	1.70	1.65	1.59	1.55	1.53	1.46	1.41
	0.050	2.52	2.31	2.10	1.98	1.91	1.81	1.76	1.72	1.63	1.55
22	0.025	3.04	2.73	2.43	2.27	2.16	2.03	1.96	1.91	1.79	1.69
	0.010	3.82	3.33	2.90	2.66	2.51	2.33	2.22	2.15	1.99	1.85
	0.001	6.32	5.17	4.21	3.72	3.42	3.07	2.88	2.75	2.46	2.23
	0.100	2.04	1.90	1.77	1.70	1.64	1.58	1.54	1.52	1.46	1.40
	0.050	2.51	2.30	2.09	1.97	1.90	1.80	1.75	1.71	1.62	1.54
23	0.025	3.03	2.71	2.42	2.26	2.15	2.02	1.95	1.90	1.77	1.67
	0.010	3.80	3.31	2.88	2.64	2.49	2.31	2.20	2.13	1.97	1.83
	0.001	6.28	5.13	4.18	3.69	3.39	3.04	2.85	2.72	2.43	2.19
	0.100	2.04	1.90	1.77	1.69	1.64	1.57	1.54	1.51	1.45	1.39
	0.050	2.51	2.29	2.08	1.96	1.89	1.79	1.74	1.70	1.61	1.53
24	0.025	3.02	2.70	2.41	2.24	2.14	2.01	1.93	1.88	1.76	1.65
	0.010	3.78	3.29	2.86	2.62	2.47	2.29	2.18	2.12	1.95	1.81
	0.001	6.25	5.10	4.15	3.66	3.36	3.01	2.82	2.69	2.40	2.16
	0.100	2.03	1.89	1.76	1.68	1.63	1.57	1.53	1.50	1.44	1.38
	0.050	2.50	2.28	2.07	1.96	1.88	1.78	1.73	1.69	1.60	1.52
25	0.025	3.01	2.69	2.40	2.23	2.12	1.99	1.92	1.87	1.75	1.64
	0.010	3.76	3.28	2.84	2.60	2.45	2.27	2.17	2.10	1.93	1.79
	0.001	6.22	5.07	4.12	3.63	3.33	2.98	2.79	2.67	2.37	2.14
	0.100	2.03	1.89	1.76	1.68	1.63	1.56	1.52	1.50	1.43	1.38
	0.050	2.49	2.27	2.07	1.95	1.87	1.77	1.72	1.68	1.59	1.51
26	0.025	3.00	2.68	2.39	2.22	2.11	1.98	1.91	1.86	1.73	1.63
	0.010	3.75	3.26	2.83	2.59	2.44	2.26	2.15	2.08	1.92	1.77
	0.001	6.19	5.04	4.09	3.60	3.30	2.96	2.76	2.64	2.35	2.11
	0.100	2.02	1.88	1.75	1.67	1.62	1.56	1.52	1.49	1.43	1.37
	0.050	2.48	2.27	2.06	1.94	1.86	1.77	1.71	1.67	1.58	1.50
27	0.025	2.99	2.67	2.38	2.21	2.10	1.97	1.90	1.85	1.72	1.61
	0.010	3.74	3.25	2.81	2.58	2.42	2.24	2.14	2.07	1.90	1.76
	0.001	6.16	5.02	4.07	3.58	3.28	2.93	2.74	2.62	2.33	2.09
	0.100	2.02	1.88	1.75	1.67	1.62	1.55	1.51	1.49	1.42	1.36
	0.050	2.48	2.26	2.05	1.93	1.85	1.76	1.70	1.66	1.57	1.49
28	0.025	2.98	2.66	2.37	2.20	2.09	1.96	1.89	1.83	1.71	1.60
	0.010	3.72	3.24	2.80	2.56	2.41	2.23	2.12	2.05	1.89	1.74
	0.001	6.14	4.99	4.05	3.56	3.26	2.91	2.72	2.60	2.30	2.06

〈표 6〉 F-분포의 상위 α의 확률을 주는 값(계속)

n_1	α	n_2									
		12	15	20	25	30	40	50	60	120	1000
29	0.100	2.01	1.88	1.74	1.66	1.61	1.55	1.51	1.48	1.41	1.36
	0.050	2.47	2.25	2.05	1.93	1.85	1.75	1.69	1.66	1.56	1.48
	0.025	2.97	2.65	2.36	2.19	2.08	1.95	1.88	1.82	1.70	1.59
	0.010	3.71	3.23	2.79	2.55	2.40	2.22	2.11	2.04	1.87	1.73
	0.001	6.11	4.97	4.03	3.54	3.24	2.89	2.70	2.57	2.28	2.04
30	0.100	2.01	1.87	1.74	1.66	1.61	1.54	1.50	1.48	1.41	1.35
	0.050	2.47	2.25	2.04	1.92	1.84	1.74	1.69	1.65	1.55	1.47
	0.025	2.96	2.64	2.35	2.18	2.07	1.94	1.87	1.82	1.69	1.58
	0.010	3.70	3.21	2.78	2.54	2.39	2.20	2.10	2.03	1.86	1.72
	0.001	6.09	4.95	4.00	3.52	3.22	2.87	2.68	2.55	2.26	2.02
40	0.100	1.99	1.85	1.71	1.63	1.57	1.51	1.46	1.44	1.37	1.30
	0.050	2.43	2.20	1.99	1.87	1.79	1.69	1.63	1.59	1.50	1.41
	0.025	2.91	2.59	2.29	2.12	2.01	1.88	1.80	1.74	1.61	1.50
	0.010	3.62	3.13	2.69	2.45	2.30	2.11	2.01	1.94	1.76	1.61
	0.001	5.93	4.80	3.86	3.37	3.07	2.73	2.53	2.41	2.11	1.87
50	0.100	1.97	1.83	1.69	1.61	1.55	1.48	1.44	1.41	1.34	1.27
	0.050	2.40	2.18	1.97	1.84	1.76	1.66	1.60	1.56	1.46	1.36
	0.025	2.87	2.55	2.25	2.08	1.97	1.83	1.75	1.70	1.56	1.45
	0.010	3.57	3.08	2.64	2.40	2.25	2.06	1.95	1.88	1.70	1.54
	0.001	5.83	4.70	3.77	3.28	2.98	2.64	2.44	2.32	2.02	1.77
60	0.100	1.96	1.82	1.68	1.59	1.54	1.47	1.42	1.40	1.32	1.25
	0.050	2.38	2.16	1.95	1.82	1.74	1.64	1.58	1.53	1.43	1.33
	0.025	2.85	2.52	2.22	2.05	1.94	1.80	1.72	1.67	1.53	1.41
	0.010	3.54	3.05	2.61	2.36	2.21	2.02	1.91	1.84	1.66	1.50
	0.001	5.76	4.64	3.70	3.22	2.92	2.57	2.38	2.25	1.95	1.69
100	0.100	1.94	1.79	1.65	1.56	1.51	1.43	1.39	1.36	1.28	1.20
	0.050	2.35	2.12	1.91	1.78	1.70	1.59	1.52	1.48	1.37	1.26
	0.025	2.80	2.47	2.17	2.00	1.88	1.74	1.66	1.60	1.45	1.32
	0.010	3.47	2.98	2.54	2.29	2.13	1.94	1.82	1.75	1.56	1.38
	0.001	5.63	4.51	3.58	3.09	2.79	2.44	2.25	2.12	1.81	1.53
200	0.100	1.92	1.77	1.63	1.54	1.48	1.41	1.36	1.33	1.24	1.15
	0.050	2.32	2.10	1.88	1.75	1.66	1.55	1.48	1.44	1.32	1.19
	0.025	2.76	2.44	2.13	1.95	1.84	1.69	1.60	1.54	1.39	1.23
	0.010	3.41	2.92	2.48	2.23	2.07	1.87	1.76	1.68	1.48	1.28
	0.001	5.52	4.41	3.48	2.99	2.69	2.34	2.14	2.01	1.68	1.38
1000	0.100	1.91	1.76	1.61	1.52	1.46	1.38	1.33	1.30	1.20	1.08
	0.050	2.30	2.07	1.85	1.72	1.63	1.52	1.45	1.40	1.27	1.11
	0.025	2.73	2.40	2.09	1.91	1.80	1.65	1.56	1.49	1.33	1.13
	0.010	3.37	2.88	2.43	2.18	2.02	1.82	1.70	1.62	1.40	1.16
	0.001	5.44	4.33	3.40	2.91	2.61	2.25	2.05	1.92	1.57	1.22

찾아보기

| 저자소개 |

김종호
동국대학교 통계학과 명예교수

이기성
우석대학교 아동복지학과 교수

확률과정입문

저　　자	김종호 · 이기성
발 행 인	주정희
발 행 처	자유아카데미
주　　소	경기도 파주시 교하읍 문발리 527-2 파주출판문화정보산업단지
전　　화	031-955-1321
F A X	031-955-1322
홈페이지	www.freeaca.com
전자우편	main@freeaca.com(대표) editor@freeaca.com(편집)
등　　록	제406-2003-017호, 1980. 7. 12
제1판1쇄	2010년 3월 10일 발행
정　　가	20,000원

ISBN 978-89-7338-811-0　93310